Mediciones Electrónicas

UNIVERSITAS

Mediciones Electrónicas

Prof. Ing. Hugo Grazzini

Docente de

Facultad de Ciencias Exactas, Físicas y Naturales
de la Universidad Nacional de Córdoba

Universidad Tecnológica Nacional. Facultad Córdoba

Universidad Blas Pascal

Instituto Universitario Aeronáutico

UNIVERSITAS
Editorial Científica Universitaria

Diseño de Tapa: Ing. Jorge G. Sarmiento
Diseño Interior: Universitas
Dibujos y Gráficos: El autor.
Producción Gráfica: Universitas.

Grazzini, Hugo Omar

Mediciones electrónicas : para estudiantes de ingeniería / Hugo Omar Grazzini. - 1a ed - Córdoba : Universitas - Editorial Científica Universitaria, 2020.

Libro digital, PDF - (Ingeniería electrónica)

Archivo Digital: online

1. Mediciones Eléctricas. I. Título.

CDD 621.37

Hecho el depósito que marca la ley 11.723.

Indice

1

Errores en las mediciones. Especificaciones de exactitud. Escalas de los instrumentos

- Errores absolutos y relativos. Error absoluto verdadero - Valor verdadero convencional - Error absoluto - Error relativo.

- Clasificación de los errores. Errores gruesos o faltas - Errores sistemáticos - Errores fortuitos o casuales.

- Ejemplo de aplicación sobre errores sistemáticos.

- Interpretación y uso de especificaciones de exactitud. Clase de exactitud de los instrumentos analógicos - Especificaciones de exactitud en los instrumentos digitales.

- Escalas de los instrumentos.

- Mediciones con instrumentos calibrados en decibeles.

- Mediciones Indirectas Propagación de errores - Problema inverso en el cálculo de errores. Cuestiones y problemas. Apéndice: Evolución de los sistemas de unidades.

Al completar esta unidad, Ud. será capaz de hacer lo siguiente:

- Definir error absoluto, error relativo, y error porcentual.

- Distinguir entre los errores groseros, sistemáticos, y accidentales.

- Calcular el error sistemático introducido por un voltímetro al medir una FEM.

- Interpretar y usar correctamente las especificaciones de exactitud de los instrumentos analógicos y digitales para medir tensiones y corrientes.

- Elegir el tipo de escala que debe tener un instrumento para un propósito determinado.

- Efectuar mediciones empleando instrumentos con escalas en dB.

- Calcular como se propaga el error al medir indirectamente una magnitud.

- Fijar el error máximo admisible en un instrumento que va a ser usado para medir una magnitud en forma indirecta.

- Decidir en que parte de la escala de un instrumento, una medición es apropiada para un determinado fin.

1.1. El error. Introducción

Las personas solemos considerar al mundo que nos rodea como inmutable y cualquier cosa que se aparte de tal concepto nos parecen extraordinarias. La idea de perfección es también bastante común, sobre todo en lo que respeta a la noción que tenemos de nosotros mismos. En este sentido los errores nos resultan inadmisibles, y nuestra tolerancia hacia las faltas cometidas por los demás normalmente es poca. Sin embargo el "error" es un componente esencial del mundo. Es el responsable por ejemplo de la evolución de la vida, (las mutaciones que posibilitan la evolución se deben a errores en la replicaciones del material genético de una generación a otra), y de manera análoga, en el plano de la ciencia, la detección de errores ha sido una de las principales causas que ha motivado su avance. La determinación de los errores se realiza mediante las mediciones, y me atrevo a decir que aquellos son la principal causa que conducen a la existencia de técnicas cada vez mas refinadas para efectuar estas.

Aproximándonos al tema que nos ocupa, el de las mediciones, hay sin embargo una tendencia a expresar el resultado de las que se efectúan como si fueran absolutamente exactas y libres de error. Esto puede estar bien y resultar práctico en la vida cotidiana pero es inaceptable en el campo de la ciencia. De ahí que el estudiante de Ingeniería no puede permitirse esta costumbre y debe desarrollar y afianzar la convicción de q "No solo debe medirse el valor de una magnitud utilizando para ello los métodos e instrumentos adecuados para el fin a que esta destinada la medición, sino que también debe calcularse la cota de error que afecta la exactitud de la misma". Esta debe, en definitiva, acompañar el resultado final de la medición.

1.2. Errores absolutos y relativos.

1.2.1. Error absoluto verdadero

El objeto principal de toda medición, es determinar el valor de una magnitud, pero debido a los errores que inevitablemente se presentan, siempre se obtiene solamente un valor aproximado al verdadero, que llamaremos **valor medido** (Xm), este valor medido difiere del valor verdadero en un **"error absoluto verdadero"** que se define como la diferencia algebraica entre el valor medido y el valor verdadero (Xv).

$$(\Delta X)v = Xm - Xv$$

Esta es solamente una ecuación de definición, ya que no conocemos el valor verdadero de la magnitud (justamente por eso se hace la medición). En realidad no existe un valor verdadero, absolutamente exacto e invariable de una magnitud física debido a la naturaleza discontinua de la materia, y las vibraciones de los átomos y moléculas. En consecuencia, la expresión "error absoluto verdadero" no tiene sentido físico.

1.2.2. Valor verdadero convencional, Error absoluto

Si, obtenido el valor de una magnitud con un determinado instrumento, volvemos a medir esa magnitud pero ahora con métodos mas perfeccionados y extremando las precauciones a los efectos de reducir al mínimo las causas del error, podríamos afirmar que el error que afecta al resultado de esta ultima medición pueden despreciarse para un propósito determinado. Al valor de la la magnitud medida en esas condiciones lo llamamos **"valor verdadero convencional"** Xvc, o valor real Xr. De esta manera a su vez queda definido el error absoluto convencional.

$$(\Delta X)c = Xm - Xvc$$

Esta ecuación si tiene sentido físico, y a este error se lo llama directamente **error absoluto** y simbólicamente **"ΔX"** representando el grado de incertidumbre con que conocemos el valor medido o valor aproximado.

Como concepto general podemos adoptar como valor convencional, al valor medido con instrumentos de características funcionales y constructivas tales que nos permitan afirmar que la medida efectuada se realiza con un error que puede despreciarse respecto al cometido con el instrumento inicial y de cuya medida se quiere conocer el error absoluto.

Se aclara que, el llamar error absoluto no presenta una contradicción con el concepto matemático de absoluto, puesto que no es lo mismo el error absoluto que el valor absoluto del error. Al error absoluto se lo denomina así para diferenciarlo del error relativo que se define a continuación.

1.2.3. Error relativo

El error absoluto por si solo no basta para indicar la bondad o calidad de la medición efectuada. Por ejemplo un error absoluto de **1 m** en la determinación de la distancia de la tierra a la luna es en valor absoluto mas grande que un error absoluto de **1 cm** en la medición de mi estatura, pero es evidente que la primera medición es mas exacta que la segunda. Por lo tanto se hace necesario caracterizar la exactitud de una medición haciendo uso del "error relativo" que es el cociente entre el error absoluto y el valor verdadero convencional de la magnitud considerada.

$$e = \frac{(Xm - Xvc)}{Xvc} = \frac{\Delta X}{Xvc}$$

Multiplicando los segundos miembros por 100 obtenemos el error relativo porcentual, e%. Generalmente se acostumbra a calcular el error relativo refiriéndolo al valor medido.

$$e \approx \frac{(Xm - Xvc)}{Xm} = \frac{\Delta X}{Xm}$$

El error que se comete en la determinación del error relativo de esta forma es de segundo orden y puede despreciarse.

Esto es así porque al efectuar una medición con un único instrumento generalmente no se conoce el valor verdadero convencional, pero si se puede estimar el error absoluto de la medición haciendo uso de las especificaciones del mismo como se vera mas adelante

1.3. Clasificación de los errores.

Los errores que afectan el resultado de una medición tienen como origen, el método de medida empleado, el operador u observador, los instrumentos, las variaciones de valores característicos del medio, etc. Según su naturaleza, los errores puede clasificarse en tres clases: **Errores gruesos o faltas. Errores sistemáticos. Errores fortuitos o residuales.**

No existe un limite claro que separe los errores en cada una de estas categorías; a veces, un mismo tipo de error puede ser considerado de uno u otro tipo según sea desde el punto de vista que se lo mire.

1.3.1. Errores gruesos o faltas

Son los que generalmente se producen por equivocaciones o impericia del operador. Por ejemplo.

- **Errores de lectura** (En instrumentos que poseen varias escalas, hacer la lectura sobre una que no corresponde al rango seleccionado).

- **Error de calculo** (Cuando la magnitud a medir se obtiene por la aplicación de una formula o es la relación de una o mas medidas efectuadas con distintos instrumentos).

- **Error de escritura** (Trasladar los resultados de mediciones en forma equivocada a tablas o gráficas).

- **Error de ajuste del instrumento previo a la medición.** (Olvidar ajustar a cero un ohmetro de un multimetro antes de efectuar la medición de una resistencia, o no tomar en cuenta la componente continua de una tensión alterna que se mide con un voltímetro).

1.3.2. Errores Sistemáticos

Son aquellos errores que en las mismas condiciones de ensayo, afectan el resultado de la medición, con el mismo valor y signo; es decir que son errores reproducibles. Generalmente pueden ser corregidos, porque son calculables, o bien porque pueden ser compensados mediante una adecuada forma de operar. Los principales errores sistemáticos que se presentan en las medidas eléctricas son los siguientes.

- **Errores sistemáticos debido al método de medida utilizado.** (Cuando se desea medir la fem. de una pila con un voltímetro, no se puede evitar que debido a la resistencia interna del mismo que no es infinita, se produzca una circulación de corriente, por lo que en realidad lo que indica el instrumento es una caída de tensión debido a la resistencia interna de la pila y la del voltímetro). Estos errores se pueden corregir si se conoce el valor de la resistencia interna del voltímetro y el de la pila, por medio de un calculo.

- **Errores sistemáticos de los instrumentos,** (Disminución del campo magnético en los instrumentos de bobina móvil, cambio de valor de algún elemento como pueden ser resistores divisores o shunts, por envejecimiento o cuando se ha efectuado alguna reparación, cambio de las características elásticas de los resortes generadores del par antagónico en los instrumentos analógicos, utilización del instrumento en condiciones ambientales no recomendadas por el fabricante). Estos errores se corrigen contrastando periódicamente los instrumentos contra un patrón.

- **Error sistemático del operador** (Los operadores tienen tendencias personales que se ponen de manifiesto por ejemplo cuando hay que decidir que valor se le asigna a una medida de un instrumento cuya aguja cae entre dos divisiones de una determinada escala).

Tanto los errores groseros como los sistemáticos pueden ser corregidos, entrando ambos en la categoría de errores corregibles.

1.3.3. Errores fortuitos o casuales

Si al valor medido de una magnitud se le han efectuado las correcciones de todos los errores sistemáticos, y admitimos que no esta afectada de errores gruesos o faltas, aun queda un error residual que es impredescible. Repitiendo la medición del valor de la magnitud por el mismo operador y utilizando los mismos instrumentos de medida se verifica que existen diferencias o discrepancias entre pares de valores. Estas diferencias son debidas a causas varias que dentro de ciertos limites no pueden controlarse con anticipación. a veces estos errores son consecuencias de la combinación errática de un numero relativamente grande de pequeños efectos, todo ello hace imposible conocer el valor y el signo de estos errores a los que se denominan **"Errores fortuitos, aleatorios, casuales o accidentales"**.

Los errores fortuitos no pueden eliminarse pero es posible por métodos estadísticos averiguar dentro del orden en que se encuentran, (si se hace una serie de medidas con el mismo instrumento, se puede tomar como valor mas probable, al valor medio de dicha serie). A esto se refiere la afirmación efectuada inicialmente, y que ahora se amplia, de que lo que generalmente se conoce no es el valor verdadero de una medición, sino su valor mas probable acompañado del error absoluto máximo que se puede cometer al efectuar la misma.

1.4. Ejemplo de aplicación sobre errores sistemáticos

Consideremos el caso que se planteo al explicar el significado de los errores sistemáticos de métodos.

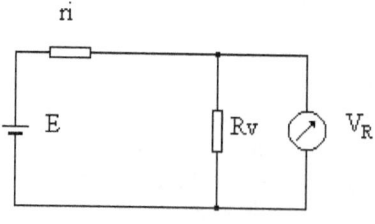

Figura 1-1

Supongamos que se desea medir la fem. de una pila de Zn - C (valor nominal 1,5 V), y para ello se utiliza un multimetro, cuyas especificaciones dicen que tiene una sensibilidad de 20

KΩ/V al ser usado como voltímetro de CC. Entre los distintos rangos que posee, se elige por ser el mas adecuado, el correspondiente a 2,5 V a fondo de escala. Se sabe además que para esta pila, la resistencia interna de la misma es de 1 KΩ la que ha sido medida por el método apropiado.

Supongamos que la lectura del instrumento es 1,45 V.

La resistencia interna del voltímetro se puede calcular usando la especificación de sensibilidad, lo que da

$$Rv = 20 \left[\frac{K\Omega}{V}\right] \times 2,5 \, [V] = 50 \, [K\Omega]$$

Luego

$$V_R = \frac{E}{Rv + ri} \cdot Rv = 1,45V$$

pudiendo obtenerse por calculo el valor de la fem.

$$E = V_R \cdot \frac{Rv + ri}{Rv} = 1,45V \cdot \frac{51 \, K\Omega}{50 \, K\Omega} = 1,48V$$

El error sistemático absoluto en este caso ha sido:

$$\Delta E = 1,45 \, V - 1,478 \, V = -0.03 \, V$$

El error relativo es

$$e = \frac{-0,03V}{1,48V} = -0,02$$

Y el error porcentual

$$e\% = e \times \quad 100 = \quad -0,02 \times 100 = -2 \, \%$$

Nótese que todos los resultados obtenidos han sido redondeados a dos cifras decimales. Esto es lo correcto dado que es la resolución de la medición efectuada inicialmente, y no tiene sentido expresar los resultados con mas decimales.

Resumiendo

Los errores de instrumental, tal como se ha dicho, se corrigen contrastando el instrumento en cuestión contra un patrón, y para que un determinado instrumento puede ser considerado patrón respecto de otro exactitud debe ser por lo menos cinco veces mejor que la de este ultimo.

La exactitud de los instrumentos se especifica de diferentes maneras según sean analógicos o digitales, y de acuerdo al tipo de instrumento y la magnitud que se mide, (como se vera en el siguiente punto).

La contrastación consiste en comparar las lecturas del instrumento bajo pruebas con el patrón, a lo largo de toda la escala, corrigiendo los mismos si existe algún modo de hacerlo, luego de lo cual se toma nota de los errores que no pueden eliminarse y el resultado se lleva a un gráfico que permite corregir la lectura del instrumento, este gráfico se denomina curva de contrastación.

1.5. Interpretación y uso de especificaciones de exactitud.

1.5.1. Clase de exactitud

Los instrumentos tales como voltímetros y amperímetros analógicos, (por ejemplo los que se usan normalmente en los tableros de control de alimentación eléctrica) suelen especificar su exactitud por medio de un numero denominado **índice de exactitud, clase de exactitud o simplemente clase**. Este número expresa el error máximo que puede cometer el instrumento como un porciento del valor fiduciario del mismo. (El termino fiduciario significa, según el diccionario, "aquello de lo cual se puede dar fe o crédito", y corresponde generalmente al valor de fondo de escala en los instrumentos de escala lineal).

$$\text{Clase} = \frac{\Delta X \text{ max.}}{\text{Valor Fiduciario}} \cdot 100$$

El valor de Δ**Xmax** lo obtiene el fabricante del mismo por métodos estadísticos de la serie de instrumentos fabricada. Es decir que la clase del instrumento esta dando la cota de error máxima que puede cometer el mismo. Por ejemplo: un amperímetro de clase 0,5 con una escala 0-200 A no debe dar, en ningún punto de la escala, un error absoluto superior a

$$\frac{0,5}{100} \cdot 200 \text{ A} = 1 \text{ A}$$

Así si el instrumento indica 150 A, el valor verdadero de la magnitud debe estar comprendida entre 149 y 151 A. El resultado de una medición como esta debe darse de la siguiente forma

$$I \quad 150 A = 1 A \pm$$

lo que nos da el valor mas probable de la magnitud (150 A) y los limites de incertidumbre con los cuales se conoce la misma (± 1 A).

En nuestro país, la norma IRAM - 2039 fija como clase de instrumentos

0,25 - 0,5 - 1 - 1,5 - 2 - 3

Generalmente los instrumentos que pueden medir CC y CA tienen distinta clase para cada caso, la que se especifica por separado. En caso de que solo se indique una clase, se supone que cumplirá con la misma en ambas condiciones de funcionamiento.

1.5.2. Especificaciones de exactitud en los instrumentos digitales

En todos los aparatos de medición mas o menos complejos, (por ejemplo, que tiene varios rangos, y/o escalas), la exactitud se especifica indicando el error máximo que se puede cometer al utilizar dicho aparato. Normalmente el error total es la suma de un error fijo, o porcentaje del valor máximo que el instrumento puede mostrar, mas un porcentaje del valor leído. En el caso de tratarse de un instrumento con indicación numérica, (es decir digital) se suele usar en lugar del porcentaje del valor máximo, un cierto "numero de dígitos" de la cifra máxima que el visor puede indicar. Pongamos por caso el siguiente ejemplo:

Un Voltímetro digital de tres y media cifras (lectura máxima 1999), que esta dispuesto para medir en el rango de 20 V, tiene una especificación que dice que para la medición de tensiones de CC el error máximo puede ser

$$error = \pm (0{,}25 \text{ % de la lectura} + 2 \text{ dígitos})$$

La expresión "2 dígitos" corresponde en este caso, y dado el rango seleccionado, a 0,02V. (Observe el lector que este valor es equivalente al 0,1% de la lectura máxima). Y el 0,25 % es un porcentaje de la lectura. Este ultimo se vuelve importante a medida que efectuamos la medición cerca del valor de plena escala, mientras que el primero es importante para lecturas en las cercanías del cero de la misma.

Si se usa el instrumento para medir una tensión, y el valor indicado por el visor es 10,00 entonces el error máximo es de

$$\pm \left(\frac{10V \cdot 0{,}25}{100} + 0{,}02V \right) = \pm (0{,}025V + 0{,}02V) = \pm 0{,}045V$$

Es decir que el resultado de la medición es

$$V = 10V + 0{,}045V$$

A menudo la especificación de exactitud va acompañada de los limites de temperatura de funcionamiento en la cual se da, siendo un valor típico 25°C ± 5°C.

1.5.3. Concepto de exactitud y precisión.

Cuanto menor es el error, tanto mas nos acercamos al valor verdadero convencional en sus sucesivas aproximaciones, es decir, tanto mas exacta será la medida.

En la técnica de mediciones eléctricas, los términos exactitud y precisión no son sinónimos. La precisión esta relacionada con la repetibilidad de los valores sucesivos obtenidos en mediciones del mismo valor de la magnitud en las mismas condiciones; cuando los distintos valores obtenidos difieren muy poco entre si, decimos que esas medidas son precisas, pero no necesariamente exactas, ya que cada una de las medidas parciales puede estar afectadas sistemáticamente de un error absoluto grande respecto a las diferencias de valores entre pares de medidas parciales.

1.6. Escalas de los instrumentos

De acuerdo a la aplicación a que esta destinada un determinado instrumento o aparato de medición, pueden resultar mas o menos apropiadas diferentes maneras de presentar el resultado o indicación de la medición efectuada. En instrumentos donde la magnitud medida se presenta en forma analógica o gráfica (por ejemplo osciloscopios y analizadores de espectro), se utiliza una "escala de medición".

Con ciertas variantes particulares para cada caso, pueden distinguirse tres tipos diferentes de escalas que poseen ciertas ventajas para determinadas aplicaciones. Estas son: La escala *lineal*, la escala *ampliada*, y la escala *comprimida*.

En una escala lineal, los incrementos de la magnitud a medir se corresponden siempre con el mismo incremento de la indicación, en cualquier punto de la escala. En cambio, en las escalas ampliada y comprimida, no hay tal correspondencia. El tipo mas frecuente de escala ampliada es la *cuadratica,* en tanto que las escalas comprimidas mas comunes son las *logarítmicas*.

Las ventajas que suponen el uso de los distintos tipos de escala puede comprenderse si se establece una comparación entre ellas. Supóngase que se tiene un aparato de medición en el cual el operador puede elegir el tipo de escala a usar. (Como el estudiante podrá comprobar mas adelante, en realidad esta no es una idea descabellada). Los dibujos que siguen ilustran sobre el tema.

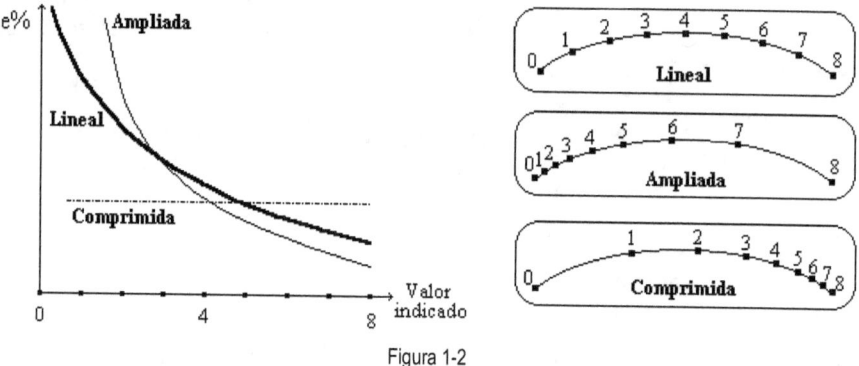

Figura 1-2

El trazado de las curvas que muestran como varia el error relativo en función del valor indicado sugiere cual es la mejor aplicación que se le puede dar a los instrumentos que utilizan cada tipo de escala.

- Una escala ampliada exhibe comparativamente el menor error relativo en la zona del fondo de la misma. Por lo tanto se presenta como apta para ser usada en instrumentos que sirven para medir una magnitud cuyo valor no varia mucho alrededor de un valor determinado. Por ejemplo, casi todos los voltímetros de tablero que se usan en frecuencias industriales y que deben indicar el voltaje de la línea.

- La escala comprimida, es la que comparativamente tiene el mayor error relativo. Sin embargo este se mantiene prácticamente constante para todo el desarrollo de la escala, salvo en las cercanías del cero (En realidad si la escala es logarítmica pura no tiene cero). Por este motivo los instrumentos con escalas comprimidas se usan para la medición de magnitudes que varían en gran medida, como pueden ser la intensidad del sonido o de la luz.

- En una escala lineal, el error relativo tiene un valor intermedio en gran parte de su desarrollo. Por ello su utilización es conveniente en aparatos e instrumentos de medición de usos generales.

Un caso especial, que será presentado seguidamente, es el de los instrumentos que usan una escala cuyo trazo es lineal, pero que miden una magnitud o relación de magnitudes de base logarítmica, por ejemplo las escalas en decibeles.

1.6.1. Mediciones con instrumentos calibrados en decibeles

Dado un determinado dispositivo que posee una entrada y una salida. Si se le aplica un valor determinado de potencia a la entrada, proporciona, en general, una potencia de salida distinta de la de entrada. La relación entre la potencia de salida y la de entrada es la ganancia de potencia del sistema (dicho esto en un sentido general, ya que el sistema también puede producir pérdidas, en cuyo caso la ganancia de potencia seria menor que 1).

Al considerar problemas en los cuales varios de estos dispositivos se conectan en cascada, resulta mas fácil usar relaciones logarítmicas que lineales, ya que así la ganancia total de un sistema que contiene "N" bloques puede calcularse muy fácilmente mediante la suma de las ganancias parciales en lugar de tener que usar productos. La relación básica es así

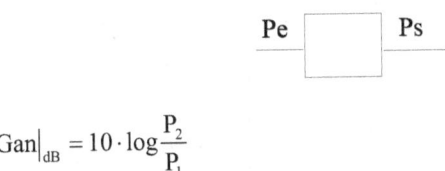

$$\text{Gan}\big|_{dB} = 10 \cdot \log \frac{P_2}{P_1}$$

También la relación logarítmica es sumamente cómoda cuando se trata de representar gráficamente como varia la ganancia de un sistema que tiene un rango dinámico grande en función de la frecuencia. Puede usarse (y de hecho así se hace) una representación de amplitud en dB, y de frecuencia en una escala doble logarítmica, con lo cual puede tenerse una apreciación mas amplia del comportamiento del sistema que la que se obtendría usando gráficos lineales.

También los dB pueden usarse para expresar relaciones entre dos niveles de potencia entregados a una carga por un mismo dispositivo:

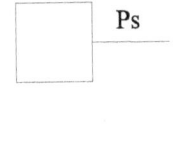

$$\Delta p = 10 \cdot \log \frac{Ps'}{Ps}$$

En cualquiera caso que se trate, se puede decir que

$$dB = 10 \cdot \log \frac{P_2}{P_1} = 10 \cdot \log \frac{\dfrac{V_2^2}{R_2}}{\dfrac{V_1^2}{R_1}} = 20 \cdot \log \frac{V_2}{V_1} + 10 \cdot \log \frac{R_1}{R_2} \qquad [1\text{-}1]$$

Se suele hablar a veces de ganancia de voltaje de un sistema en dB, expresando la relación simplemente como:

$$dB = 20 \cdot \log \frac{V_2}{V_1} \qquad [1\text{-}2]$$

Pero debe saberse que la ganancia de tensión de un sistema puede ser distinta de la ganancia de potencia del mismo, (salvo en el caso que R_2 sea igual a R_1).

Resulta importante recordar cuales son valores típicos de ganancia de potencia y/o de voltaje expresadas en **dB** y sus correspondientes relaciones en **"Veces"**. La siguiente tabla muestra dichos valores típicos

dB	$\dfrac{P_2}{P_1} = 10^{\frac{dB}{10}}$	$\dfrac{V_2}{V_1} = 10^{\frac{dB}{20}}$
-10	0,1	0,316
-6	0,25	0,5
-3	0,5	0,707
-1	0,8	0,9
0	1	1
1	1,2	1,1
3	2	1,41
6	4	2
10	10	3,16
20	100	10
30	1000	31,6
40	10000	100
50	100000	316
60	1000000	1000
19	(*)	(*)
15	(*)	(*)

(*) A completar por el lector

La medición de la ganancia de un determinado sistema implica aparentemente el uso de un instrumento para medir potencia que debe ser usado para medir los valores de P_1 y P_2 y luego efectuar el cálculo correspondiente haciendo la razón entre ambos valores. O bien el uso de un voltímetro (si se suponen conocidos los valores de R_1 y R_2).

Otro recurso mas sencillo (que generalmente es el que se usa) es calibrar la escala del instrumento que se trate en dB usando un valor de referencia, y así la ganancia se obtendría directamente efectuando la diferencia entre los valores de P_2 y P_1 (o V_2 y V_1) expresados en dB).

1.6.2. El decibel referido 1 mW (dBm).

El dBm es justamente una forma de llevar a la practica lo explicado en el párrafo anterior. Aquí se toma como valor de comparación para el trazado de la escala una potencia de referencia P_1 de 1mw. Si el instrumento usado es un voltímetro en lugar de un Wattímetro, obviamente debe fijarse, también, un valor de referencia para la resistencia R_1. Normalmente el valor de referencia de R_1 usado para el trazado de la escala en dBm en un multimetro es **600 ohms**, ya que es el valor de impedancia característica adoptado por una múltiple variedad de dispositivos tales como; Generadores de señales de audio, amplificadores de línea, Pares telefónicos tradicionales, etc...

El valor de voltaje que produce una potencia de 1 mW sobre una carga de 600 ohms es 0,775 V, ya que:

$$0dBm = 10 \cdot \log \frac{1mW}{\dfrac{V^2}{600\Omega}} \quad \therefore \quad V = \sqrt{1mW \cdot 600\Omega} = 0,7745V .$$

Conociendo este valor es posible trazar una escala en dB para un determinado rango de un voltímetro de CA. (En los ejercicios de soporte práctico, el alumno podrá encontrar un problema sobre el tema).

Nótese que el dBm es también útil (y se lo usa bastante) para dar el valor de un cierto nivel de potencia (respecto a 1 mW). Así si se dice que tal o cual dispositivo, entrega una potencia de 10 dBm, se esta queriendo decir que la potencia en cuestión esta 10 dB por encima de 1 mW, es decir que se tratan de 10 mW.

1.6.3. El decibel referido a 0,775 V (dBu)

En realidad, la escala trazada corresponde a una relación de voltajes, respecto de la referencia especificada. Por este motivo, se suele decir que la escala esta calibrada en **dBu.**

La lectura en **dBu** que pudiera obtenerse, será equivalente a un valor en **dBm** únicamente si se mide sobre cargas de 600 ohms. De lo contrario, habrá que añadir la corrección correspondiente, que se calcula con la *Ecuación 1*

Generalmente la escala que se calibra en **dB** es una de las mas bajas (por ejemplo 10 V). Cuando en un voltímetro, se cambia de rango, la lectura sobre la escala debe multiplicarse por la relación que hay entre los rangos, por ejemplo, si un voltímetro tiene una escala graduada de 0 a 10 V en su rango fundamental, al pasar a un rango de, digamos, 30 V, la lectura debe multiplicarse por la relación **F = V2/V1**, o sea numéricamente **F=30/10 =3**.

Si la escala en **dB** de este instrumento ha sido calibrada para medir en el rango de 10 V, al pasar al rango de 30 V, la lectura en **dB** será:

$$dB = 20 \log \left(\frac{V_1}{0,775 \ V} \right) \ F$$

por una propiedad de los logaritmos se puede poner.

$$dB = 20 \log \left(\frac{V_1}{0,775} \right) + 20 \log F \qquad\qquad [1\text{-}3]$$

Es decir que, a lo que se lea en la escala trazada originalmente se le debe sumar el término **20 log F**.

(El lector encontrara al final de esta sección, una serie de problemas y preguntas que se sugiere resolver).

1.7. Mediciones indirectas, propagación de errores.

Cuando el valor de la magnitud de interés no se obtiene directamente a partir de la lectura de un instrumento, sino a través de un calculo realizado sobre lecturas de dos o mas instrumentos, cuyos errores son conocidos, surge el problema de conocer cual es el error asociado al resultado final.

Limitándonos al caso de errores sistemáticos (aunque en general las expresiones que se deducirán son validas también para los errores accidentales en el caso de una única medición); la situación se puede formular del modo siguiente, en un caso concreto. Supóngase que una determinada magnitud **Z** se obtiene a partir del producto de otras dos, **X** e **Y**. el error relativo en la medida de cada una de estas se supone conocido. Se tiene entonces:

$$Z = X \times Y$$

Y tomando diferenciales

$$dZ = Y \cdot dX + X \cdot dY$$

Dividiendo ambos miembros por **Z**, resulta

$$\frac{dZ}{Z} = \frac{dX}{X} + \frac{dY}{Y}$$

Si los errores relativos en X e Y son suficientemente pequeños, se pueden sustituir los diferenciales por incrementos. Se obtiene así

$$\frac{\Delta Z}{Z} = \frac{\Delta X}{X} + \frac{\Delta Y}{Y}$$

Es decir, el error relativo en **Z** es igual a la suma de los errores relativos en **X** e **Y**.

Si la relación entre ambas magnitudes no fuera un producto, se puede proceder en forma similar. Por ejemplo.

Para medir la potencia entregada por una fuente de alimentación, se mide la caída de tensión que se produce en sus bornes de salida al conectarla a una carga de 50 $\Omega \pm 5\%$. Si el resultado obtenido es de 12,0 V $\pm$ 1%, cual es la potencia que suministra la fuente?

La potencia viene dada por

$$P = \frac{V^2}{R}$$

Derivando y sustituyendo después diferenciales por incrementos

$$\Delta P = \frac{\delta P}{\delta V} \cdot \Delta V + \frac{\delta P}{\delta R} \cdot \Delta R$$

que es

$$\Delta P = \left(2 \cdot \frac{V}{R} \right) \Delta V + \left(-\frac{V^2}{R^2} \right) \cdot \Delta R$$

Como se puede apreciar en este ejemplo, el resultado de una de las derivadas tiene signo negativo, lo que podría inducir a pensar que el error total se reduce. Sin embargo hay que considerar siempre el peor caso, es decir incrementos de signos opuestos, por lo tanto

$$\frac{\Delta P}{P} = 2 \cdot \frac{\Delta V}{V} + \frac{\Delta R}{R}$$

Substituyendo los valores numéricos, $\Delta P/P = (2 \cdot 0,01) + 0,05 = 0,07$. El resultado será pues: 2,88 W $\pm$ 7%, o de forma mas correcta: 2,9W $\pm$ 7%, o si se prefiere, 2,9W $\pm$0.2W.

En este mismo ejemplo, se puede observar que si el error relativo en la medida de tensión fuera de un 10%, el error en la potencia, según el método anterior, seria del 25%.

Si en cambio se calcula directamente, mediante la expresión de P, cuando la tensión es de (12-1,2)V, y la resistencia es (50 + 2,5)Ω, se obtiene un error del 30,5 %. Esta discrepancia se debe al hecho apuntado anteriormente: no se pueden sustituir diferenciales por incrementos cuando estos son grandes.

Una expresión mas general para la propagación de errores en la medición de una magnitud que es función de otras, tal como:

$$Z = f (X, Y \dots)$$

Viene dada como

$$\Delta Z = \pm \left(\frac{\partial Z}{\partial X} \cdot \Delta X + \frac{\partial Z}{\partial Y} \cdot \Delta Y + \cdots \right)$$

Donde las derivadas parciales representan coeficientes que ponderan el peso del error de cada medición en el error total.

La expresión para el error error relativo, es:

$$\frac{\Delta Z}{Z} = \pm \left(\frac{\partial Z}{\partial X} \cdot \frac{\Delta X}{Z} + \frac{\partial Z}{\partial Y} \cdot \frac{\Delta Y}{Z} + \cdots \right) \tag{a}$$

Debe recordarse siempre, que los coeficientes obtenidos a partir del calculo de las derivadas parciales deben ser considerados siempre con signo positivo.

1.8. Problema inverso en el cálculo de errores

Suele presentarse el siguiente problema inverso en el calculo de errores; prefijado un valor limite al error relativo con que se va a llevar a cabo una medición indirecta, hay que determinar el error relativo máximo admisible en cada una de las mediciones parciales. La manera mas practica de resolver el problema, consiste en plantear la expresión del error relativo total en función de los errores parciales (a), y luego por tanteo, determinar cual es el valor de los errores parciales máximos admitidos.

Este es un problema que en forma mas o menos complicada se presenta en todos los ensayos, especialmente en aquellos que se realizan por primera vez para un propósito fijado; se adoptan determinados instrumentos y métodos de medida; se mide valores; se calculan los errores parciales y el error total; si este no es aceptable se estudia la posibilidad de disminuir aquel de mayor contribución en el error total; ello exige modificar ciertas condiciones de la experiencia, elegir otros instrumentos y adoptar otros métodos de medida hasta conseguir, en lo posible, el resultado deseado.

1.9. Cuestionario

1) ¿Que diferencia hay entre **Precisión**, **Exactitud**, **Resolución**, **Sensibilidad**? Dar ejemplos.

2) ¿Cómo se eliminan los "Errores sistemáticos de los Instrumentos" de un determinado instrumento?

3) ¿Cual es el método usado para reducir al mínimo el error accidental en la determinación de una magnitud eléctrica?

4) Definir que es la clase de los instrumentos.

5) ¿Como expresaría Ud. el resultado de una medición efectuada con un voltímetro de clase 2, de 10 V a fondo de escala, que indica 5?

6) ¿De que clase deberían ser un voltímetro y un amperímetro utilizados para la medición de la potencia de un circuito mediante la determinación de la tensión y la corriente si se desea determinar la misma con un error no mayor del 1%?

1.10. Problemas

Problema 1

Se desea determinar la resistencia interna **(Ri)** de una fuente de alimentación cuyo valor se estima que puede estar alrededor de los 10 Ω y tiene una **FEM**. de 12V medida con un instrumento cuya resistencia interna es 10 MΩ, con un error absoluto máximo de $\pm0,04$V, para ello se coloca un resistor variable en serie con la fuente y se va ajustando hasta que la lectura de la tensión medida con el mismo instrumento cae a 6V; luego se mide la resistencia con un ohmetro. ¿Cual debería ser el error relativo máximo del ohmetro utilizado, si se quiere que el error máximo en la determinación de **Ri** sea del 3% de su valor?

Problema 2

Se tiene un multímetro que posee igual exactitud para la medición de tensiones, corrientes y resistencias. Cual seria la forma mas exacta para medir la potencia entregada a una carga resistiva?

a) V.I,   **b) V^2/R**   o   **c) $I^2.R$.**

Problema 3

Se tienen dos instrumentos cuyas especificaciones de exactitud son respectivamente

$\pm$**(1% de la lectura +0,1% fondo de escala)** para el primero.

$\pm$ **(0,5% de la lectura +0,2% fondo de escala)** para el segundo.

Si el alcance en ambos es el mismo, ¿en que zona de la escala es mas exacto uno que el otro?

Si el alcance del segundo fuera el doble del primero, ¿como seria la situación?

Problema 4

El dibujo siguiente muestra el panel de un multimetro con su correspondiente escala para medición de Vca. Se pide

a)   Trazar una escala en dBu (o dBm sobre 600 ohms) para los valores indicados en la tabla.

b)   Calcular la corrección a efectuar si se cambia el rango del voltímetro a los valores indicados en la tabla.

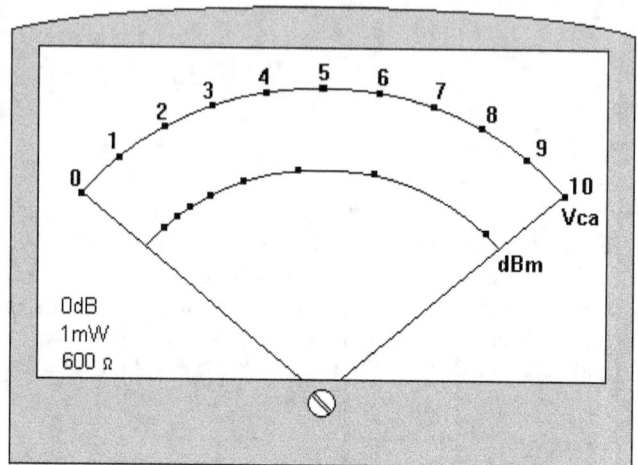

$dB = 20 \cdot \log \dfrac{V}{Vref}$	$V = Vref \cdot 10^{\frac{dB}{20}}$
0	
3	
6	
9	
10	
12	
15	
18	
22	

Rango de **Vca**	**dB** a sumar
3	
10	0
25	
100	
250	

Problema 5

El siguiente dibujo, muestra el panel de un medidor de campo, con escala en µV y en dB. Se pide:

a)   Averiguar ¿Cual habrá sido el valor de referencia con el cual se calibro la escala en dB?

b)   Si el medidor de campo se utiliza con una antena de 50 Ω. ¿Cual es el valor de potencia recibida expresada en dBm si el instrumento indica 50 dB?.

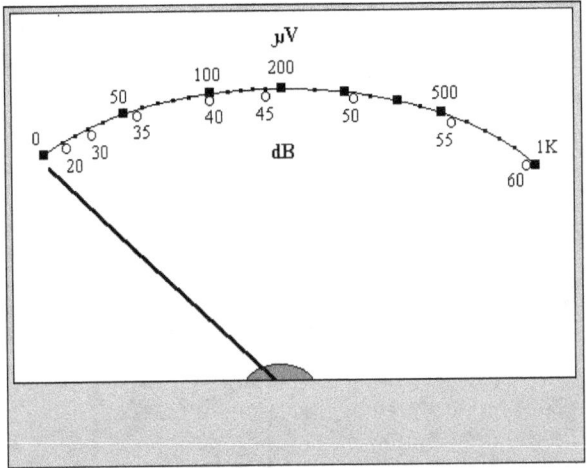

$$V_{ref} = \underline{\hspace{1cm}} \qquad\qquad 50 \; dB = \underline{\hspace{1cm}} dBm$$

Problema 6

Si se utiliza un multimetro con escala en dB calibrado para 600 Ω y una potencia de referencia de 1 mW para medir la potencia entregada por un amplificador cuya impedancia de salida es de 50Ω y la lectura obtenida es 12 dBm, ¿Cual es el valor de la potencia de salida expresada en dBm y en W ?.

Problema 7

Se tiene un multimetro con escala en dB calibrado para 600 Ω y una potencia de referencia de 1mW. Con el mismo se mide a la entrada y a la salida de un amplificador del cual se sabe que la resistencia de entrada es 1 KΩ y la de salida 50Ω. Si las lecturas obtenidas son; entrada: 5 dB, salida: 11 dB. ¿Cuales son los valores de: Ganancia de voltaje (en veces y en dB), y Ganancia de potencia (en veces y en dB) respectivamente?

Problema 8

Considere un sistema de comunicaciones con un enlace efectuado en 800 Mhz. Si se dispone de un receptor de radio cuya sensibilidad es de 325,5 μV en los terminales de entrada de antena (75 ohm), que esta conectado por medio de una línea de transmisión cuyas perdidas son de 4 dB a una antena direccional que tiene una ganancia de 12dB. Si el trayecto, entre este receptor y el transmisor es de 2 Km., la antena del transmisor tiene una ganancia de 6 dB, la línea de transmisión de la antena al terminal de salida del TX atenúa 2 dB y la impedancia de salida del mismo es de 300 ohm; ¿Cual deberá ser la mínima potencia entregada por el transmisor expresada en dBm y en W si se desea obtener la señal requerida en la entrada del receptor?.

Ayuda. La atenuación de trayecto (en dB) se calcula de la siguiente manera

$$A = 20 \log \frac{4\pi R}{\lambda}$$

Donde **R** es la distancia entre los dos puntos del trayecto en metros, y λ es la longitud de onda de la frecuencia considerada.

A1

Evolución de los sistemas de unidades.

Aunque cualquiera de nosotros esta en condiciones de definir su propio sistema de unidades de la manera que mejor nos plazca, (De hecho muchas veces lo hacemos cuando comparamos por ejemplo dos longitudes haciendo uso de nuestros pasos); esta claro que es necesario que todos los miembros de una comunidad adopten un mismo sistema de unidades.

Esto reconoce su origen en un pasado muy remoto, tal vez cuando el hombre dejo de ser nómada y se asentó en comunidades empezando a cultivar la tierra, y al producir excedentes y empezar a comerciar se vio en la necesidad de medir el peso del grano que cambiaba por alfarería al artesano, el tamaño de la tierra que poseía,etc., y en lo posible utilizando las mismas unidades que su vecino.

Las primeras civilizaciones poseían sistemas de unidades. (Se hallan innumerables referencias a unidades de medidas de longitud y de peso en el antiguo testamento, siendo la primera, la referente a la construcción del arca de Noé, Gen,6,15, "Hazla así: trescientos Codos de largo, cincuenta Codos de ancho y treinta de alto". Cabe preguntarse como hubiera hecho Dios para indicar a Noé el tamaño exacto del arca si no hubiese dispuesto de la unidad de longitud denominada Codo). Mientras que las civilizaciones iban alcanzando mas refinamiento, la definición de los patrones de medida se tornaba mas vital y adquiría, por lo general, el nivel de una cuestión de estado. Por ejemplo y justamente con referencia al uso del Codo como unidad de longitud, entre los egipcios, se usaba el "Codo real" cuya longitud correspondía con el largo del brazo del Faraón que eventualmente estuviera en el poder. Desde luego cuando cambiaba el rey, cambiaban los patrones, circunstancia que seguramente ocasionaba múltiples problemas de indole practica. Por ello a través de los tiempos se realizaron múltiple esfuerzos para universalizar los sistemas de unidades, esto se hizo realmente necesario a partir de la revolución industrial y posteriormente con la invención de los medios de comunicación que aumentaron grandemente la interdependencia de las naciones de la tierra.

A1.1. Unidades fundamentales y derivadas.

Para medir el valor de cualquier magnitud es necesario adoptar un valor unitario de comparación definido de forma clara y objetiva que pueda ser materializado a través del llamado patrón. Por ejemplo cuando se eligió el metro como unidad de longitud, se lo materializo construyendo el metro patrón en forma de una barra de platino que se guardo en París.

En principio seria posible hacer lo mismo con todos las magnitudes que deban ser medidas, pero ello obligaría a disponer de otros tantos patrones que materializasen las correspondientes unidades, lo que plantearía serios problemas técnicos. Por ejemplo no hay mas que pensar como se complicarían las cosas si además del patrón de longitud tuviésemos uno de superficie y otro de volumen.

Por estos motivos en un **"sistema coherente"** se trata de minimizar el numero de unidades fundamentales y correspondientes patrones, fijándose este numero mínimo de acuerdo al grado de progreso de los conocimientos y de las leyes físicas que se deban considerar; a partir de estos, se definen otras magnitudes con sus correspondientes unidades, que pasan así a llamarse **unidades secundarias o derivadas**, de las que no hay necesidad de disponer de patrones. Las relaciones que existen entre las unidades fundamentales y las secundarias están dadas por las **ecuaciones dimensionales**, las magnitudes que tienen la misma dimensión se llaman **coherentes.**

A1.2. Sistemas de unidades absolutas

Todo sistema de unidades, estructurado en base a un numero mínimo de unidades fundamentales se llama **"Sistema absoluto"**. En la actualidad todos los fenómenos mecánicos se pueden estudiar utilizando tres unidades fundamentales independientes y arbitrarias, que por acuerdo internacional se han tomado como la de longitud, la de masa y el tiempo.

Estas unidades fundamentales no son suficientes para la evaluación de los fenómenos electromagnéticos y electrostáticos en los que hay que tener en cuenta la permeabilidad del vacío, o su constante dialéctica; en el primer caso se tiene el **"Sistema electromagnético absoluto CGS"** y en el segundo el **"Sistema electrostático absoluto CGS"**

Para las aplicaciones en electrotecnia las unidades de los sistemas absolutos CGS resultan poco practicas, por ello en el Congreso Internacional de Electricidad realizado en París en 1881 se decidió la adopción del sistema **"Practico Absoluto de unidades eléctricas"** derivado del sistema electromagnético CGS. Se crearon así, refiriéndolas al metro como unidad de longitud, las siguientes unidades absolutas entre otras:

- El ohm igual a 10^9 UEMCGS de resistencia, valor que en la segunda mitad del siglo pasado era el del Patrón Siemens, que consistía en una columna de mercurio de 1 m de longitud y 1 mm^2 de sección; se utilizo dicho material porque era el único metal que se sabia obtener puro.

- El volt, igual a 10^8 UEMCGS de tensión, valor que se conseguía con la pila Daniel, utilizada como patrón en aquella época.

A1.3. Unidades y patrones internacionales

Con el progreso de la metrologia, aumentaba la exactitud de las mediciones absolutas de la resistencia. Con ello se modificaba el valor del ohm legal, con las consiguientes consecuencias, (había que redefinir el patrón de resistencia antes adoptado). Es lo que había sucedido con el metro definido como la diez millonésima parte del meridiano terrestre que pasa por París; la mayor exactitud conseguida en las mediciones geodésicas, traía como consecuencia una variación de la longitud del metro si se quería seguir diciendo que el meridiano tenia 40 millones de metros. El problema se resolvió con buen criterio abandonando aquella definición histórica del metro y tomando como tal la distancia entre dos líneas de una barra de platino -iridio guardada en la oficina de Pesas y Medidas de París.

Para eliminar la antinomia entre las unidades eléctricas practicas y las legales, se sustituyeron estas por las **"unidades internacionales"**, separando la definición de la representación de las mismas. Así el ohm internacional se definió como la resistencia presentada por una columna de mercurio a 0 grados centígrados de 1,063 m de longitud de sección uniforme y de una masa de 14,4521 g (se reemplazaba la exigencia de la sección difícil de cumplir a lo largo de la columna, por la masa de mercurio determinada con mas exactitud).

A1.4. Retorno a las unidades absolutas

A medida que fue avanzando el tiempo, los distintos laboratorios nacionales, al mismo tiempo que comparaban sus patrones entre si, desarrollaban y perfeccionaban los **métodos absolutos de medición** para la determinación de algunas unidades, especialmente el ohm, el henry y el ampere. Como consecuencia de ello ya en la Cuarta Conferencia General de Pesas y Medidas realizada en 1933 se convino en retornar a las unidades absolutas, pero se decidió aplazar hasta 1935 la fecha de fijación de las relaciones entre las dos series de unidades a la espera de los trabajos que se realizaban en los laboratorios nacionales de Alemania, EEUU, Francia, Gran Bretaña, Japón y la URSS. El aumento de las tensiones internacionales de aquellos años y la posterior guerra mundial postergaron dicho acuerdo hasta octubre de 1946 cuando se adoptaron las siguientes relaciones entre los valores de unidades internacionales y absolutas:

1 ohm internacional	1,000495 ohm absoluto
1 amper internacional	0,999835 amper absoluto
1 volt internacional	1,00033 volt absoluto
1 joule internacional	1,000165 joule absoluto
1 coulomb internacional	0,999835 coulomb absoluto
1 farad internacional	0,999505 farad absoluto
1 henry internacional	1,000165 henry absoluto
1 watt internacional	1,000165 watt absoluto

Se fijo en aquella oportunidad el 1 de enero de 1948 como fecha para el pase de las unidades internacionales a la unidades absolutas. Para evitar confusiones, los patrones e instrumentos de medición de gran exactitud llevan impreso el calificativo "abs", indicándose con ello que los mismos están tarados en unidades absolutas.

Paralelamente se buscaba también la forma de adoptar universalmente un sistema de unidades mas cómodo que el CGS y el Practico, porque debido a la mezcla de las unidades resulta que en las formulas que relacionan magnitudes eléctricas y magnéticas, aparecen los llamados coeficientes parásitos, por ejemplo, el 10^{-8} en la formula que da la tensión inducida en volts, si el flujo magnético se expresa en maxwell (que es la UEMCGS de dicha magnitud). De los muchos sistemas propuestos, la comisión Electrotecnia Internacional (CEI) resolvió en 1935, adoptar el sistema Giorgi de cuatro unidades fundamentales: el metro, el kilogramo-masa, el segundo y una unidad eléctrica, eligiéndose en definitiva el ampere.

A1.5. Sistema Internacional de Unidades.

En la reunión que en octubre de 1954 realizo la Conferencia General de Pesas y Medidas se institucionalizo el sistema Giorgi Racionalizado o sistema MKSA, denominado de aquí en mas Sistema Internacional (SI).

En el siguiente cuadro se resumen la terminología y simbología de las siete unidades básicas vigentes:

Magnitud	Unidad	Símbolo
longitud (l)	metro	m
masa (m)	kilogramo-masa	kg
tiempo (t)	segundo	s
intensidad de corriente (I)	ampere	A
temperatura (T)	grado Kelvin	°K
intensidad luminosa	candela	cd
cantidad de materia	mol	mol

Las unidades fundamentales de longitud, masa y tiempo, se definen así:

- **Metro**: Longitud igual a 1.650.763,73 longitudes de onda, en el vacío, de la radiación correspondiente a la transición entre los niveles 2p 10 y 5d 5 del átomo de criptón 86 (radiación que da la raya anaranjada de espectro del criptón). Se introduce así un valor fundamental de la magnitud longitud que deja de ser la que originalmente definió al metro. Debe quedar bien claro que el patrón mencionado representa el valor fundamental y no el valor unidad, el metro, la cual sigue desempeñado su importante papel en la expresión numérica del valor de una longitud.

- **Kilogramo-masa**: Masa del prototipo de platino iridiado que ha sido sancionado por la Conferencia General de Pesas y Medidas, realizada en París en 1889, y que esta depositado en el pabellón de Bretuil en Sevres París. El patrón de masa esta constituido por un cilindro de platino y 10 % de iridio, cuyo diámetro es igual a su altura (Aprox. 39 mm). Como el uso es la principal causa de deterioro de un patrón de masa, este prototipo, desde su creación en 1889 fue utilizado solo en 1939; en su reemplazo y para la determinación de la masa de patrones encargados por terceros, la Oficina Internacional de Pesas y Medidas dispone de varios ejemplares de patrones-testigos.

- Segundo: Fracción 1/31.556.925,9747 del año trópico para 1900 enero cero a 12 horas del tiempo de efemérides,(TE) (es decir el tiempo definido en función del movimiento orbital de la Tierra). Hasta 1956 se definió el segundo como la 86.000 ava parte del día solar medio (que es el día promedio de los días de un gran numero de años). No hay ningún patrón material de este tiempo, salvo que se considere como tal aquel formado por la tierra y el sol. El tiempo así definido por la rotación de la tierra se denomina tiempo universal (TU) y aun continua siendo la base de nuestro tiempo civil y legal. Pero habiéndose comprobado que el segundo solar medio variaba, aunque poco, con el transcurso del tiempo, se resolvió en 1956 redefinirlo como se ha hecho al principio de este punto. En su reunión de 1964, el Comité Internacional de Pesas y Medidas considero que el tiempo de efemérides estaba prácticamente definido por la frecuencia 9.192.631.770 Hz de la transición F=4,M=0 --> F=3,M=0 del estado fundamental 2 s 1/2 del átomo Cs 133. La frecuencia de la mencionada radiación del átomo de cesio 133 constituye el valor fundamental de la magnitud tiempo al que responde el actual patrón del mismo.

Obsérvese que en la unidad de masa no hay valor fundamental; el patrón de masa representa directamente a la unidad de dicha magnitud, el kilogramo, definido como la masa del prototipo depositado en París.

A1.6. Patrones de referencia utilizados.

Aun cuando los métodos absolutos para medir I, R y E son desde el punto de vista conceptual), no debe inducir a engaños respecto de las posibilidades de realizarlos en cualquier laboratorio con elementos comunes. Las mediciones absolutas de gran exactitud con errores del orden de una parte en 10^6 son muy tediosas y costosas, toman meses, exigen aparatos muy especiales y la mayor calidad posible de técnicas experimentales; en definitiva, ellas pueden ser solo realizadas en contados y calificados laboratorios nacionales.

Teniendo en cuenta lo anterior, las mediciones absolutas se hacen de vez en cuando, y en su reemplazo, cada laboratorio nacional dispone de un grupo primario de resistores patrones de 1 ohm, el llamado "ohm de Thomas" y de pilas patrones, cuidadosamente construidas y cuyos valores fueron asignados el 1 de enero de 1948, fecha legal del pase de las unidades internacionales a las absolutas. Ellos son los llamados **patrones de referencia**, y constituyen las unidades legales a los fines administrativos, con el supuesto que el valor medio permanece inalterable.

Como se habrá notado, no obstante haberse elegido el ampere como cuarta unidad del sistema MKSA, esta no ha podido materializarse como patrón fácilmente transportable, como sucede con los patrones de resistencia y de tensión y que permite que se lleven a cabo periódicamente comparaciones de los diferentes patrones de los laboratorios nacionales entre si.

Los pasos dados para la obtención de los patrones de referencia son los siguientes: Con la longitud de onda del criptón 86 se verifican los prototipos del metro patrón, y con la frecuencia de radiación atómica del cesio 133 se verifica un oscilador de cuarzo, constituyendo estos los llamados **patrones de referencia de laboratorio** de longitud y tiempo; con la colaboración de ellos se determinan los valores de velocidad de la luz y de la aceleración de la gravedad del lugar; se pasa así a la determinación de la permitividad o constante dielectrica del vacío; ello hace posible el calculo del valor absoluto de un capacitor y como paso siguiente la determinación del ohm absoluto y del ampere absoluto; todo ello permite disponer de los patrones de referencia de inductancia, de capacidad, de resistencia y de tensión; con el auxilio de estos patrones de referencia se calibran y verifican sucesivos patrones de esas magnitudes, de exactitud decreciente que satisface las distintas exigencias.

El termino "patrón" se mantiene para cualquier elemento de medición cuya exactitud sea adecuadamente superior a la que corresponde al elemento que se calibra o verifica.

A1.7. Patrón de referencia del ohm

Cuando el perfeccionamiento de los métodos de medición absolutos llevaron al abandono del patrón internacional de mercurio, ya se había avanzado bastante en el estudio de materiales que acusaban excelentes propiedades para la construcción de patrones de resistencia, siendo el mas utilizado, la Manganina (aleación de cobre, manganeso y níquel).

El resistor patrón de referencia mas difundido es el **ohm de Thomas**, que consiste en un resistor de manganina dispuesto en un recipiente de doble pared sellado herméticamente para evitar el intercambio de aire húmedo con el exterior; cuando el resistor ha alcanzado el equilibrio térmico en tal ambiente sellado, no resulta afectado por movimientos turbulentos del aire circundante.

Su valor nominal es de 1 ohm abs, y esta diseñado para una corriente máxima de 0,1 A. Las variaciones de resistencia del resistor dependen, además del coeficiente de temperatura del material, de las variaciones de las tensiones mecánicas desarrolladas en el mismo debido a los cambios dimensionales del resistor y de su soporte, con la temperatura. Si la bobina que constituye el resistor tiene una sola capa y el soporte es de bronce, material que tiene aproximadamente el mismo coeficiente de dilatación que la manganina, esas variaciones dimensionales son pequeñas, resultando fundamentalmente la variación de la resistencia consecuencia de la variación de la resistividad de la manganina.

El ohm de Thomas, esta sometido durante su cuidadosa construcción, a un especial tratamiento térmico que produce un envejecimiento acelerado del material que minimizan las tensiones mecánicas residuales que se desarrollan al trafilar y devanar el alambre conductor.

Otras especificaciones: estabilidad: 1 ppm el primer año, 0,5 ppm en años siguientes. Coeficiente de temperatura: (cada resistor se provee con un certificado individual de corrección entre los 18 a los 28°C) valor típico a 23°C <0,1 ppm/°C.

El patrón de referencia que termina de considerarse, al igual que otros resistores patrones y shunts, se construyen como resistores de cuatro terminales, para minimizar la influencia de la resistencia de contacto (Sobre este tema se volverá al estudiar los puentes para medir resistencias de bajo valor y el puente de Kelvin).

A1.8. Patrón de referencia de tensión

El patrón de referencia de tensión que se utiliza habitualmente es la **pila normal Weston saturada** que tiene una fem cuyo valor nominal es de 1,01862 V. abs a 20°C. A esta pila se la llama también "pila de cadmio" porque el polo negativo esta constituido por una amalgama de este elemento, mientras que el polo positivo es mercurio. Como electrolito actúa una solución de sulfato de cadmio, la que se mantiene saturada con cristales de esa sal; en el electrodo positivo se encuentra también sulfato mercurioso, el que actúa como despolarizante. Hay que tener en cuenta que esta pila no puede utilizarse como fuente de corriente, pero accidentalmente puede actuar como tal, tomándose precauciones para limitar la intensidad a no mas de 5 micro A en mediciones de gran exactitud. Los iones de cadmio que durante el pasaje de la corriente se dirigen al electrodo positivo forman, con el sulfato mercurioso, sulfato de cadmio y mercurio; de esta manera dicho electrodo continua siendo mercurio, no produciéndose polarización alguna.

Esta pila patrón de referencia, construida según rigurosas especificaciones y utilizando materiales muy puros, repite en forma notable el valor de la fem de sucesivos ejemplares, el que difiere del valor medio de un grupo en solo algunas partes por millón. Tiene el inconveniente de un coeficiente de temperatura relativamente grande, alrededor de -40 micro V/°C; por lo que es muy importante mantener la pila a una temperatura constante, lo que se consigue utilizando un baño de aceite cuya temperatura se mantiene estable a variaciones no mayores de 0,01 °C; para esta variación de temperatura se produce una variación de la fem de 1 ppm. Cuando se produce una variación de la temperatura, la pila necesita de un cierto tiempo para que se estabilice el valor de su fem.

La considerada es la pila normal neutra, llamada así para distinguirla de la pila normal ácida, que se obtiene agregando una pequeña cantidad de ácido sulfúrico en una solución de baja concentración, lo que permite eliminar la hidrólisis del despolarizante, mejorándose las características de uniformidad y permanencia de la pila. Utilizando una concentración de 0,05 normal el valor de la fem a 20°C es de 1,01862 V abs.

Estas pilas normales de referencia no se utilizan en trabajos comunes porque no son portátiles, y no deben confundirse con la "pila Weston no saturada" que se usa en los potenciometros y que veremos mas adelante.

En la actualidad también se utilizan como patrones de referencia de tensión, la que proporciona un diodo zener polarizado inversamente. La tensión de zener puede fijarse con mucha exactitud y precisión, controlando el dopado con impurezas durante el proceso de fabricación. Desde el punto de vista de la estabilidad de la tensión con las variaciones de temperatura, los diodos son superiores a las pilas.

A1.9. Patrón de referencia de capacidad

La capacidad de un patrón absoluto de capacidad puede ser calculada en función de una longitud y de la constante dieléctrica del vacío; lo que actualmente puede hacerse con una incertidumbre no mayor de 1 ppm.

Utilizando este capacitor patrón calculable y puentes especialmente diseñados, de gran exactitud, se determina la capacidad de los **capacitores patrones de referencia**, los que a su vez se usan para calibrar los patrones llamados de trabajo.

Idealmente un capacitor patrón debe tener las siguientes propiedades:

1) Para una tensión sinusoidal, la corriente debe adelantar 90° respecto a la tensión aplicada.

2) El valor de la capacidad debe ser constante y definido.

3) El dieléctrico no debe tener perdidas ni absorción.

4) El valor de la capacidad no debe ser afectado por la temperatura o por la frecuencia.

5) La resistencia de aislacion debe ser tan grande como sea posible.

Además es frecuentemente deseable que el capacitor sea capaz de resistir una tensión elevada.

A1.10. Patrón de referencia de Inductancia

Se han construido inductores patrones de referencia, calculables, para la determinación del ohm absoluto, pero resultan voluminosos, con una capacidad respecto de tierra relativamente grande, y con un considerable acoplamiento con otros circuitos. Estos y otros problemas de orden técnicos hacen que se prefiera determinar el henry a partir del ohm y del farad, sobre la base de patrones de referencia de resistencia y capacidad. (Como se vera al estudiar los puentes de corriente alterna).

2

Instrumentos y técnicas usadas para mediciones en frecuencias industriales

- Instrumentos de imán permanente y bobina móvil.

- Voltímetros para C.A. con instrumentos de B.M.

- Instrumentos de hierro móvil. Tipos constructivos.

- Instrumentos electrodinámicos. Uso del instrumento electrodinámico como wattímetro.

- Mediciones en una línea de alimentación monofásica.

Al finalizar esta unidad, Ud. será capaz de hacer lo siguiente:

- Explicar el principio de funcionamiento de los instrumentos de bobina móvil, hierro móvil, y electrodinámicos.

- Medir tensiones y corrientes con los instrumentos apropiados de acuerdo a los márgenes de las magnitudes

- Implementar un tablero para medición y control de una línea de alimentación monofásica.

2.1. Instrumentos de imán permanente y bobina móvil

Conocidos comúnmente como instrumentos de bobina móvil, son los mas difundidos para la medición de corrientes continuas. Su funcionamiento se basa en la acción motriz ejercida por un campo magnético fijo producido por un imán sobre una bobina móvil por la cual circula la corriente que se desea medir.

La bobina móvil es rectangular y esta constituida por **N** espiras de alambre conductor muy finas bobinadas sobre una forma de aluminio y montada sobre un eje apoyado sobre soportes de zafiro o algún otro material apropiado. Hay además dos resortes arrollados en sentido contrario de bronce fosforoso, (aleación de buenas propiedades conductoras y elásticas) que a la vez que proporcionan la cupla recuperadora sirven también para llevar la corriente a la bobina. Hay un tipo de instrumento, que utiliza como eje de la bobina móvil, un par de cintas de bronce fosforoso que se mantienen tensas, y a la vez proporcionan el par antagónico al torsionar. Esto reduce grandemente el rozamiento y aumenta la sensibilidad, pero el sistema es sumamente delicado, por lo que se usa solamente en aplicaciones especiales, como son por ejemplo; los galvanómetros de los puentes de CC.

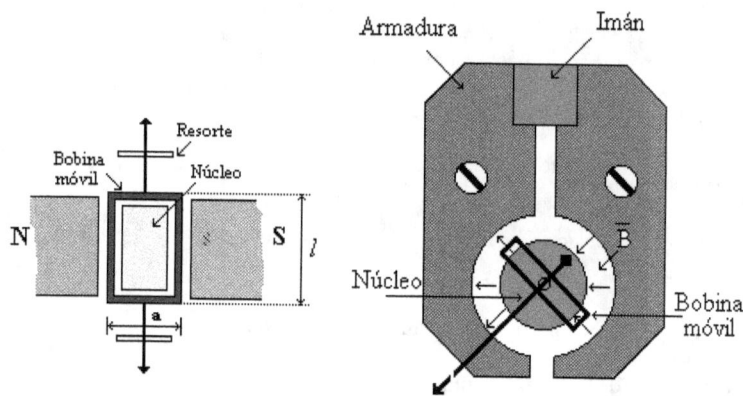

Figura 2-1. Corte de un instrumento de bobina móvil.

La aguja indicadora, esta acoplada al eje, y tiene un sistema de contrapesos para que el centro de gravedad del sistema se sitúe en el centro de la bobina móvil. Esto se hace así para que el instrumento pueda funcionar mas o menos igual independientemente de la posición en que se encuentre. Sin embargo, el fabricante suele indicar expresamente la posición de trabajo del mismo, la mayoría lo hacen en forma horizontal, y algunos en forma inclinada o vertical (los de panel).

Los lados activos de la bobina, (los paralelos al eje) se encuentran en el entrehierro existente entre las expansiones polares de un imán permanente, y un núcleo central de hierro dulce (que puede ser hueco), sostenido por un soporte de material no magnético. Las superficies enfrentadas de las expansiones y el núcleo son cilíndricas, de manera tal de obtener un campo de inducción uniforme y de dirección radial en toda la zona en la cual se puede mover la bobina.

La fuerza actuante sobre los lados activos de la bobina será siempre normal al plano de la misma, y la cupla motriz será:

$$B \cdot N \cdot l \cdot a \cdot i = Cm$$

Donde:

B: campo magnético.

N: numero de espiras de la bobina.

l: longitud del lado activo de la bobina.

a: longitud del lado no activo de la bobina

i: corriente que circula por la bobina.

La posición final se obtendrá cuando la cupla motriz iguale a la cupla recuperadora:

$$B\ N\ l\ a\ i = kr\ \theta$$

Donde

kr: constante elástica del conjunto de resortes.

θ: ángulo de defección.

La deflección será:

$$\theta = \frac{B \cdot N \cdot l \cdot a}{kr} \cdot i = S \cdot i$$

Por lo que la escala será lineal si el factor **S** no varia con **i**

$$S = \frac{d\theta}{di} = \frac{B \cdot N \cdot l \cdot a}{kr}$$

El factor **S** es la sensibilidad del instrumento.

2.1.1. Alcance de los instrumentos de bobina móvil.

Los instrumentos de bobina móvil forman la categoría mas difundida de órgano indicador de los instrumentos de presentación analógica.

El alcance de este tipo de instrumentos es por lo general pequeño, siendo valores típicos entre 10 micro A a 50 m A, (la mayoría de los multímetros de servicio que se consiguen en el comercio, utilizan instrumentos de 30 a 50 micro A de alcance).

La máxima corriente esta limitada entre otras cosas por los resortes que no deben recalentarse ni sufrir daños que influyan sobre su elasticidad.

Si se desean alcances mas altos, hay que utilizar shunts dispuestos de manera que solo pase por la bobina móvil del instrumento, una parte de la corriente a medir (o resistencias adicionales conectadas en serie, que limiten la corriente cuando el instrumento se usa como voltímetro).

2.2. Voltímetros para C.A. que usan instrumentos de bobina móvil.

En el campo de las frecuencias industriales, los instrumentos de bobina móvil se usan principalmente como voltímetros.

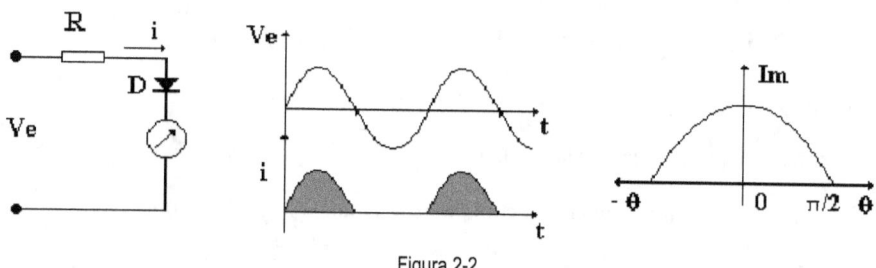

Figura 2-2

El agregado de un diodo detector en serie con la resistencia multiplicadora de un voltímetro de CC, convierte a este en un instrumento capaz de medir tensiones alternas. Considérese para ello lo siguiente.

Suponiendo que el diodo de la figura fuese ideal, la corriente que circula por el instrumento es una media onda rectificada, que queda definida de la siguiente forma.

$$i = \text{Im}\cos\theta \qquad \left(\text{para } 0 \le \theta \le \frac{\pi}{2}\right) \qquad i = 0 \qquad \left(\text{para } \frac{\pi}{2} \le \theta \le \pi\right)$$

Una función periódica de este tipo puede ser desarrollada en términos armónicos usando la serie de Fourier lo que nos da:

$$i = \frac{Im}{\pi} + Im\left[\frac{\pi}{2}\cos\theta + \frac{2\pi}{3}\cos 2\theta - \frac{2\pi}{15}\cos 4\theta + \ldots\right]$$

Es decir que la corriente que pasa por el instrumento, esta compuesta de una componente continua (el primer termino de la serie) que es el valor medio de la onda rectificada, mas una serie de términos armónicos pares que van teniendo cada vez menor amplitud.

Si la frecuencia natural del sistema mecánico es baja (por lo general en los instrumentos de bobina móvil que se van a usar con rectificador dicha frecuencia puede ser de fracciones o unos pocos Hz), el mismo no puede seguir dicha excitación y en consecuencia el instrumento deflexiona en función del valor medio.

A pesar de que el instrumento así dispuesto responde al valor medio del semiciclo, se lo calibra de manera que la lectura sea el valor eficaz de la tensión medida. Esta disposición es sencilla pero presenta el inconveniente que en el semiciclo negativo, debido a que el diodo no conduce, toda la tensión queda aplicada a sus bornes, por lo cual, para la medición de tensiones elevadas, es necesario disponer de diodos que soporten una tensión de pico inversa grande. Por otro lado, cuando se miden tensiones pequeñas, entra en juego la tensión de umbral de los diodos que conviene que sea lo mas baja posible. Los diodos de germanio tienen tensiones de umbral bajas pero no soportan tensiones de pico inverso elevadas. Este problema puede resolverse mediante el uso de un segundo diodo conectado como se como se indica en la Figura 3. Aquí en el semiciclo negativo la corriente es derivada por el segundo diodo, y por lo tanto la tensión inversa que debe soportar D1 es igual al voltaje directo que cae sobre D2. Con esto se logra también que la resistencia interna del voltímetro se mantenga prácticamente igual tanto en el semiciclo negativo como en el positivo.

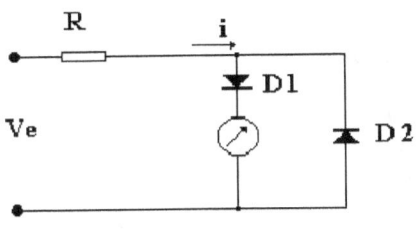

Figura 2-3

Aun con esta modificación, el circuito sigue siendo un detector de media onda, y su principal defecto es que la sensibilidad del mismo es pobre.

2.2.1. Detectores de onda completa para voltímetros

Una forma de aumentar la sensibilidad de un voltímetro para Vca, es dotarlo de un rectificador de onda completa. Así, el primer termino de la expresión de la corriente dada anteriormente se ve multiplicado por 2, con lo cual la deflexión aumenta al doble.

Hay varios tipos de rectificadores de onda completa, siendo la de una u otra forma del tipo puente. Los hay que utilizan cuatro diodos, lo cual desde el punto de vista de las alinealidades para tensiones bajas no es conveniente, por lo que su uso queda prácticamente reducido a voltímetros para mediciones de tensiones elevadas.

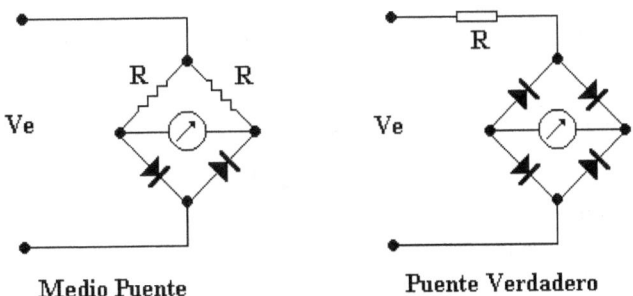

Medio Puente   **Puente Verdadero**

Figura 2-4 Detectores tipo puente

Hay un tipo de puente que utiliza diodos en dos de sus ramas y resistores en las restantes con lo cual se soluciona el problema de las bajas tensiones a costa de reducir algo la sensibilidad total. Esta suele ser la solución adoptada en los multímetros de mediana a buena calidad, (los rectificadores de media onda se usan actualmente solo en los multímetros de servicio de poca calidad).

La aplicación de los instrumentos de bobina móvil como amperímetros de CA, es problemática, porque se necesita una caída de tensión considerable en el shunt (1 V mínimo) suficiente para hacer conducir los diodos rectificadores. Esto hace que el consumo se haga muy grande. La única posibilidad consiste en disponer de algún medio de amplificar la tensión que cae en el shunt, lo que se consigue en los instrumentos electrónicos.

2.3. Instrumentos de hierro móvil

Los instrumentos de hierro móvil, forman la categoría mas difundida de amperímetros y voltímetros, usados en mediciones de baja frecuencia en tensiones industriales, especialmente como instrumentos de tablero.

Se basan en la acción que una bobina fija y recorrida por corriente ejerce sobre un pequeño trozo de hierro dispuesto en su campo.

La energía almacenada en la bobina es:

$$w = \frac{1}{2} \cdot L \cdot i^2$$

Y si el instrumento es tal que la inductancia **L** es independiente de la corriente **i**, la cupla motora (variación de la energía **dW** en un desplazamiento **d**θ), será.

$$Cm = \frac{dW}{d\theta} = \frac{1}{2} \cdot i^2 \cdot \frac{dL}{d\theta}$$

Que es equilibrada por la cupla recuperadora del resorte solidario al eje del hierro móvil:

$$Cm = kr \cdot \theta \qquad \rightarrow \qquad \theta = \frac{1}{2 \cdot kr} \cdot \frac{dL}{d\theta} \cdot i^2$$

Como se nota en esta expresión, el sentido de circulación de la corriente no altera el sentido de la cupla.

Este tipo de instrumentos mide el valor eficaz de la corriente. En efecto, si se aplica una corriente alterna:

$$i = Im \, sen \, \omega \, t$$

se tiene

$$Cm = \frac{1}{2} \cdot Im^2 \cdot sen^2\omega t \cdot \frac{dL}{d\theta}$$

$$Cm = \frac{1}{2} \cdot Im^2 \cdot \frac{1}{2}(1 - \cos 2\omega t) \cdot \frac{dL}{d\theta}$$

$$Cm = \frac{Im^2}{4} \cdot \frac{dL}{d\theta} - \frac{Im^2}{4} \cdot \cos 2\omega t \cdot \frac{dL}{d\theta}$$

Y si la frecuencia excitadora es mucho mayor que la frecuencia natural del sistema móvil, el instrumento no responderá a la excitación del segundo término de Cm (de frecuencia doble a la de excitación), y la cupla motora resultara:

$$Cm = \frac{Ief^2}{2} \cdot \frac{dL}{d\theta}$$

Donde **Ief** es el valor eficaz de la corriente alternada y será el que medirá el instrumento.

Si la inductancia varia linealmente con la desviación, su derivada respecto del ángulo es una constante, y el instrumento será de respuesta al valor cuadrado de la corriente eficaz. (Si se recuerda lo que se dijo al hablar sobre la utilidad de los diversas clases de escalas, queda justificada la utilización de este tipo de instrumentos a que se hace referencia al principio de este punto).

2.3.1. Tipos constructivos

Entre las múltiples formas que adoptan estos instrumentos, se los puede clasificar en dos tipos principales, de acuerdo al carácter de las fuerzas actuantes.

1- Instrumentos de atracción

El tipo mas común consiste en una bobina de forma achatada, la cual al circular corriente, atrae a su interior un disco de hierro dulce que tiene posibilidad de girar en forma excéntrica, provocando una cupla sobre su eje, la que es equilibrada por un par de resortes. Como en estos instrumentos no hay causa interna de amortiguamiento, generalmente utilizan un dispositivo externo de tipo neumático para tal fin.

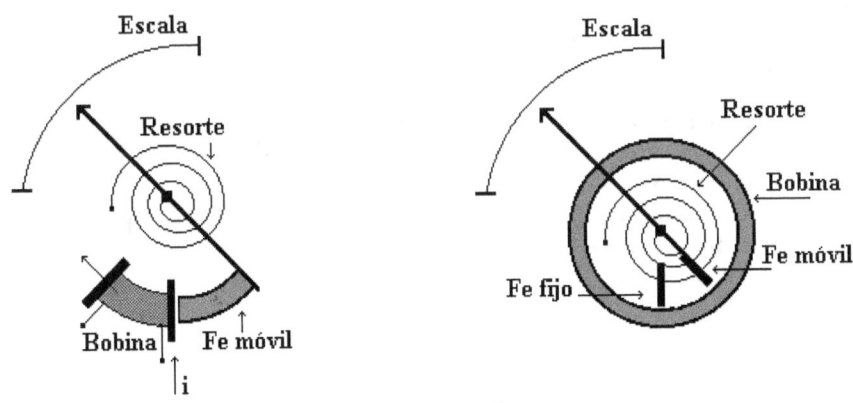

Instrumento de atracción   Instrumento de repulsión

Figigura 2-5

2-Instrumentos de repulsión

Si dos piezas de hierro dulce están ubicadas dentro de una bobina por la que circula corriente, se magnetizan en el mismo sentido, y se repelen mutuamente. En los instrumentos una de las piezas de hierro esta fija sobre la bobina y la otra colocada en el eje del instrumento (figura 5). Con esta disposición se puede obtener una escala con un desarrollo de no mas de 100°.

Aplicaciones

Los instrumentos de hierro móvil pueden medir tanto CC como CA. Pero la desviación dependerá de las frecuencia y de la forma de onda aplicada. En efecto, al considerar la ley que rige el funcionamiento de estos instrumentos no se tomo en cuenta que a medida que aumenta la frecuencia, aumenta también la reactancia de la bobina, con lo cual varia la corriente. Por otro lado, el funcionamiento permanente con CC tiende a magnetizar el hierro provocando con el tiempo modificaciones de las constantes del instrumento.

El consumo de potencia de los instrumentos de hierro móvil es mayor que en los de bobina móvil. Por ejemplo, un voltímetro típico de tablero de bobina móvil de 150V para CC tiene un consumo de 1,5W a plena escala, mientras que uno de hierro móvil de similares características requiere 7 W, lo que indica una menor sensibilidad.

A pesar de su mayor consumo, y muchos errores, se ha llegado a obtener instrumentos de clase 0,5. Pero los errores son mayores para CC que para CA; un instrumento de clase 0,5 en CA pasara a ser de clase 1 en CC.

La gran difusión de este tipo de instrumentos proviene de su simplicidad constructiva (que se traduce en menor costo), de su solidez y su gran capacidad de sobrecarga (los resortes no son recorridos por la corriente, y por lo tanto no están expuestos a recalentamiento o destrucción por sobrecarga accidental). La bobina, por el tipo de construcción, puede soportar sin dañarse, fuertes sobrecargas momentáneas (aun 100 veces el valor nominal, durante una fracción de segundo). El sistema móvil no resulta dañado por las sobrecargas, ya que, debido a la saturación del hierro, las cuplas nunca alcanzan valores muy elevados.

2.4. Instrumentos electrodinámicos

Se basan en la acción que ejercen entre si dos circuitos, uno fijo y uno móvil, recorridos por corrientes distintas. A estos instrumentos se los puede considerar derivados de los de imán permanente y bobina móvil, sustituyendo el campo radial y constante en magnitud de estos por un campo aproximadamente paralelo y de desigual intensidad en el espacio, creado por una o dos bobinas fijas conectadas en serie.

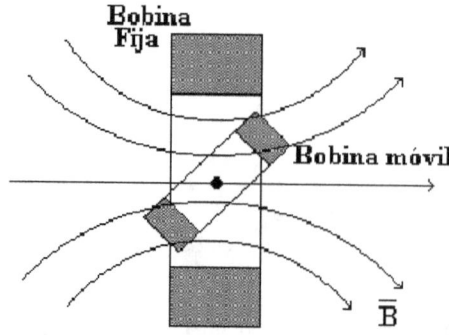

Figura 2-6

Considerando la energía total del sistema formado por la bobina fija y la bobina móvil se tiene:

$$W = \frac{1}{2} Lf\ if^2 + \frac{1}{2} Lm\ im^2 + M\ if\ im$$

Siendo **Lf** y **Lm** las inductancias de las bobinas fija y móvil respectivamente. y **if** e **im** corrientes de las bobinas fija y móvil. **M** es la inductancia mutua entre las bobinas fija y móvil.

Para una desviación elemental **dθ** los valores de **Lf** y **Lm** no varían, la cupla motora será:

$$Cm = \frac{dW}{d\theta} = if \cdot im \cdot \frac{dM}{d\theta}$$

Cuyo sentido depende del sentido relativo de las dos corrientes.

Esta cupla motora será equilibrada por el par de resortes montados sobre el eje del sistema móvil (resortes que al mismo tiempo llevan la corriente **im** a la bobina móvil):

$$kr \cdot \theta = if \cdot im \cdot \frac{dM}{d\theta} \qquad \rightarrow \qquad \theta = \frac{1}{kr} \cdot \frac{dM}{d\theta} \cdot if \cdot im$$

Si las bobinas están recorridas por corrientes alternas de igual frecuencia, pero en general con un cierto defasaje entre si, tales como.

$$if = ifm\ sen(\omega t) \qquad\qquad im = Imm\ sen(\omega t + \beta)$$

El producto de estas corrientes entre si nos da:

$$im\ if = Imm\ Ifm\ sen\ \omega t\ sen\ (\omega t + \beta)$$

$$im\ if = Imm\ Ifm\ \frac{1}{2}\ [\ cos\beta - cos\ (2\ \omega t - \beta\ )\ ]$$

Por lo que la cupla motriz tendrá dos componentes, una constante y otra de frecuencia doble a la aplicada. Esta frecuencia es mucho mayor que la frecuencia natural del sistema móvil, por lo que no producirá una desviación de la aguja del instrumento. Tendremos entonces.

$$\theta = \frac{1}{kr} \cdot \frac{dM}{d\theta} \cdot If \cdot Im \cdot cos\ \beta$$

Siendo **Im** e **If** los valores **eficaces** de las corrientes por las bobinas móvil y fija.

Si el instrumento quiere utilizarse como voltímetro se deben conectar las dos bobinas en serie con el agregado de un resistor exterior, la indicación será en este caso proporcional al valor cuadrado de la tensión (tendremos una escala cuadratica)

Si en cambio se desea utilizar el instrumento como amperímetro, se deben conectar las dos bobinas en paralelo y también en este caso la escala será cuadrática.

Sobre el uso de este instrumento como voltímetro o amperímetro no conviene extenderse porque en la actualidad mayormente no se los emplea para estos fines, habiéndose reducido su aplicación a wattímetros para frecuencias industriales (como se vera mas adelante)

Los instrumentos electrodinámicos tienen una sensibilidad mucho menor que los instrumentos de imán permanente y bobina móvil, es decir tienen un mayor consumo. La razón de ello es evidente ya que en los de imán permanente el campo lo crea el imán, mientras que en los electrodinámicos, se precisa extraer potencia del circuito a medir para establecer el campo.

2.4.1. Disposiciones constructivas

Generalmente los instrumentos electrodinámicos se construyen con núcleos de aire, con una bobina fija de pocas vueltas y de un alambre de gran sección, y una bobina móvil de alambre fino y de muchas vueltas.

Para que la deflexion sea proporcional únicamente al producto de las corrientes que pasan por cada bobina, hay que tratar de lograr que la variación de la mutua inductancia con el ángulo (es decir **dM/dθ**) sea constante.

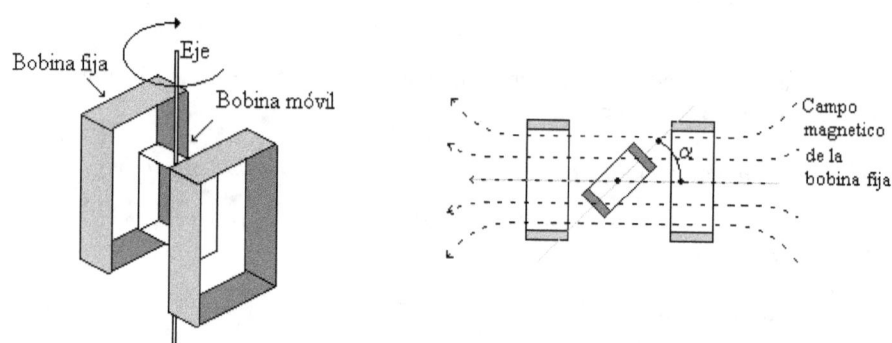

Figura 2-7

Si se disponen de dos bobinas fijas, tal como se muestra en la figura, conectadas en serie, el campo en su interior es prácticamente paralelo, es decir que la inductancia mutua es proporcional al **sen α.** por lo que tendremos:

$$\frac{dM}{d\theta} = \cos \alpha$$

Lo cual permite que en un ángulo de ±45° y cuidando de disponer las bobinas fijas adecuadamente, se consigue que la curva sea lo suficientemente plana como para considerar en esa zona que la **dM/dθ** sea constante.

Esto permite que dentro de un ángulo total de no mas de 90° la escala tenga un desarrollo lineal cuando el instrumento se usa para medir potencia.

También hay instrumentos electrodinamicos con núcleo de hierro que suelen recibir el nombre de **Ferrodinamicos**.

Estos son por lo general idénticos a un instrumento de bobina móvil e imán fijo, en el que se ha substituido el imán por un arrollamiento sobre las piezas polares de hierro.

Con esto se logra además de aumentar el campo magnético, la ventaja de disponer de un campo radial en el entrehierro donde se mueve la bobina móvil, con lo que la escala es lineal aun para desarrollos de mas de 120°.

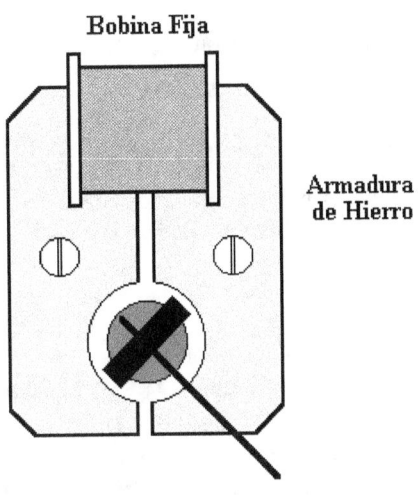

Figura 2-8

2.5. El instrumento electrodinamico como wattimetro.

Definiciones

La potencia puede ser definida como la velocidad con que la energía eléctrica es entregada a un circuito.

En un instante cualquiera, la potencia es igual al producto de la tensión entre los terminales por la corriente que circula por el circuito en dicho instante, (esto es la potencia instantánea).

$$p = e \cdot i$$

En los circuitos de CC, si la tensión y la corriente se mantienen constantes, la potencia también se mantendrá constante. Pero en los circuitos de CA, la potencia instantánea varia continuamente, dado que la tensión y la corriente también lo hacen periódicamente. Si además se considera que en general, la corriente y la tensión no están en fase, el planteo se complica. Sin embargo, en la mayoría de los casos, no interesa la potencia instantánea, sino la "potencia media", que es el valor promedio de la potencia durante el periodo **T** de la CA.

Si la tensión y la corriente son sinusoidales y están defasadas un ángulo φ se tendrá:

$$e = E\max \operatorname{sen} \omega t, \quad i = I\max \operatorname{sen}(\omega t - \varphi)$$

La potencia media será:

$$P = \frac{1}{T}\int_0^T e \cdot i \cdot dt = \frac{1}{2\pi}\int_0^{2\pi} E\max \cdot \operatorname{Im} ax \cdot \operatorname{sen} \omega t \cdot \operatorname{sen}(\omega t - \varphi) dt$$

$$P = \frac{1}{2} E\max \cdot \operatorname{Im} ax \cdot \cos \varphi = E \cdot I \cdot \cos \varphi$$

Siendo **E** y **I** los valores eficaces de la tensión y la corriente respectivamente, y φ el ángulo de defasaje entre ellas.

2.5.1. El wattimetro electrodinamico

El wattimetro electrodinamico, es un instrumento diseñado para medir el valor de la potencia media, no solo en el caso particular anterior sino también para el caso general definido por:

$$P = \frac{1}{T}\int_0^T e \cdot i \cdot dt$$

El instrumento electrodinamico cuyo principio de funcionamiento se explico en el punto anterior, es el elemento ideal para ser usado en la medición de potencia eléctrica en frecuencias industriales. Para ello se conecta la bobina fija en serie con la carga, para que por esta circule la corriente de la misma, y la bobina móvil, mas una resistencia serie, en paralelo con la carga, de manera que la corriente que por ella circule sea proporcional a la caída de tensión sobre la carga.

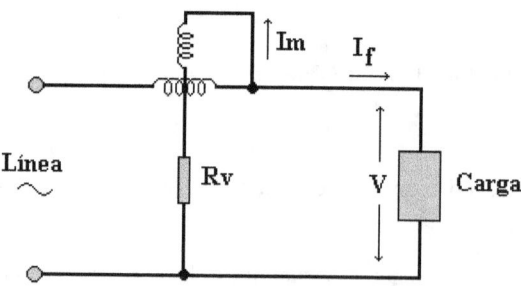

Figura 2-9

Por esto la bobina fija, también llamada amperimetrica, esta construida con un conductor de sección suficiente para conducir la corriente nominal del instrumento, mientras que la bobina móvil, o voltimetrica, esta formada por muchas espiras de conductor muy fino y el resistor serie debe ser no inductivo y tener un valor de resistencia muy grande comparado con la reactancia de la bobina de manera que la corriente que circule por el circuito voltimetrico este en fase con la tensión aplicada. Así la desviación del instrumento será:

$$\theta = \frac{1}{kr} \cdot \frac{dM}{d\theta} \cdot Im \cdot If \cdot \cos \varphi = \frac{1}{Rv \cdot kr} \cdot \frac{dM}{d\theta} \cdot V \cdot I \cdot \cos \varphi$$

Para tener una escala lineal es necesario que el factor **dM/dθ** sea constante, lo que se logra con disposiciones constructivas apropiadas como ya se ha visto.

Valores típicos son los siguientes: la corriente en la bobina móvil es del orden de los 10 a 50 mA, por ello la tensión no sobrepasa casi nunca los 300 V, debido a la gran potencia que debería disipar el resistor en serie con dicha bobina. Mientras que la corriente en la bobina fija es del orden de los 20 A como máximo. Cuando se desean medir tensiones y o corrientes mayores, se debe recurrir a transformadores de medición.

2.5.2. Errores inherentes a la conexión del wattimetro.

Error de consumo.

Hay dos maneras de conectar un wattimetro a un circuito para medir la potencia, las mismas se muestran en la figura 10. En la primera figura la bobina móvil se dispone entre la carga y la bobina fija, por lo cual la corriente que circula por esta ultima es la corriente de carga mas la que consume el circuito voltimetrico. El error en la indicación del instrumento será en exceso y tal como:

$$\Delta P = \frac{V^2}{Rv}$$

Donde **Rv** es la resistencia del circuito voltimetrico, que incluye la de la bobina móvil, mas la del resistor serie.

Si por el contrario, se conecta la bobina voltimetrica antes que la amperimetrica, como lo indica la figura, la corriente que circula por la carga será la misma que pasa por la bobina fija, pero la tensión aplicada al circuito voltimétrico, será la que hay sobre la carga mas la que cae sobre la bobina amperimetrica. El error también será en exceso y tal como:

$$\Delta P = I^2 Ra$$

Donde **Ra** es la resistencia de la bobina fija.

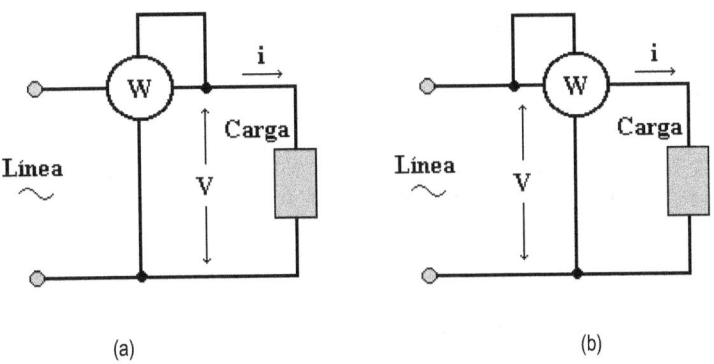

(a)   (b)

Figura 10. Distintas maneras de conectar un wattimetro

En ambas conexiones, el valor medido es mayor que el verdadero. De las dos conexiones es mas apropiada la primera, pues se puede calcular el error mas fácilmente ya que se conoce el valor de la resistencia del circuito voltimetrico, y la tensión en frecuencias industriales esta normalizada, mientras que si se optara por la segunda conexión, se necesitaría medir la corriente de carga para poder efectuar el calculo del error y la corrección de la medición. Sin embargo, para valores pequeños de potencia medida, se suele preferir la conexión (b) pues el error disminuye a medida que menor es la potencia.

Error de fase

Aunque es muy pequeña, la inductancia de la bobina móvil, y por lo tanto la reactancia del circuito voltimetrico, no siempre es despreciable. Por este motivo, en realidad la corriente que circula por la misma, no esta en fase con la tensión, sino que esta atrasada un pequeño ángulo dado por

$$\text{tg } \varepsilon = \frac{Xv}{Rv}$$

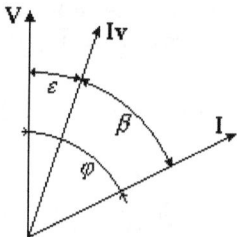

Figura 2-11

Donde **Xv** es la ractancia de la bobina, y **Rv** es la resistencia de la misma.

Como puede apreciarse en la figura 11, el ángulo de fase medido es menor que el verdadero (suponiendo que la carga sobre la que se mide es inductiva), y el wattimetro indicara una potencia mayor que la verdadera.

Pot. verd. $P = V \cdot I \cos \varphi$

Pot. med. $Pm = V \cdot I \cos (\varphi - \varepsilon)$

$Pm = V \cdot I \cos \beta$

Un análisis de relaciones trigonometricas sencillas, demuestra que, para valores de ε que se aproximen a cero, el **cos** β es aproximadamente igual a:

$\cos \beta = \cos \varphi + \varepsilon \text{ sen } \varphi$

Por lo que la potencia medida puede expresarse como:

$Pm = V \cdot I (\cos \varphi + \varepsilon \text{ sen } \varphi)$

Y si recordamos que la potencia reactiva es:

$$Q = V \cdot I \operatorname{sen} \varphi$$

Se puede concluir que el wattimetro, a causa del error de fase, indica una parte de la potencia reactiva además de la potencia verdadera.

Como se ve, aun para valores pequeños de ε, el error relativo puede cobrar importancia a medida que aumenta φ, o sea para bajos valores de **cos** φ. Como caso limite, para $\varphi = \pi/2$ el error relativo se hace infinito, ya que el wattimetro indica **Pm** $= \varepsilon$ **Q** mientras que la potencia verdadera es nula.

Algunos instrumentos compensan este error de fase colocando un capacitor adecuado en paralelo con una parte del resistor en serie con la bobina voltimetrica.

Es importante notar que aunque el error de fase fuese nulo, cuando se miden potencias con valores bajos de **cos** φ, el error aumenta debido a que la medición se efectúa cerca del cero de la escala.

2.5.3. Uso del wattimetro

El sentido de la desviación de la aguja del wattimetro depende de la manera como hayan sido dispuestas las dos bobinas, y del sentido relativo de las corrientes que las recorren. Todo wattimetro posee cuatro bornes de conexión, los cuales se encuentran identificados por marcas que indican con claridad cuales son los bornes por los que deben entrar o salir al mismo tiempo las corrientes.

Generalmente el resistor serie del circuito voltimetrico se encuentra incorporado al instrumento y si se respetan las indicaciones mencionadas en el párrafo anterior no hay problemas. Pero si el resistor es externo, o tiene bornes separados, hay que tener especial cuidado de conectarlo apropiadamente, para evitar problemas como el siguiente.

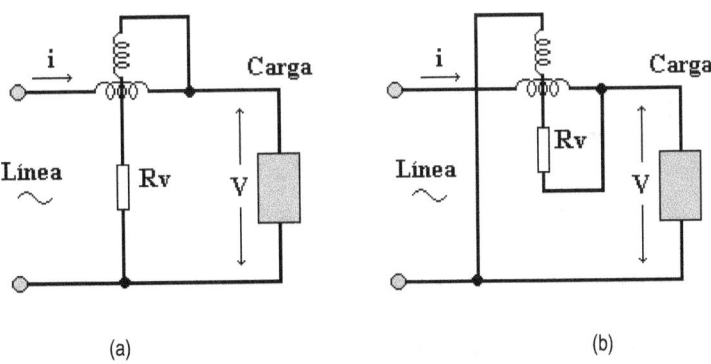

Figura 2-12

Los esquemas de conexión mostrados en la figura 12 son, desde el punto de vista funcional, equivalentes. Sin embargo como debido al valor elevado de la resistencia serie, prácticamente toda la tensión del circuito voltimetrico cae en ella, resulta que en la conexión según (a) la diferencia de potencial entre la bobina móvil y la fija es casi nula, mientras que en (b) se encuentran a un potencial distinto (la tensión del circuito) y por la imposibilidad practica de una buena aislacion puede suceder que se produzcan chispas entre ambas Debe tenerse presente siempre que la deflexión de la aguja de un wattimetro depende siempre de tres factores: corriente, tensión y potencia, y que una desviación excesiva aparece solamente cuando se supera la potencia nominal; lo que puede hacer que se excedan los valores nominales de tensión o corriente hasta un punto tal que el instrumento se arruine sin que la desviación pase de su valor máximo. Esto puede ocurrir con frecuencia cuando la carga es muy reactiva y produce grandes defasajes entre la tensión y la corriente, es decir cuando el **cos** φ es bajo, pues entonces la potencia activa es poca pero la corriente del circuito puede ser muy elevada. Por esto en la mayoría de las mediciones de potencia se acostumbra medir simultáneamente la tensión y la corriente. Esto posibilita conocer además, todas las magnitudes que caracterizan al sistema, como se vera seguidamente.

2.6. Mediciones en un sistema monofasico

2.6.1. Método del voltímetro, amperímetro y wattimetro

La relaciones que liga todas las magnitudes que definen a un sistema monofasico pueden ser deducidas utilizando sencillas reglas a partir del triángulo de la figura 13, en el que se representan vectorialmente las componentes de la potencia en corriente alterna sinusoidal. De aquí se deducen que hay tres posibles expresiones de la potencia.

"Potencia activa" $P = V . I \cos \varphi$ (se mide en watts W)

"Potencia aparente" $S = V . I$ (se mide en volt-amper VA)

"Potencia reactiva" $Q = V . I \operatorname{sen} \varphi$ (se mide en volt-amper reactivos Var)

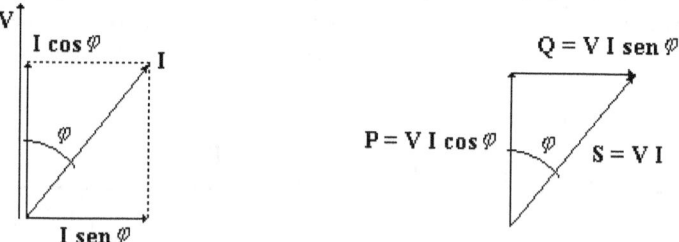

Figura 2-13

La primera expresión representa la verdadera potencia útil, o sea la que efectúa el trabajo. La segunda, representada por el producto de la tensión por la intensidad, da un valor indicativo de cual seria la potencia si no hubiera defasaje. La potencia reactiva que esta asociada con las potencias activa y aparente tiene especial importancia en el campo de la venta de la energía eléctrica y en la evaluación de la calidad de las redes y cargas conectadas a la misma.

La conexión de un voltímetro, un amperímetro y un wattimetro, como se muestra en la figura 14 proporciona el método mas sencillo para la determinación simultánea de los tres tipos de potencia, claro que no nos dice nada acerca de la naturaleza inductiva o capacitiva de la carga en caso de que la misma sea reactiva.

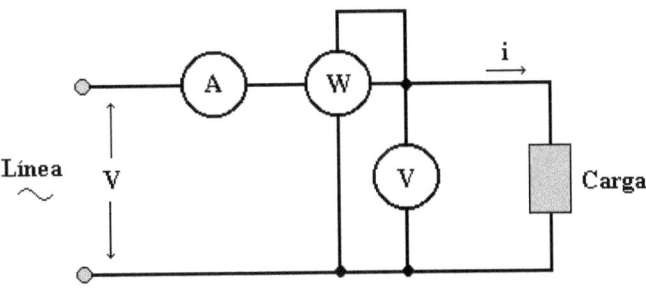

Figura 2-14

Aquí se ha seguido la regla indicada en párrafos anteriores respecto de la conexión del circuito voltimetrico del wattimetro, y se ha utilizado el mismo criterio para conectar el voltímetro y el amperímetro, es decir de manera que el error sistemático introducido por dichos elementos sea fácilmente calculable.

2.7. Cuestionario

1) Cuantos bornes de conexión tiene un wattimetro y como deben conectarse?.

2) Cuales pueden ser los motivos por los cuales un la aguja indicadora de un wattimetro puede deflexionar en sentido contrario?.

3) Que tipo de escala tiene un instrumento de bobina móvil ?

4) Cual es el valor de alcance típico de un instrumento de bobina móvil?

5) Por que en un instrumento de hierro móvil la defleccion es siempre en el mismo sentido, independientemente del sentido de la corriente?

6) Que tipo de escala tiene un instrumento de hierro móvil ?

7) Que instrumento utilizaría para la medición del valor eficaz de una corriente alternada del orden de 2 A ?

8) Como se logra linealizar las escalas de los instrumentos electrodinamicos ?

9) Que dificultad hay en implementar amperímetros de CA con instrumentos de bobina móvil?

2.8. Problemas

Problema 1

Se dispone de un instrumento de bobina móvil cuyas especificaciones son

$$Io = 50 \ \mu A, \qquad Ri = 1 \ K\Omega$$

Si se desea implementar con el mismo un voltímetro para Vca. de 30 V a fondo de escala., ¿cual es el circuito a emplear, y cual es el valor de la resistencias multiplicadora a usar?

Compare el valor obtenido con el que se debería usar para implementar con el mismo instrumento un voltímetro para Vcc de 30 V a fondo de escala y justifique por que la sensibilidad es distinta.

Problema 2

Se tiene un tablero con un amperímetro, un voltímetro y un wattimetro conectados según la figura 14. Sus indicaciones son respectivamente: 4 A, 210 V, y 0,58 Kw, siendo la resistencia interna del voltímetro de 50 Kohm, y la del circuito voltimetrico del wattimetro 30 Kohm. Se pide: A) Calcular el valor del coseno phi, y los errores debido a la conexión. B) Analizar que sucederá con la indicación de los instrumentos si con el propósito de determinar la naturaleza reactiva de la carga se conecta en paralelo con el voltímetro un condensador de 1 micro Farad. / 500 V.

3

Voltímetros y Multímetros Electrónicos Analógicos y Digitales

- Generalidades.

- Amplificadores usados en los voltímetros electrónicos. Especificaciones de los amplificadores - Especificaciones típicas de un amplificador de voltímetro electrónico.

- Voltímetros electrónicos analógicos. Voltímetro-Amperímetro-Ohmetro electrónico típico, (multímetro)

- Circuitos de entrada de los multímetros digitales. Convertidores R/V

- Conversores analógicos digitales, (Voltímetros digitales). Convertidores tipo flash - Técnica de aproximaciones sucesivas. Conversores tipo rampa escalera - Convertidores de doble rampa. Conversor de tensión a frecuencia - Multímetros de auto rango.

- Convertidores de CA a CC. - Convertidores de alterna valor eficaz.

Al finalizar esta unidad, Ud. será capaz de hacer lo siguiente:

- Interpretar el esquema eléctrico de un voltímetro electrónico sencillo, y reconocer las partes que lo integran.

- Utilizar apropiadamente las especificaciones principales de los amplificadores de los voltímetros electrónicos.

- Reconocer las ventajas y desventajas de los instrumentos de presentación digital.

- Reconocer los bloques que forman parte de un multímetro digital.

- Explicar el principio de funcionamiento de los conversores A/D mas usados en VD's e indicar los factores que influyen en su exactitud.

- Explicar el principio de funcionamiento de los conversores de alterna a continua de los multímetros digitales.

3.1. Voltímetros electrónicos

3.1.1. Generalidades

El nombre **Voltímetro electrónico** se usa para designar a aquel tipo de instrumento que utiliza algún medio electrónico de amplificar y procesar la magnitud que se desea medir. Aunque en un principio se aplico el nombre únicamente para los instrumentos dedicados a medir tensiones, hoy en día se ha generalizado su uso tanto para instrumentos que miden corrientes como tensiones.

Entre las principales causas que condujeron a la implementación de voltímetros electrónicos, pueden citarse:

1) La necesidad de aumentar el nivel de la tensión o corriente a medir para que pueda producir una deflexión considerable del indicador (si se trata de un instrumento analógico), o el cambio de un dígito (para instrumentos digitales). En otras palabras, aumentar la sensibilidad.

2) Tratar de reducir al mínimo la influencia de la impedancia interna del instrumento en la magnitud a medir. (Haciéndola lo mas alta posible en voltímetros y lo mas baja posible en amperímetros).

3) Por ultimo, y aunque esta situación no es común, para proporcionar una función de transferencia apropiada, según el caso, entre la fuente a medir y el indicador.

3.1.2. Amplificadores usados en los voltímetros electrónicos

La mayoría de los voltímetros electrónicos comerciales utilizan como dispositivo amplificador algún circuito con acoplamiento en continua. Esto es así para evitar la caída de respuesta a bajas frecuencias cuando se mide CA y porque obviamente no puede ser de otro modo al medir CC.

El esquema básico de un voltímetro electrónico es el siguiente:

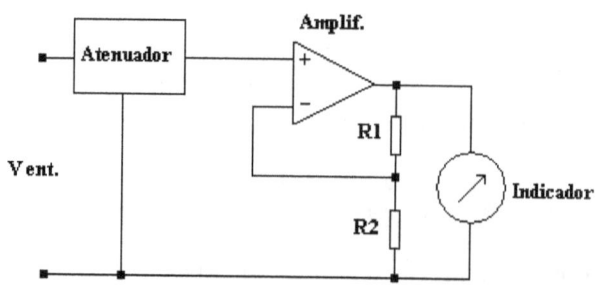

Figura 3-1

Por razones que se harán evidentes mas adelante, el amplificador de un voltímetro electrónico casi siempre esta precedido de algún tipo de atenuador. La etapa de entrada del amplificador propiamente dicho, puede ser con transistores bipolares (en cuyo caso la impedancia de entrada puede estar en el orden de 1 a 2 MΩ), o bien con transistores de efecto de campo (impedancias del orden de 10 MΩ o más).

Sin el animo de entrar a revisar el tema de los amplificadores acoplados en CC, se muestra a continuación la disposición típica de uno de estos amplificadores y se describe básicamente su funcionamiento.

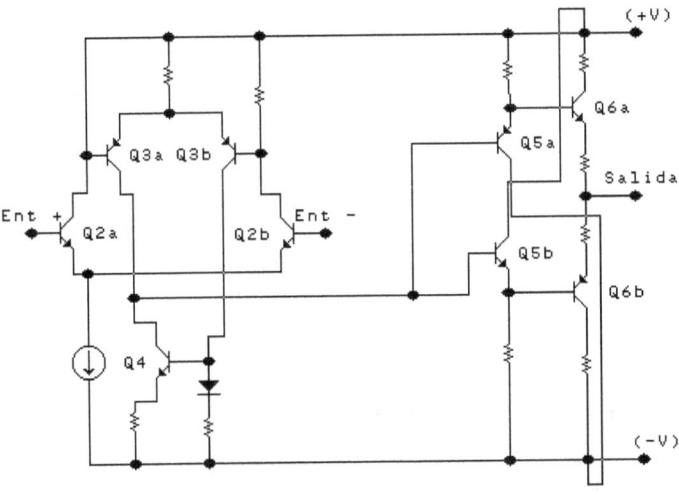

Figura 3-2

Los transistores Q2a y Q2b forman el par diferencial de entrada. (En los amplificadores con entrada de elevada impedancia, se usan transistores de efecto de campo conectados como Q1a y Q1b). Q3a, Q3b y Q4, forman una etapa intermedia que suele ser la responsable de la elevada ganancia a lazo abierto del amplificador (Q4 funciona como resistencia de carga activa de Q3a). Los transistores Q5a, Q5b, Q6a y Q6b forman la etapa de salida, que es la encargada de suministrar la corriente a la carga, con una impedancia interna relativamente baja.

La principal fuente de error producido por los amplificadores con acoplamiento en continua proviene del corrimiento del punto de reposo de los semiconductores usados (que se debe a causas múltiples como son la temperatura, el envejecimiento etc.). Este corrimiento produce una componente adicional de tensión continua, por lo que el amplificador debe tener algún tipo de ajuste que permita calibrar el instrumento. El corrimiento es particularmente importante mientras menor sea la magnitud de la tensión a medir. Generalmente el corrimiento es una de las especificaciones más importantes de los voltímetros electrónicos. Hay corrimiento a corto plazo (también llamado estabilidad o deriva) y corrimiento a largo plazo

3.1.3. Rango Dinámico de un voltímetro electrónico.

Otros de los problemas que se plantean por el uso de amplificadores, es la limitación del rango dinámico del instrumento, sobre todo cuando se miden trenes de pulsos de un elevado factor de cresta, debido a que el amplificador puede saturarse y recortar parte de la onda aplicada a la entrada.

Las tensiones representadas en los gráficos (a) y (b) de la figura 3 tienen igual valor medio pero, distinto valor pico. Si el amplificador esta alimentado con una tensión menor que la pico de (b), se produce un recorte de la misma provocando un error en defecto.

Una manera de aumentar el rango dinámico, es utilizando una atenuación previa a la entrada del amplificador pero esto, lógicamente, produce una perdida de sensibilidad.

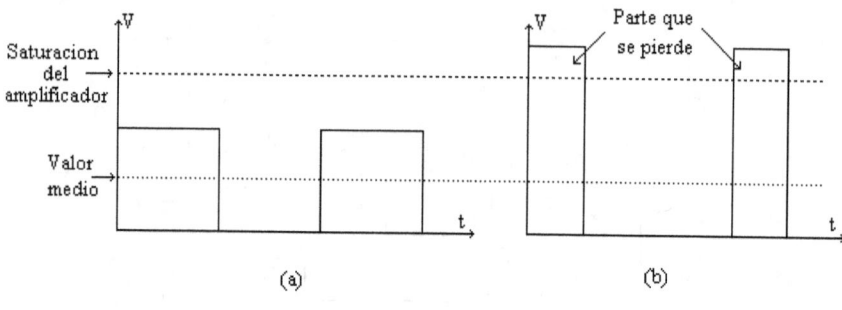

Figura 3-3

3.1.4. Especificaciones de los amplificadores

Se definen a continuación algunas de las especificaciones típicas de un amplificador usado en voltímetros electrónicos.

Ganancia

Es la relación entre la tensión de salida y la de entrada. Se expresa generalmente en "veces".

Exactitud de la ganancia

Es una medida de cuanto se aparta la ganancia especificada de la real. Se expresa generalmente en porcentaje.

Linealidad

(Si la función de transferencia es lineal). Se entiende por linealidad la capacidad del amplificador de mantener su ganancia constante independientemente de la magnitud de la tensión que tenga que amplificar. Se especifica en porcentaje y entre los limites de trabajo del mismo.

Corrimiento de cero referido a la entrada

Se especifican bajo este titulo, tanto las variaciones de la tensión de offset como las de corriente de entrada, referidas a la variación de temperatura, todo esto como si se tratara de variaciones ocurridas a la entrada del amplificador.

Ruido referido a la entrada

Indica el ruido máximo producido por el amplificador como si se generase por completo a la entrada del mismo, se da directamente el valor eficaz del mismo.

3.1.5. Especificaciones típicas de un amplificador de voltímetro electrónico

Ganancia:	X 1 a X 100
Exactitud de la ganancia:	±0,005%
Linealidad:	±0,001% de 0 a 15 V
Corrimiento de cero referido a la entrada:	
	Voltaje de offset: < 0,5 micro V/°C, de o a 60°C
	Corriente de entrada: < 1pA/°C, de 0 a 60°C
Resistencia de entrada:	> 100 MΩ
Ancho de banda (±3 dB):	0 a 20 KHz para ganancia X100, 0 a 1
MHz para ganancia X1	
Excursión de salida:	±15 V máximos, 0 a 10 mA
Rechazo a las señales que entren por	
la fuente de alimentación:	>90 dB para cualquier fuente.

3.2. Voltímetros electrónicos analógicos

3.2.1. Voltímetro-Amperímetro-Ohmetro electrónico típico. (multímetro)

Se muestra a continuación un voltímetro electrónico de servicio y se explica su funcionamiento en forma básica. (Se llama voltímetro de laboratorio a aquel instrumento que tiene ciertas características de exactitud, precisión, impedancia de entrada y demás especificaciones principales perfectamente determinadas y dentro de ciertos limites. Si el instrumento es de clase peor que 1,5 por ejemplo, y no se dan todas las especificaciones necesarias, se trata de un instrumento de servicio).

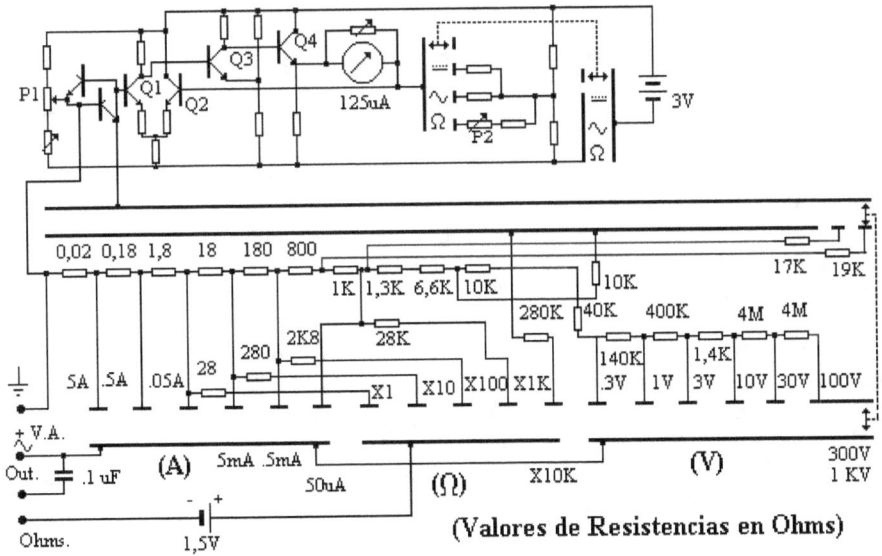

Figura 3-4

Aunque se trata de un amplificador muy sencillo, se pueden reconocer aquí las etapas de; entrada diferencial (Q1 y Q2), amplificadora o de ganancia (Q3), y de salida (Q4 como seguidor emisor). Los dos transistores colocados en paralelo a la entrada del par diferencial sirven para proteger al amplificador de tensiones excesivas aplicadas. El potenciómetro P1 es el ajuste de cero del instrumento, mientras que P2 es el ajuste de cero del ohmetro. Los distintos rangos del instrumento como voltímetro se logran por medio de un divisor resistivo. Para la medición de corrientes hay una serie de resistores shunts. Para la medición de tensiones e intensidades en CA el mismo par diferencial de entrada hace las veces de detector al estar polarizado en clase "B".

3.3. Multímetros digitales.

Hoy en día, la palabra "Voltímetro digital" se ha confundido con "Multímetro digital", ya que comercialmente casi no se consiguen instrumentos digitales que sirvan únicamente como voltímetro por separado, (salvo que se trate de un instrumento para tablero con una aplicación especifica). El término " digital" tiene un doble sentido, ya que implica por un lado el tipo de tecnología usada en los circuitos internos, y por el otro la presentación numérica.

La presentación digital (numérica) en instrumentos, comparada con la presentación analógica

Ventajas

- *No da lugar a errores de interpretación*

Desventajas

- *Da menos información simultánea que la analógica*

- *No permite apreciar tendencias*

Los multímetros digitales modernos cada vez incluyen mas posibilidades de efectuar mediciones de distintas magnitudes además de las clásicas de tensiones e intensidades de CC y CA y resistencia, y con la ayuda de sondas especiales, también pueden medir; temperaturas, intensidad luminosa, potencias y corrientes (sin apertura del circuito).

Últimamente, han aparecido en el mercado, un tipo de instrumento con pantalla de cuarzo, que provee una representación gráfica de la magnitud que se mide. (Se trata mas bien de osciloscopios con pantalla de estado sólido. La tendencia para el futuro, parece marcar un gran avance en ese sentido).

Los multímetros digitales suelen clasificarse según su resolución. Esta viene dada por el menor cambio detectable en la mayor cantidad que puede ser representada. La sensibilidad depende de la resolución y de la escala. Si por ejemplo el instrumento posee un visor de tres cifras (o dígitos), la máxima presentación numérica es 999, por lo tanto en la escala de 1000 mV (lectura máxima 999 mV) la sensibilidad no puede ser mejor que 1 mV. Si se pasa a la escala de 10 V la sensibilidad pasara a ser de 10 mV.

Es muy común en los multímetros modernos, la utilización de visores que incluyen un digito incompleto adicional además de los dígitos completos (es decir que pueden indicar desde el 0 hasta el 9). Por ejemplo; la adición de "½ (medio) dígito" (que puede ser cero o uno, y que generalmente incluye el signo) extiende la escala en un factor de 2, pues posibilita que la lectura máxima sea 1999; todo esto sin perjuicio de la exactitud ni de la sensibilidad. Pero debe saberse cual es la extensión de la escala permitida, si la misma es del 100% la lectura máxima es 1999, pero si fuera 10% la lectura máxima seria 1099. También existen voltímetros digitales en los cuales la cifra, o digito, incompleto adicional puede ser 0,1,2 o 3. En este caso se lo denomina " ¾ (tres cuarto) digito".

En la figura 4 se presenta el diagrama en bloques general de un multimetro digital con las funciones clásicas. El instrumento consiste básicamente en un voltímetro digital, que se implementa con un conversor A/D, el cual puede ser cualquiera de los tipos que se describirán luego, mas una serie de circuitos accesorios que permiten la medición de tensión de CA (Vca), Intensidades de CC y CA (Icc, Ica) y Resistencia (Ω).

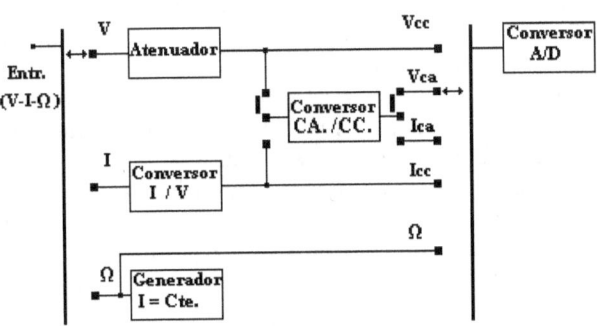

Figura 3-5 (Diagrama en bloques general de un multímetro digital)

3.3.1. Circuitos de entrada

Los circuitos de entrada de un multimetro digital consisten en atenuadores o divisores de tensión para los rangos del voltímetro y un conjunto de resistores serie por los que se hace pasar la corriente a medir (tomándose la tensión que en los mismos cae) para los rangos del amperímetro. los circuitos son resistivos puros (es decir sin necesidad de compensaciones en frecuencia) ya que el campo de aplicaciones de estos instrumentos no supera el de las audiofrecuencias.

En cuanto al circuito conversor de C.A a C.C. es generalmente un detector de respuesta al valor medio del modulo, aunque la indicación del instrumento, da el valor eficaz de la señal medida. Esto se logra afectando a la salida del conversor de un factor que sale de la relación entre el valor eficaz y la media del modulo de una sinusoide (El conocido Factor de Forma cuyo valor es 1,11); pues se piensa que la forma de onda más común a medir es la sinusoidal; por ello cuando se miden otras formas de ondas se cometen en general errores (Los mismos pueden corregirse aplicando coeficientes correspondientes a cada caso si se conoce la forma de onda que se mide).

En algunos instrumentos de mayor calidad y precio se han comenzado a incluir conversores de respuesta al verdadero valor eficaz. De esta manera el instrumento se independiza de la forma de onda a medir.

3.3.2. Convertidores de resistencia a tensión

La medición de resistencias se realiza por medio de un generador de corriente constante, la que se hace circular por la resistencia a medir, y luego se mide la caída de tensión por esta provocada. El valor de la corriente de pruebas, debe ser lo mas baja posible con el fin de no afectar el valor del resistor a medir debido al calentamiento del mismo. Un valor típico es por ejemplo 1 mA (lo que también posibilita la medición de la juntura de diodos). La lectura en volts de la tensión que cae nos da el valor en KΩ de la resistencia. Al leer en milivolts la misma caída, se tiene el valor en ohms. Muchos instrumentos incorporan una llave que permite variar la corriente de pruebas para la medición de resistores de baja disipación, la que simultáneamente modifica el rango del voltímetro.

Otro método es el que se emplea en los multimetros que usan un tipo de conversor A/D conocido como de "Doble rampa" (Que se estudiará un poco mas adelante). Este tipo de conversor es en esencia un dispositivo que efectúa las medidas sobre la base de la comparación de dos voltajes. Si uno de ellos es conocido, el otro puede expresarse en función del primero. Entonces para la medida de la resistencia se usa una fuente de referencia que se conecta a un circuito serie formado por una resistencia patrón, que depende de la escala elegida, mas la resistencia a medir. Luego en el convertidor A/D se hace una medida de relación que es independiente del valor exacto de la corriente en el circuito de medida, tal como se indica en la siguiente figura.

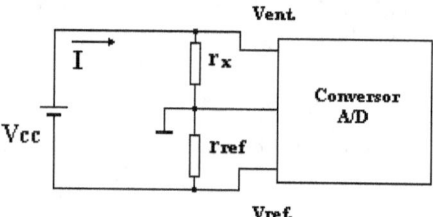

$$V\,r(x) = I \cdot r(x) \qquad\qquad V\,r(ref) = I \cdot r(ref)$$

Figura 3-6

La exactitud de la medición depende, obviamente, de la exactitud de la resistencia patrón empleada, y también de la exactitud del conversor propiamente dicho.

3.4. Convertidores Analógicos digitales (Voltímetros digitales)

Sin pretender aquí revisar el tema de la conversión A/D, se expone a continuación cuales son los parámetros de mayor interés, y se describen brevemente las técnicas mas frecuentes.

Se pueden dividir los convertidores D/A, de acuerdo con la técnica utilizada para la conversión, en tres familias:

Tipo	Resolucion	Velocidad
Flash (de video)	Muy baja (Típica 8 bits)	Elevada (Prácticamente de tiempo real)
De no integracion	Media elevada	Media Elevada (en el orden de los μs)
De integracion	Elevada	Baja (en el orden de los ms)

Además de la técnica usada, las familias se distinguen entre sí por su velocidad de conversión y su resolución. Los conversores de video son los más veloces, en tanto que los de integración poseen mayor resolución. Las técnicas de no-integración son una solución de compromiso que ofrecen velocidades medias / altas con resoluciones aceptables.

3.4.1. Conversores A/D tipo flash

En los conversores tipo flash, la tensión de entrada es continuamente comparada con una tensión de referencia mediante una cadena de comparadores, conectada a un divisor lineal.

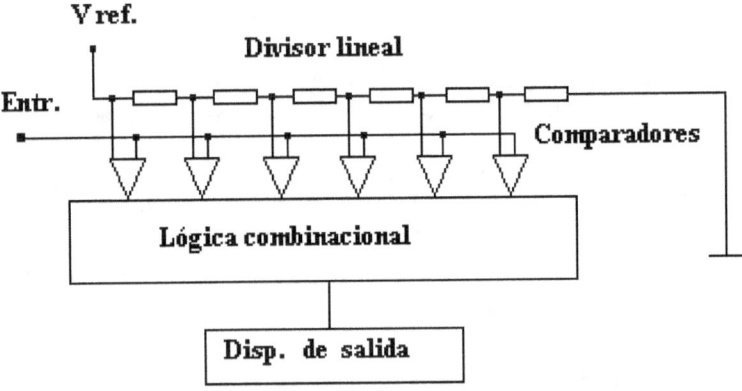

Figura 3-7 Conversor tipo flash (diagrama simplificado)

Al aplicar una tensión de entrada, se activan todos los comparadores cuyo valor de comparación esta ubicado por debajo de la tensión de entrada. El código de salida, se transforma a otro código apropiado para su procesamiento, o presentación, mediante una lógica combinacional.

La exactitud de la conversión, depende de la exactitud de la tensión de referencia, y de la linealidad del divisor que provee las tensiones de comparación; en tanto que la resolución depende del numero de comparadores utilizados. Un cálculo sencillo demuestra que para una resolución de 8 bits (que correspondería a dos dígitos y medio aproximadamente) se necesitan 256 comparadores. Lógicamente, esto solo puede conseguirse con integración de alta densidad.

3.4.2. Técnica de aproximaciones sucesivas:

En este método de conversión, se compara la señal analógica de entrada con fracciones determinadas de una tensión de referencia, en una secuencia de pasos fija. Según el resultado de la comparación, el elemento correspondiente del código toma uno u otro valor (1 o 0). Se necesitan tantos pasos de comparación como bits tenga el código de salida. En la figura 8 se representa gráficamente este proceso.

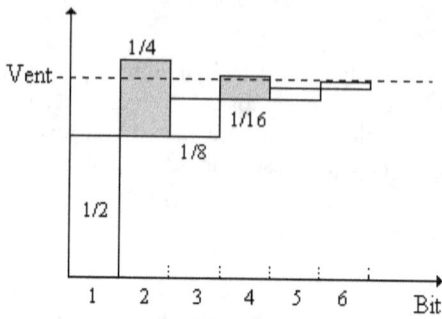

Figura 8

En la figura 9 se presenta el diagrama en bloques de un conversor de este tipo. Con el impulso de inicio, el bit más significativo es llevado a un estado lógico 1, esto hace que la salida del conversor D/A tenga un valor de tensión igual a 1/2 de la de referencia. Si de la comparación de la tensión de entrada (Ve) con la salida del convertidor D/A resulta un estado lógico 1, se mantiene el 1 en el bit más significativo y se pasa al siguiente bit. Si de una comparación sale cero (salida D/A > Ve), se pone 0 al bit que se esta considerando, y se pasa al siguiente que inicialmente se pone a 1. Al final de la medición el sistema se repone a cero y comienza una nueva cuenta.

La ventaja de este método es su rapidez, pues el tiempo de conversión es igual al producto del numero de bits, por el periodo del reloj. Por lo que la conversión es tanto más rápida cuantos menos bits interesen.

Su principal inconveniente es su alta sensibilidad al ruido presente a la entrada del comparador que puede hacer que se confirme un bit de más; error este que se acarrea durante todo el ciclo de medición sin posibilidad de corrección. Para eliminar el problema de los ruidos hay que dotar al sistema de un filtro de entrada con una constante de tiempo suficientemente elevada, lo que en general da por tierra con la ventaja de su velocidad antes apuntada.

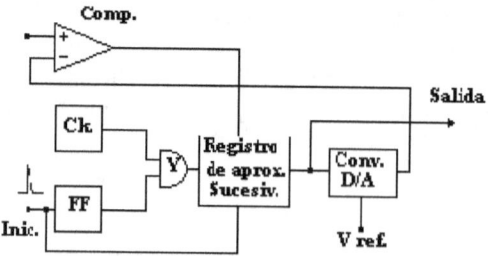

Figura 3-9 Conversor A/D de aproximaciones sucesivas.

La exactitud del método queda fijada por la exactitud de la tensión de referencia y la linealidad del conversor D/A (que generalmente depende de la exactitud de la red de resistencias que se usen para tal fin). En tanto que la resolución depende del numero de bits usados para la conversión.

3.4.3. Conversores A/D de doble rampa

Los conversores de doble rampa (o doble pendiente) forman la categoría mas difundida de conversores de integración usados en los voltímetros digitales. Se basan en integrar la señal analógica de entrada mediante la carga de un condensador durante un tiempo fijo determinado por un oscilador de precisión. El condensador se descarga luego mediante una fuente de referencia interna, bien conocida, de signo opuesto a la entrada. El tiempo que tarda en descargarse es proporcional a la magnitud de la entrada.

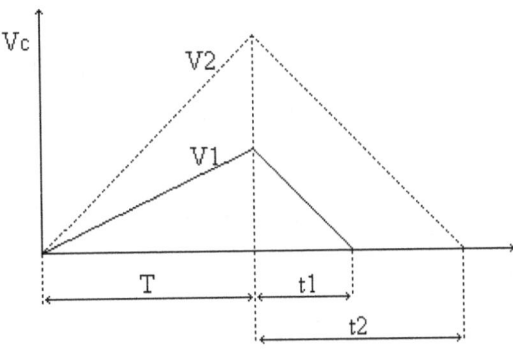

Figura 3-10

En la figura 10 se describe gráficamente el proceso. Su análisis es el siguiente.

Durante el periodo de carga fijo, **T**, el condensador alcanza una tensión

$$Vc = \int_0^T \frac{Ve}{RC} dt = \frac{Ve}{RC} T$$

Mientras que la descarga (hasta 0 V) dura un tiempo t, tal que:

$$0 - Vc = \int_T^{T+t} \frac{-Vr}{RC} dt = \frac{-Vr}{RC} t$$

De estas dos expresiones se deduce que:

$$t = T \frac{Ve}{Vr} \quad ;o \quad bien \quad Ve = t \frac{Vr}{T}$$

En la figura 11 se presenta el diagrama en bloques de un convertidor de este tipo. Con la señal de disparo se empieza a integrar *Ve* y se empieza a contar hasta que el contador se rebasa y produce una señal de arrastre. En ese momento, se conmuta a *Vr*, que tiene polaridad opuesta a *Ve*, y se sigue contando a partir de cero nuevamente, hasta que la salida del integrador pasa por cero. En ese instante el comparador da un "1" que cambia el segundo biestable a "0" y cierra la compuerta anulando el paso de pulsos del reloj al contador. La cuenta acumulada en el contador hasta ese instante es proporcional a la tensión de entrada y queda presente hasta que un nuevo impulso de disparo reinicie el ciclo.

Además de las dos fases, carga y descarga, suele haber una tercera fase previa de autocero. Antes de la primera rampa, se pone a masa la entrada de señal y se carga un condensador con la salida del comparador, reteniéndose esta información debida a tensiones de offset. La tensión de este condensador es la que luego se toma como nivel de "cero".

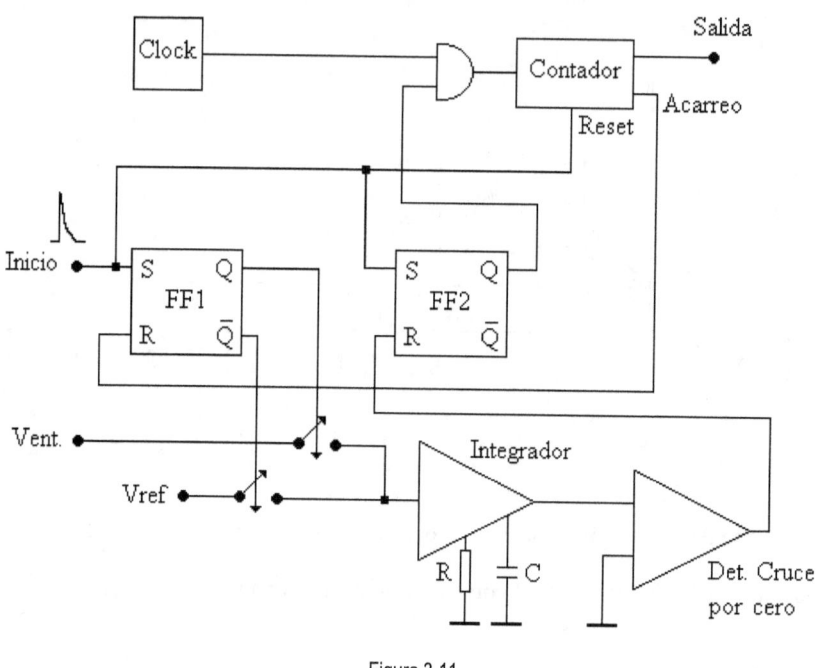

Figura 3-11

Los convertidores de doble rampa son los más usuales en voltímetros digitales de precisión por las siguientes ventajas:

- Elevado rechazo a las interferencias de 50 Hz (si se elige el tiempo de integración apropiado)
- Gran linealidad
- La exactitud de la conversión depende de un solo factor (La tensión de referencia)

Su principal desventaja es que para valores pequeños a medir se pierde exactitud (Perdidas de códigos en el contador. Efecto de la absorción dieléctrica del capacitor del integrador. tensiones de offset de los A.Os)

3.5. Conversor de triple Rampa

En un conversor de triple rampa la descarga del capacitor del circuito integrador, se produce con dos pendientes distintas, una pronunciada mientras la tensión del capacitor es elevada, y la segunda menor, cuando la tensión cae por debajo de un cierto valor.

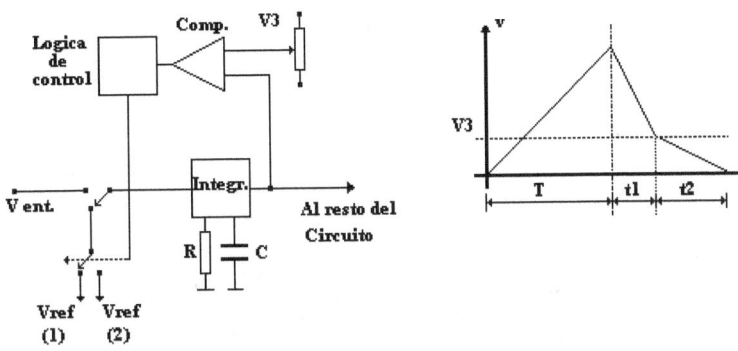

Figura 3-12 Conversor de triple rampa (Principio de operación)

3.6. Conversor de tensión a frecuencia

Como se ha explicado en el punto anterior, una de las desventajas de las técnicas de conversión que utilizan la carga y descarga de un capacitor, es la tensión residual que siempre queda en los mismos, debido al efecto de "Absorción Dieléctrica", que se explica a continuación.

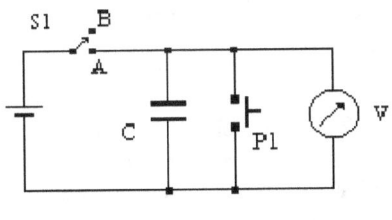

Figura 3-13

Si en el esquema de la figura, se carga, primero el capacitor llevando la llave S1 a la posición "A"; y seguidamente, con la llave S1 en la posición "B" se descarga el capacitor con el pulsador P1, se observara, al cabo de un instante que reaparece una fracción de la tensión a bornes del capacitor. La magnitud de la tensión que reaparece dependerá entre otras cosas del tipo de dieléctrico utilizado.

La Técnica de conversión tensión frecuencia, puede eliminar este inconveniente. Para comprender como es que esto se logra preste atención a la siguiente descripción.

El principio de funcionamiento de este tipo de conversor, se comprende fácilmente con la ayuda del siguiente diagrama de la Figura 3-14.

Una tensión positiva a la entrada produce una pendiente negativa a la salida del integrador. Cuando la pendiente alcanza un cierto nivel prefijado en el comparador, este se dispara activando el generador de pulsos, el que a su vez satura el transistor **T1** que se encuentra conectado a la entrada del integrador provocando la descarga rápida del condensador del integrador. Cuando la salida del mismo retorna a nivel cero, el comparador desactiva el generador de pulsos iniciándose una nueva pendiente de carga del capacitor, con lo cual el ciclo se vuelve a repetir. El generador de pulsos produce un pulso rectangular suficientemente angosto y de amplitud necesaria como para remover totalmente la carga acumulada en el capacitor.

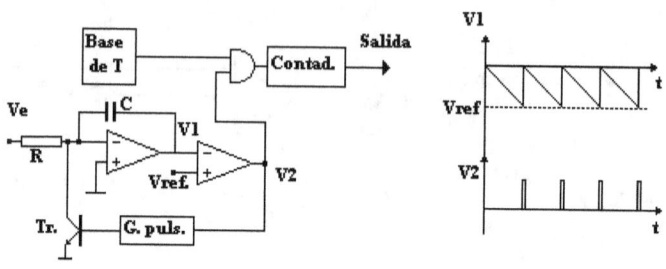

Figura 3-14

La pendiente de la rampa del integrador es proporcional a la tensión de entrada. Si la misma es alta, tendremos una pendiente pronunciada y viceversa. En consecuencia la frecuencia de los pulsos así generados será proporcional a la tensión de entrada y mediante la cuenta de estos en un intervalo de tiempo prefijado se obtiene la lectura deseada. En la práctica este intervalo de tiempo oscila entre 500 y 100 ms. Si se acorta el periodo de cuenta hay que aumentar proporcionalmente la frecuencia del oscilador si se quiere mantener una buena resolución.

El error que se puede producir por la carga que quede remanente en el capacitor de integración, (por el efecto de absorción dieléctrica antes mencionado), se corrige ajustando apropiadamente la tensión de referencia del comparador. (Se suma a la tensión de referencia un valor igual a la tensión residual que queda en el condensador).

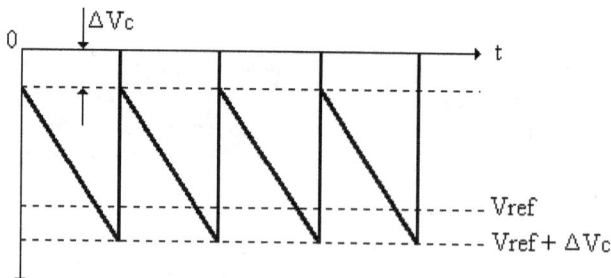

Figura 3-15

Este tipo de conversor es también de integración, por lo que tiene las mismas ventajas que el de doble rampa frente a las interferencias de modo común.

En cuanto a la exactitud, en el conversor A/D de tensión a frecuencia, a diferencia del conversor de doble rampa, tiene especial importancia la exactitud del periodo de muestreo: utilizando bases de tiempo controladas por cristal, se obtienen exactitudes del orden del 0,1% de plena escala. También es obvio que la estabilidad de la tensión de referencia, (que se ajusta al fabricar el conversor, contrastándolo con un patrón) es importante para mantener las especificaciones de exactitud dentro de las tolerancias prefijadas. La variación de esta tensión, así como las variaciones de las características del capacitor de integración (por envejecimiento) producirán una deriva.

3.7. Multimetros digitales autorrango

Se muestra a continuación el diagrama en bloques de la sección "voltímetro de CC" de un multimetro digital autorrango, con fase de autocero (ver explicación de la técnica de conversión A/D de doble pendiente), y se explica el principio de funcionamiento del mismo.

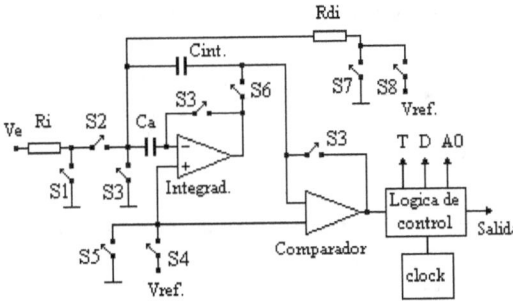

	A0	Int.	Desc. (+)	Desc. (−)
S1	1	0	1	1
S2	0	⊓⊓⊓	0	0
S3	1	0	0	0
S4	0	0	1	0
S5	1	1	0	1
S6	0	1	1	1
S7	0	0	1	0
S8	0	0	0	1

Figura 3-16 Diagrama en bloques y tabla de verdad de la sección analógica de un Voltímetro digital autorrango para CC.

Como se muestra en el diagrama de tiempos de la figura 17, cada medición comienza con una fase de autocero. Durante esta fase el integrador y el comparador se disponen como "Buffers" de ganancia unitaria, y sus entradas no inversoras se conectan a masa. La tensión de salida del integrador será en este caso igual a la tensión de offset del mismo y se almacenara en el capacitor de autocero (Ca). De manera análoga, la tensión de offset del comparador se almacenara en el capacitor de integración (Cint). Estas tensiones que quedan en los capacitores se cancelan con las tensiones de offset del integrador y del comparador durante la fase de conversión A/D anulando de esta manera el error.

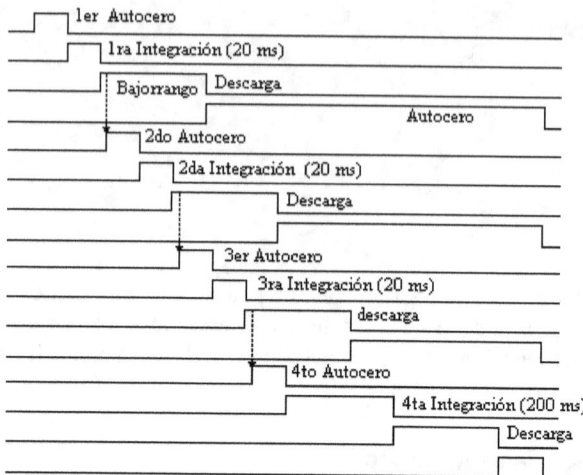

Figura 3-17 Diagrama de tiempos para el funcionamiento autorrango.

La operación de autorrango se realiza, en forma automática, comenzando por el mayor rango. Supongamos que el voltímetro considerado tiene cuatro rangos de 400 V, 40 V, 4 V y 400 mV cada uno respectivamente.

El conversor se encuentra controlado por una lógica que contiene un circuito de tiempos gobernado por un reloj interno o clock. Durante la primera fase del autorrango (400 V), una llave interna conecta el terminal de entrada (V-ohm-A) a través de la resistencia de integración (Rint) al "Punto triple" y la tensión de entrada es integrada en la primera parte de la conversión durante el mínimo tiempo necesario para asegurar un buen rechazo de modo normal (20 mS para 50 Hz.); que corresponden por ejemplo a 1000 ciclos del clock. La integración (y este es un detalle sumamente importante), no se realiza en forma continua, sino muestreando la tensión de entrada durante diez ciclos de clock espaciados regularmente a lo largo de los 20 mS.

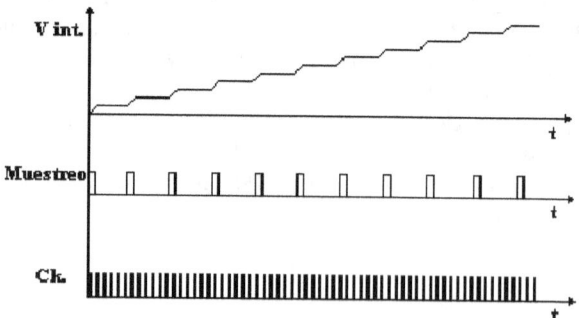

Figura 3-18 Ciclo de integración en forma muestreada

Al comenzar el ciclo de descarga correspondiente a la segunda parte de la conversión, se detecta la polaridad de la tensión almacenada en "Cint" y de acuerdo a cual sea, se activan las llaves que conectan la tensión de referencia interna a las entradas no inversoras del comparador y del integrador o a la resistencia de descarga (Rdint). A partir de este momento, el capacitor comienza a descargarse y cuando la tensión pasa por cero, el comparador detecta esta situación, deteniendo la cuenta del contador interno (de manera similar al conversor de doble pendiente explicado previamente).

La cuenta acumulada en el contador, determina la secuencia a seguir. Si el sistema esta diseñado para que una tensión de 400 V de entrada, y en el primer rango, acumule una cuenta de 4000 pulsos en el contador, cualquier cuenta superior indica sobrecarga y se indica en el visor del instrumento mediante una señal al efecto. Si la cuenta esta comprendida entre 360 y 4000 pulsos, se transfiere la misma a los circuitos del visor y se muestra el resultado. Si la cuenta acumulada es menor de 360 pulsos, se activa la segunda fase de auto rango, esta vez con una cantidad de muestras mayor (igual a la relación entre el rango de la primera conversión y el que sigue inmediatamente; en este caso 400 V/40 V = 10, es decir 100 ciclos de clock).

La conversión correspondiente al segundo rango, comienza nuevamente con una fase de autocero. Se repite a continuación la misma secuencia que para el primer rango, con la diferencia que en el visor el punto decimal aparecerá desplazado un lugar hacia la izquierda.

La tercera y cuarta fase de conversión correspondientes al tercer y cuarto rango de medición son similares. La única diferencia radica en que la fase correspondiente a 400 mV, y en razón de que la cantidad de muestras durante la integración es de 10000 ciclos de clock, el periodo de la misma es de 200 mS. Además se transfiere al visor cualquier cuenta acumulada en el contador (ya que no existe rango inmediatamente inferior).

Al finalizar la conversión en el primer rango en que la cuenta supere los 360 pulsos de clock, se continúa con una segunda fase de autocero hasta totalizar el tiempo total de conversión que es fijo y vale por lo menos el tiempo necesario para que se pueda medir en el rango mas bajo (en el ejemplo que se esta considerando, debería ser como mínimo, aproximadamente 500 mS). Por este motivo la longitud de la segunda fase de autocero, es variable de acuerdo al rango en que se termine efectuando la conversión.

3.8. Convertidores alterna, valor eficaz

Una de las primeras técnicas usadas para convertir una tensión alterna en su equivalente eficaz de continua en los voltímetros electrónicos analógicos y en los primitivos voltímetros digitales fue la del **balance nulo**, que consiste en el uso de termocuplas y un amplificador adecuado según se verá a continuación.

Luego de ser acondicionada por un dispositivo amplificador previo, la tensión a medir se aplica a una resistencia hecha con un fino conductor que se calienta por acción de la misma. Este conductor esta en intimo contacto con una termocupla, y el conjunto se halla encerrado dentro de una cápsula en la que se ha practicado el vacío con el fin de aislar el sistema del exterior.

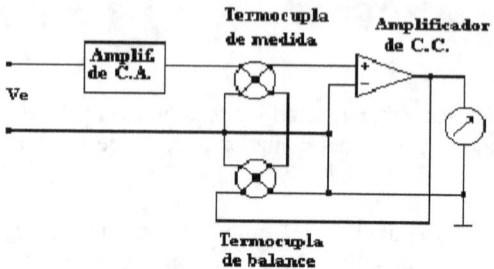

Figura 19 Diagrama en bloques de un voltímetro de valor eficaz verdadero que usa la técnica del balance nulo.

La tensión producida por esta temocupla es aplicada a un amplificador de CC, cuya salida excita el instrumento indicador y a la vez es aplicada a una segunda termocupla cuya función es producir una tensión que balancea la producida por la primera termocupla. El sistema es realimentado, razón por la cual se evita de esta forma que la lectura sea afectada por las variaciones de la temperatura ambiente, y las que se podrían producir debido a las propias alinealidades del amplificador.

La exactitud del sistema depende de la linealidad de las termocuplas y de la igualdad de ambas.

La principal desventaja de este sistema es su relativa lentitud. Por otra parte, aun cuando básicamente el dispositivo podría trabajar casi sin limites de frecuencia, esta queda fijada por las características del amplificador utilizado a la entrada que también limita el rango dinámico del instrumento, sobre todo cuando se miden trenes de pulsos de un elevado factor de cresta. (Podría ser que los valores pico de la señal aplicada saturasen al amplificador, además los pulsos se caracterizan por tener flancos muy abruptos, con componentes armónicas importantes que el amplificador debe poder manejar).

La razón por la cual este dispositivo responde al valor eficaz verdadero, debe ser buscada en la definición misma de valor eficaz, ya que si recordamos, el valor eficaz de una señal es el equivalente a una señal continua que genera la misma potencia calórica sobre una resistencia que la señal considerada.

3.9. Detector de valor eficaz usado en los multimetros digitales

En los instrumentos de reciente aparición se ha empezado a generalizar el uso de conversores que trabajan sobre la base de amplificadores logarítmicos. El siguiente diagrama en bloques muestra un dispositivo de este tipo.

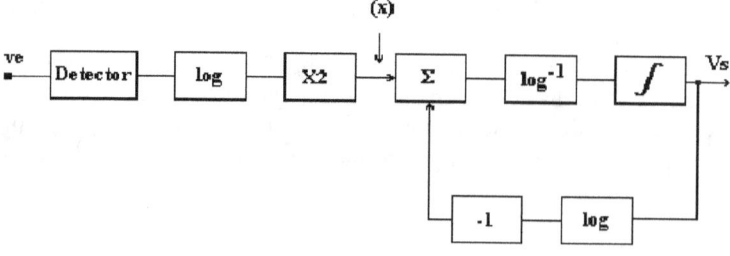

Figura 3-20

La tensión a medir se detecta por medio de un circuito activo, y se aplica a la entrada de un amplificador logarítmico, la salida del cual se multiplica por 2 en un amplificador con esa ganancia, obteniéndose de este modo en el punto(x):

$$2\log|ve| = \log ve^2$$

Por otro lado, la salida **Vs** se hace pasar por un amplificador logarítmico idéntico al primero y la salida de este se aplica a un sumador, previa inversión de signo. La salida del sumador es:

$$Vl = \log ve^2 - \log Vs$$

A continuación del sumador hay un circuito antilogarítmico seguido de un integrador. La tensión de salida puede ponerse como:

$$Vs = \frac{1}{T}\int_0^T \log^{-1}\left[\log ve^2 - \log Vs\right]dt = \frac{1}{T}\int_0^T \log^{-1}\left[\log\frac{ve^2}{Vs}\right]dt$$

$$Vs = \frac{1}{T}\int_0^T \frac{ve^2}{Vs}dt = \frac{1}{T\cdot Vs}\int_0^T ve^2\, dt$$

$$Vs = \sqrt{\frac{1}{T}\int_0^T ve^2 \cdot dt}$$

Que es justamente, el valor eficaz de la tensión de entrada.

Existen actualmente, convertidores de alterna a valor eficaz en un único circuito integrado, que poseen una exactitud de conversión del 0,1% del valor de entrada.

La principal desventaja de estos conversores es, por ahora, la limitación en la respuesta en frecuencia de los mismos, debido a las limitaciones de los amplificadores operacionales. Sin embargo su funcionamiento es excelente en le campo de las mediciones en bajas frecuencias (audiofrecuencias y algunos tipos de ruidos cuya distribución espectral esta concentrada alrededor de las frecuencias bajas). Por otro lado no esta de mas mencionar que en RF los detectores de valor pico están en franca ventaja con respecto a los de valor medio y de valor eficaz, debido a la facilidad de instalar dichos detectores en la misma punta, evitando así tener que llevar por los cables del instrumento interferencias hacia el instrumento y hacia el circuito a medir.

3.10. Cuestiones y problemas

1) Enumerar las principales características de los voltímetros digitales.

2) ¿Cuales son las principales ventajas de los voltímetros digitales de integración?

3) ¿Cuales son los factores que influyen en la exactitud de los voltímetros digitales de doble pendiente?

4) ¿Cómo se especifica la exactitud de un V.D.?

5) ¿Que periodo de integración elegiría Ud. para un V.D. si quiere asegurar un buen rechazo a la inducción de línea, tanto para 50 como para 60 Hz. ?

6) ¿Cuáles son los factores que limitan el rango dinámico dinámico de un voltímetro electrónico?

7) ¿Que es y como se especifica la ganancia de un amplificador de instrumentación?

8) ¿Cuál es la principal desventaja de los amplificadores de instrumentación acoplados en continua?

9) ¿Cuál es el valor típico de la impedancia de entrada de un voltímetro electrónico?

10) ¿Cuál es el método usado por los multimetros digitales para la medición de resistencia?

3.11. Problemas

Problema 1

En un circuito de medición, se usa un conversor A/D de Aproximaciones sucesivas, el cual emplea una tensión de referencia cuyo valor es Vref=2V, y un reloj (Clock) de 1MHz. Si se requiere que la resolución de las mediciones sea de al menos 10mV, ¿Cuántos pasos de aproximación son necesarios, y cuanto tiempo se requiere para efectuar el ciclo completo de medición

Problema 2

Se debe implementar un voltímetro digital para un uso especifico, y se ha elegido para el mismo un conversor A/D integrado de 3 1/2 dígitos con un alcance de 200 mV, que según el fabricante posee una exactitud de la conversión de 0,1 % del valor del alcance. Si el circuito de entrada produce una atenuación de 10 veces y la tolerancia de los resistores usados para el mismo es del 0,5 %, ¿cual es la especificación de exactitud del voltímetro implementado y a partir de que lectura del mismo, la exactitud de la medición se reduce a la mitad que para plena escala?

4

Medición de Resistencias por métodos de Cero: Puentes de Wheatstone y Kelvin

- Puente de Wheatstone. Ecuación de equilibrio. Sensibilidad del puente. Exactitud del puente. Alcance de un puente de Wheatstone.

- Puentes de Wheatstone no balanceados. Aplicaciones de los puentes de CC.

- Puente doble de Thompson.

Al completar esta unidad, Ud. será capaz de hacer lo siguiente:

- Describir el funcionamiento de los puentes de Wheatstone y Kelvin.

- Utilizar un puente de CC para la medición de resistencia.

- Describir el método del puente no balanceado para la medición de magnitudes no eléctricas.

- Indicar cuales son los aspectos mas importantes que influyen en la sensibilidad y la exactitud de los puentes de CC.

- Elegir el método apropiado de acuerdo al orden de la resistencia a medir.

4.1. Puente de Wheatstone

El puente de Wheatstone es un cuadripolo compuesto por cuatro resistores **R, A, B** y **S** (Figura 4-1) de las cuales una es desconocida y cuyo valor se tiene que determinar. Además de las cuatro resistencias, las partes integrantes son: un galvanómetro **G** y una fuente de alimentación **E**. El circuito comprendido entre los puntos **a** y **b** se denomina "circuito de alimentación" y el circuito entre los puntos **c** y **d** "circuito de indicación". Los cuatro puntos de unión (**a, b, c,** y **d**) son los nudos de la malla.

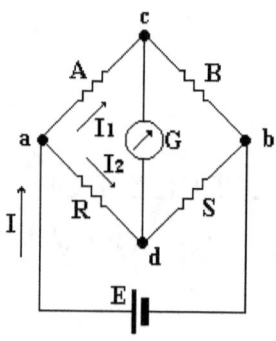

Figura 4-1

4.1.1. Ecuación de equilibrio

El estado de equilibrio se consigue cuando no circula corriente entre los puntos **c** y **d** lo cual se detecta mediante el galvanómetro. Esto sucede cuando la diferencia de potencial entre **c** y **d** es nula, lo que se da cuando se igualan las respectivas caídas de tensión en cada rama del puente.

$$Vac = Vad \qquad y \qquad Vcb = Vdb$$

En el nudo a las intensidades de corrientes se distribuyen según la 1ra ley de Kirchhoff: **I=I1 + I2** y en consecuencia tenemos:

$$Vac = I1\ A;\ Vad = I2\ R \qquad y \qquad Vcb = I1\ B;\ Vdb = I2\ S$$

Substituyendo estas relaciones en las ecuaciones anteriores y operando se obtiene la condición de equilibrio del puente, que pueden ser expresadas de tres formas:

$$\frac{R}{A} = \frac{S}{B} \qquad ; \qquad \frac{R}{S} = \frac{A}{B} \qquad ; \qquad R \cdot B = A \cdot S$$

De esta condición de equilibrio se deduce la propiedad de intercambio de diagonales del puente, es decir que si se intercambia de lugar la fuente con el indicador, no se alterara la condición de equilibrio; la ubicación de las respectivas diagonales no interviene en el resultado de la medición en puentes cuadripolares equilibrados. La condición de equilibrio permite determinar el valor de la resistencia medida.

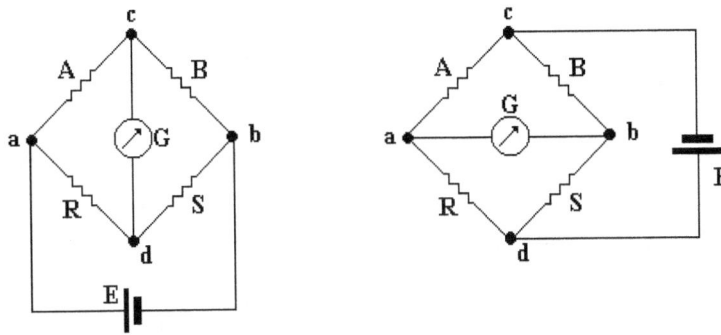

Figura 4-2

Suponiendo por ejemplo que la resistencia desconocida es R, se obtiene:

$$R = S \cdot \frac{A}{B}$$

A los brazos **A** y **B** se los denomina brazos de relación y al brazo **S** brazo de comparación. Por lo tanto para la determinación de **R** basta solo conocer la relación **A/B**, y el valor de **S**. El valor de **R** es, por otra parte, independiente de la tensión aplicada al puente, de la resistencia interna de la fuente y de las características y resistencia del galvanómetro, si bien todos estos factores influyen en la sensibilidad del método como luego se verá.

Al considerar el cuadripolo del puente se aprecian dos valores de la resistencia resultante del mismo. Una es la resistencia **Rab** del circuito de alimentación medida entre los nudos **a** y **b** y la otra es la resistencia **Rcd** medida entre los nudos **c** y **d**. Podemos considerar la primera como resistencia de entrada y la segunda como resistencia de salida del cuadripolo. El valor de la resistencia de salida, o sea la resistencia del cuadripolo vista del lado del galvanómetro, tiene gran importancia para la selección del mismo. En el estado de equilibrio, o sea cuando se cumple la condición **R B = A S** y considerando que la resistencia interna de la fuente de alimentación es despreciable, la resistencia de salida se expresara como:

$$Rcd = \frac{A \cdot B}{A + B} + \frac{R \cdot S}{R + S}$$

Al elegir un galvanómetro, o cualquier otro tipo de instrumento indicador, para un puente se debe tener en cuenta que el mismo trabaja en forma mas apropiada cuando las impedancias están adaptadas. Con esto se busca, entre otras cosas, obtener la máxima sensibilidad del sistema.

4.1.2. Sensibilidad del puente

Para estudiar como y de que depende la sensibilidad de un puente de Wheatstone, vamos a suponer que el mismo sufre un pequeño desequilibrio que hace que aparezca una pequeña diferencia de potencial entre los puntos **c** y **d**. Evidentemente si tenemos dos puentes que utilizamos para medir la misma resistencia, será mas sensible aquel que ante la misma variación de resistencia provoque un mayor desequilibrio, es decir una diferencia de potencial mas alta entre **c** y **d**.

Suponiendo que **A, B, S, y R** son los valores de las resistencias que equilibran el puente, las tensiones en **c** y en **d** serán respectivamente:

$$Vcd = E \cdot \frac{A}{A+B} \qquad ; \qquad Vd = E \cdot \frac{R}{R+S}$$

Y como ambas tensiones son iguales se tendrá:

$$\frac{A}{A+B} = \frac{R}{R+S} \qquad ; \qquad A \cdot (R+S) = R \cdot (A+B)$$

Si la resistencia **R** sufre una pequeña variación de su valor **dR**, se determinara el valor de la **Vg** que aparecerá entre los puntos **c** y **d** estando desconectado el galvanómetro.

$$Vc = E \cdot \frac{A}{A+B} \qquad ; \qquad Vd = E \cdot \frac{(R+dR)}{R+dR+S}$$

Por lo tanto la diferencia de potencial entre **c** y **d** será:

$$Vg = Vd - Vc = E\left[\frac{R+dR}{R+dR+S} - \frac{A}{A+B} \right]$$

$$Vg = E \cdot \left[\frac{R(A+B) + dR(A+B) - A(R+S) - A \cdot dR}{(R+dR+S) \cdot (A+S)} \right]$$

Simplificando:

$$Vg = E \cdot \left[\frac{B \cdot dR}{(R+dR+S) \cdot (A+B)} \right]$$

Y como, por la propiedad de intercambio de las ramas, también:

$$\frac{B}{A+B} = \frac{S}{R+S}$$

Y despreciando el valor de dR en el denominador se puede poner:

$$Vg = E \cdot \frac{S \cdot dR}{(R+S)^2}$$

Como puede verse, (y por otra parte es lógico) la tensión entre **c** y **d** y por consiguiente la sensibilidad depende directamente de la tensión de alimentación del puente. Sin embargo la misma no puede ser aumentada desmesuradamente pues podría provocar excesivo calentamiento de los componentes del puente.

Se puede demostrar que la mayor sensibilidad del puente se obtiene cuando las resistencias de las cuatro ramas del puente son iguales.

En efecto, si se considera la relación entre la tensión **Vg** y la variación relativa de resistencia (**dR/R**) se puede ver que:

$$\frac{Vg}{dR\!\!\Big/\!R} = E \cdot \frac{S \cdot R}{(R+S)^2} = E \cdot \frac{S \cdot R}{R^2 + 2 \cdot R \cdot S + S^2} = E \cdot \frac{1}{\dfrac{R}{S} + 2 + \dfrac{S}{R}}$$

Que será máxima cuando:

$$\frac{R}{S} = 1 \qquad \text{o sea} \qquad R = S$$

Lo que puede extenderse a las ramas **A** y **B** por la propiedad de intercambio de las mismas.

4.1.3. Exactitud del puente

La exactitud de la medición efectuada con un puente de Wheatstone depende fundamentalmente de la exactitud de las resistencias patrones utilizadas en los brazos del mismo.

Los errores que aparecen en los resultados de las mediciones efectuadas con el puente de Wheatstone tienen el siguiente origen:

1) La inexactitud de las resistencias patrón que componen el puente.

2) La insuficiente sensibilidad del galvanómetro.

3) Las fuerzas termoeléctricas que se originan en el galvanómetro y en todas las uniones entre metales diferentes.

4) Las variaciones de los valores de resistencia patrón y de la resistencia medida, debidas a cambios de temperatura.

5) La resistencia de conductores y contactos, que se vuelven importantes a medida que menor es la resistencia a medir, particularmente cuando se trata de valores inferiores a 1 ohm. (Para disminuir este error se utiliza el puente doble de Thompson, que se verá luego).

4.1.4. Alcance de un puente de Wheatstone

La Figura 4-3 muestra un esquema detallado de la posible realización practica de un puente de Wheatstone de acuerdo al esquema teórico de la Figura 4-1.

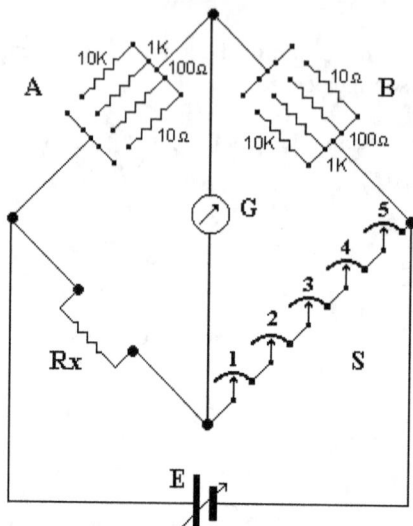

Figura 4-3. Esquema de un puente de Wheatstone típico.

La resolución de este puente depende de la cantidad de pasos del brazo **S**. El ajuste de la relación **A/B** permite seleccionar el rango de medición, no obstante conviene recordar que la máxima sensibilidad del puente se obtiene cuando **A/B** =1.

El alcance del puente esta determinado por las resistencias patrones que constituyen el cuadripolo. En el ejemplo de la Figura 4-3 las resistencias **A** y **B** pueden variar en valores de 10 Ω, 100 Ω, 1000 Ω y 10000 Ω. La resistencia patrón **S** consiste en un resistor ajustable de 5 décadas. Cada década tiene 10 posiciones que corresponden a los siguientes valores:

    1) 10 x 0,1 Ω

    2) 10 x 1 Ω;

    3) 10 x 10 Ω.

    4) 10 x 100 Ω;

    5) 10 x 1000 Ω,

De modo que el total de la resistencia suma 11111 Ω.

El alcance mínimo se obtiene utilizando A = 10 Ω y B = 10000 Ω. En este caso el valor de la resistencia medida **Rx** será:

$$Rx = R = S \cdot \frac{10}{10000} = 0{,}001 \cdot S$$

El alcance máximo será cuando **A** = 10000 Ω y **B** = 10 Ω. En este caso el valor de la resistencia medida será:

$$Rx = R = S \cdot \frac{10000}{10} = 1000 \cdot S$$

Sin embargo a pesar de lo dicho y debido a la falta de sensibilidad y la perdida de exactitud, el rango medición no debe extenderse mas allá de los 10000Ω ni menos de los 10 Ω.

4.2. Puente de Wheatstone no balanceado

Las aplicaciones del circuito del puente ya visto, no terminan en su uso como dispositivo para la medición de resistencias con el puente balanceado. Existen innumerables casos en los cuales se mide con el puente no equilibrado (aunque siempre es para condiciones de pequeño desequilibrio) como se verá seguidamente.

En la actualidad se utiliza mucho el circuito del puente para la medición de otras magnitudes, como por ejemplo: potencia de RF (por el método bolometrico), u otras magnitudes no eléctricas como pueden ser: temperaturas, deformaciones mecánicas etc. Para ello se utiliza un puente donde uno de los brazos es un trasductor cuya resistencia varia con la magnitud a medir. Así, se consigue aumentar la sensibilidad del trasductor.

4.2.1. Medición de magnitudes no eléctricas usando puentes

Consideremos el ejemplo de la Figura 4-4, en el cual el brazo **R** se ha reemplazado por un trasductor para la medición de una cierta magnitud no eléctrica.

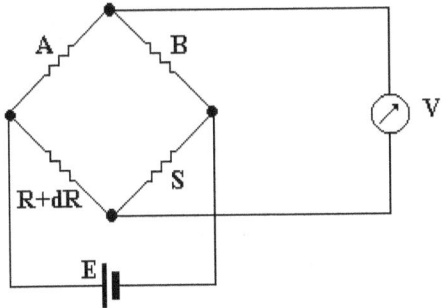

Figura 4-4

Remitiéndonos a las expresiones deducidas al estudiar la sensibilidad del puente, podemos expresar la tensión entre los nudos **c** y **d** como:

$$Vcd = E \cdot \frac{S \cdot dR}{(R + S)^2}$$

Si hacemos R = S para máxima sensibilidad, y multiplicando y dividiendo por R, se puede poner:

$$Vcd = E \cdot \frac{\dfrac{dR}{R}}{\dfrac{R}{S} + 2 + \dfrac{S}{R}} = \frac{E}{4} \cdot \frac{dR}{R}$$

Es decir que para pequeños valores de **dR** la tensión **Vcd** varia linealmente con **dR/R.** Claro que hay que recordar que esta expresión es valida cuando el galvanómetro esta desconectado, es decir cuando la tensión se mide con un instrumento de elevada resistencia de entrada, o sea un voltímetro.

4.3. Puente doble de Thompson (también llamado de Kelvin)

El puente doble de Thompson puede ser considerado como una modificación del puente de Wheatstone. De una mayor exactitud en la medición de resistencias pequeñas, ya que elimina los errores ocasionados por las resistencias de contacto y las resistencias de los conductores de conexión.

Se puede efectuar una medición exacta de resistencias de pequeño valor, cuando esta resistencia esta provista de 4 terminales de los cuales dos se denominan "terminales de corriente" y los otros dos "terminales de potencial".

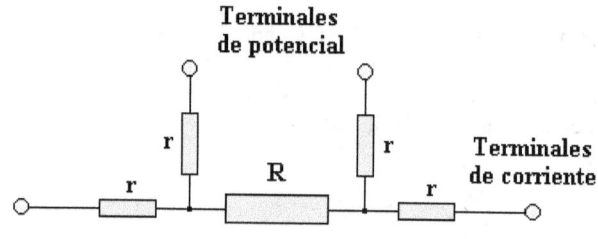

Figura 4-5

Se mide una resistencia de este tipo haciendo circular una intensidad de valor relativamente grande a través de los terminales de corriente midiendo simultáneamente la caída de tensión entre los terminales de potencial con un milivoltimetro de suficiente sensibilidad y alcance. El doble puente de Kelvin esta diseñado en base a este principio.

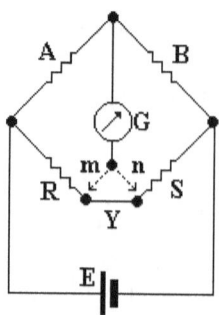

Figura 4-6

Considerando el puente de la Figura 4-6, en el se ha indicado con **Y** la resistencia del conductor que une a **R** con **S**. Hay dos conexiones posibles para el galvanómetro. Cuando se lo conecta según m, la resistencia **Y** se agrega a **R**, de manera que el valor que se determine será mayor que el verdadero. Si en cambio se lo conecta según **n**, el valor de **R** se calculara basándose solamente en **S**, y no en el valor **S + Y** de la resistencia de la rama de comparación, obteniéndose así un valor de R menor que el verdadero.

Suponiendo que se usara como conexión del galvanómetro un punto intermedio de **Y**, tal que:

$$\frac{Y1}{Y2} = \frac{A}{B} \quad ; \quad Y1 = Y2 \cdot \frac{A}{B} \quad ; \quad Y2 = Y1 \cdot \frac{B}{A}$$

Entonces la presencia de Y no introduce error en el resultado. De acuerdo con la relación fundamental del puente se podrá escribir:

$$R + Y2 \cdot \frac{A}{B} = \frac{A}{B} \cdot \left(S + Y1 \cdot \frac{B}{A}\right) \quad ; \quad \text{de donde} \quad R = \frac{A}{B} \cdot S$$

Lo cual indica que la presencia de **Y** no influye en la medición.

El procedimiento aquí seguido sugiere la modificación a efectuar en el puente de Wheatstone, que es: conectar dos resistores en relación adecuada a los puntos **m** y **n**, y conectar el galvanómetro a su punto común. Así, la corriente que circula por la resistencia a medir, que puede tener un valor desde unos pocos amper hasta cientos de amper, con el fin de producir caídas de tensión apreciables en bajos valores de resistencia, no es la misma que circula por el circuito de medición del galvanómetro, con lo cual los efectos de las resistencias de contacto en el circuito de medición se hacen mínimos.

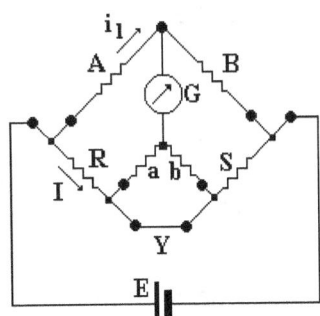

Figura 4-7. Puente doble de Thompson - Kelvin

Como se puede ver en La Figura 4-7, el puente doble de Thompson incorpora en su circuito un segundo par de brazos de relación, y el resistor patrón **S** es del tipo de cuatro terminales. Las resistencias **a** y **b** forman los nuevos brazos de relación.

En equilibrio (cuando no circula corriente por el galvanómetro) la caída de tensión en **A** es igual a la suma de las caídas de tensión en **R** y en **a**. De la misma manera que la caída de tensión en **B** es igual a la suma de las caídas en **S** y en **b**.

$$i_1 \, A = I \, R + i_2 \, a \qquad\qquad i_1 \, B = I \, S + i_2 \, b$$

También:

$$(I - i_2) \, Y = i_2 \, (a + b)$$

De donde:

$$I \, Y = i_2 \, (a + b + Y)$$

Reemplazando:

$$i_1 \cdot A = I\left(R + \frac{a \cdot Y}{a + b + Y} \right) \qquad ; \qquad i_1 = I\left(S + \frac{b \cdot Y}{a + b + Y} \right)$$

Y dividiendo ambas expresiones:

$$\frac{A}{B} = \frac{R + \dfrac{a \cdot Y}{a + b + Y}}{S + \dfrac{b \cdot Y}{a + b + Y}}$$

O sea:

$$R = \frac{A}{B} \cdot S + \frac{b \cdot Y}{a \cdot b + Y} \cdot \left(\frac{A}{B} - \frac{a}{b} \right)$$

Si se hace **A/B = a/b** se tiene nuevamente la relación fundamental:

$$R = \frac{A}{B} \cdot S$$

En la que no interviene para nada el valor de **Y**. Sin embargo su valor se debe mantener bajo de manera tal que si ambos brazos de relación no son exactamente iguales, el error que se introduce es mínimo.

En cuanto a los resistores que forman los dos pares de brazos de comparación, las dos relaciones **A/B y a/b** se mantienen simultáneamente en el mismo valor por medio de un acoplamiento mecánico de los selectores, de manera tal que los brazos de comparación correspondientes se ajusten al mismo tiempo.

La igualdad **A/B = a/b** puede comprobarse una vez que el galvanómetro ha indicado equilibrio, abriendo la conexión **Y**; si las relaciones son iguales, el puente permanecerá en equilibrio, de lo contrario se debe modificar algo el valor de **a** o **b** (lo que habitualmente se logra con una pequeña resistencia variable en serie con una de ellas).

Normalmente los puentes comerciales de este tipo permiten medir resistencias desde 10Ω hasta $0,00001 \; \Omega$.

4.4. Cuestionario y problemas de la unidad

1) De que depende la exactitud, la resolución, y la sensibilidad de un puente de Wheatstone?.

2) Cual es el alcance típico de los puentes de Wheatstone comerciales?.

3) Para que valor de resistencia medida es mayor la sensibilidad de un puente de Wheatstone y por que?.

4) De que instrumento o método se valdría si tiene que medir, con una elevada exactitud, resistencias del orden de: A) 0.01Ω, B) $0,1\ \Omega$, C) $100\ \Omega$, D) $1\ M\Omega$, E) $100\ M\Omega$.

Problema 1

Se necesita implementar un puente de CC para la medición de una magnitud no eléctrica mediante un dispositivo cuya resistencia varia con dicha magnitud. La resistencia de este dispositivo es de $1\ K\Omega$ y su variación porcentual (dentro de los limites de variación de la magnitud medida es de ± 1 %. Si la potencia máxima que puede disipar la resistencia sensora es de 1/4 W; a) cuales serán los valores de resistencia elegida para los brazos del puente? b) que valor elegirá para la fuente de alimentación que debe alimentar el circuito? c) cual es la impedancia de salida del conjunto? d) Cual será la excursión máxima de tensión de la salida?.

5

Medición de Impedancias (Mediciones de Capacidad e Inductancia)

- Puentes de bajas frecuencias. Ecuación de equilibrio. Consideraciones prácticas. Factor de merito y Factor de pérdidas.

- Puente universal de impedancias. Puente de Maxwell. Puente de Hay. Puente de comparación de capacidades. Puente de Wien. Puente de Schering. Medida de la inductancia de bobinas con nucleo magnetico.

- Otras técnicas para la medición de capacidades e inductancias. Técnica del detector sincrónico. Medición de inductancia. Medición de capacidades.

Al completar el estudio de esta unidad, Ud. será capaz de hacer lo siguiente:

- Explicar el principio de funcionamiento de un puente de CA.

- Elegir entre los distintos tipos de puentes de CA, el apropiado para la medición de acuerdo a las características del elemento a medir.

- Explicar el principio de funcionamiento del método del detector sincrónico para la medición de capacidades e inductancias.

5.1. Puentes de baja frecuencia

5.1.1. Puente de impedancias universal, ecuación de equilibrio

Las mediciones de inductancias, capacidades y otras magnitudes se pueden hacer fácilmente y con gran exactitud utilizando puentes de C.A. La forma mas simple de puente de C.A. tiene gran similitud con el puente de Wheatstone de C.C; tiene cuatro brazos, una fuente de tensión de C.A. de una cierta frecuencia y magnitud, y un detector de la condición de equilibrio. como detector se puede usar un auricular (si se usa audiofrecuencia), un osciloscopio, o un voltímetro de C.A. Las diversa ramas pueden ser combinaciones en serie o paralelo de resistencias, inductancias o capacidades.

Los puentes de C.A. se usan generalmente para determinar las características de una de las ramas en función de las impedancias de las otras ramas del circuito.

Para que la tensión a los bornes del detector del puente de la Figura 5–1 sea nula, es necesario que la caída de tensión en **Z1** sea igual a la caída de tensión en **Z2**:

$$I1 \; Z1 = I2 \; Z2$$

(Consideramos que las impedancias y corrientes son cantidades complejas)

Si el puente esta en equilibrio, no circulara corriente por el detector, y entonces:

$$I1 = \frac{E}{Z1 + Z3} \qquad ; \qquad I2 = \frac{E}{Z2 + Z4}$$

Y substituyendo se obtiene:

$$Z1 \; Z4 = Z2 \; Z3$$

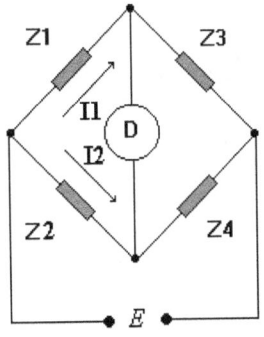

Figura 5-1

O sea:

$$\frac{Z1}{Z2} = \frac{Z3}{Z4}$$

Que es la relación fundamental de equilibrio del puente de C.A. (similar a la obtenida para el puente de C.C).

Claro que en realidad aquí es donde termina la similitud, pues en verdad, hay dos condiciones de equilibrio, ya que la relación fundamental se debe cumplir tanto en magnitud como en fase. En efecto, expresando a las cantidades complejas en forma polar:

$$Z1 = |Z1| \cdot e^{j \cdot \theta 1}$$

La relación fundamental queda:

$$|Z1| \cdot e^{j \cdot \theta 1} \cdot |Z4| \cdot e^{j \cdot \theta 4} = |Z2| \cdot e^{j \cdot \theta 2} \cdot |Z3| \cdot e^{j \cdot \theta 3}$$

$$|Z1| \cdot |Z4| \cdot e^{j \cdot (\theta 1 + \theta 4)} = |Z2| \cdot |Z3| \cdot e^{j \cdot (\theta 2 + \theta 3)}$$

De donde:

$$|Z1| \cdot |Z4| = |Z2| \cdot |Z3| \qquad \text{(módulo)}$$

$$\theta 1 + \theta 4 = \theta 2 + \theta 3 \qquad \text{(fase)}$$

Por este motivo para equilibrar un puente de C.A. es necesario igualar ambas ecuaciones, lo que generalmente no puede lograrse con un único ajuste (como en los puentes de C.C), necesitándose, como luego se verá, al menos dos.

En cuanto a la sensibilidad del puente de C.A., valen las mismas consideraciones que para los puentes de C.C, y las conclusiones son las mismas, es decir:

1) La sensibilidad es máximas cuando las impedancias de las cuatro ramas son iguales.

2) La sensibilidad depende de la tensión de alimentación del puente.

5.1.2. Consideraciones prácticas.

En el puente de C.A. supondremos que **Z1** es la magnitud a determinar, entonces se podrá poner:

$$Z1 = \frac{Z2 \cdot Z3}{Z4}$$

Que es una relación compleja. Si las impedancias complejas se reemplazan por sus equivalentes, se tendrá:

$$R1 + j \cdot X1 = \frac{(R2 + j \cdot X2) \cdot (R3 + j \cdot X3)}{(R4 + j \cdot X4)}$$

Es conveniente desde el punto de vista práctico, que solamente se varíen dos de los seis parámetros del segundo miembro de la ecuación, para obtener el equilibrio. También es conveniente que estos ajustes sean independientes el uno del otro en lo que respecta a sus efectos sobre el desequilibrio del puente; es decir que la ecuación se pueda reducir a la forma:

$$R1 + j\, X1 = A + j\, B$$

De manera tal que uno de los parámetros de ajuste aparezca en "**A**" pero no en "**B**", y el otro aparezca en **B** pero no en **A**. Esta condición se puede lograr si los dos componentes de **Z2** (o de **Z3**) se usan como parámetros de ajuste, y las dos ramas restantes se dejan invariables y de tal manera que su relación sea un numero real o imaginario puro (no complejo). Entonces, para obtener las facilidades mencionadas en el ajuste de la condición de equilibrio, es necesario que una de las ramas contiguas a la rama a medir tenga los dos elementos de ajuste.

No siempre es posible efectuar esta disposición en la práctica ya que podría precisarse un tipo de elemento variable del que no se dispone. Por ejemplo, en el caso de los capacitores, los patrones variables no tienen el mismo grado de exactitud que los patrones fijos. Generalmente los patrones ajustables mas fácilmente obtenibles son los resistores. Por este motivo en algunos puentes (por ejemplo en el de Maxwell donde el ajuste se hace con resistencias variables) se prefiere utilizar uno de los elementos variables en un brazo no contiguo, sacrificando de esta manera la rapidez de la medición en aras de la exactitud.

De los varios tipos de puentes de C.A. que existen, centraremos nuestro estudio en los mas difundidos, que son: el de Maxwell y el de Hay para la medición de inductancias, y el de comparación de capacidades. Estos son instrumentos que sirven para la medición de impedancias en bajas frecuencias (mas o menos hasta los 100 kHz), en los cuales se determina, por un lado el valor de la capacidad o inductancia (es decir lo que tiene que ver con la parte reactiva del elemento que se mide), y por el otro lado las pérdidas asociadas.

Las pérdidas podrían evaluarse mediante la medición de la resistencia asociada. Sin embargo, por razones practicas, la gran mayoría de los puentes están preparados para la determinación del factor de calidad (Q) en las bobinas, y del factor de pérdidas (D) en los capacitores.

5.1.3. Factor de calidad de las bobinas (Q)

Toda bobina real que posea pérdidas, puede considerarse como si estuviera compuesta por una inductancia ideal, y una resistencia en serie. Aunque podrían usarse otros modelos, (como ser el paralelo, o incluso uno combinado serie - paralelo), el circuito equivalente serie resulta el mas apropiado para bajas frecuencia. La inductancia equivalente representa la parte de la bobina que almacena energía. La resistencia corresponde a la parte que la disipa y su valor equivalente no depende solamente de la resistividad del conductor usado para el devanado, sino también de otros factores, como por ejemplo las pérdidas en el núcleo de la bobina si el mismo es de material magnético.

A partir de este modelo pueden plantearse los siguientes diagramas vectoriales y ecuaciones:

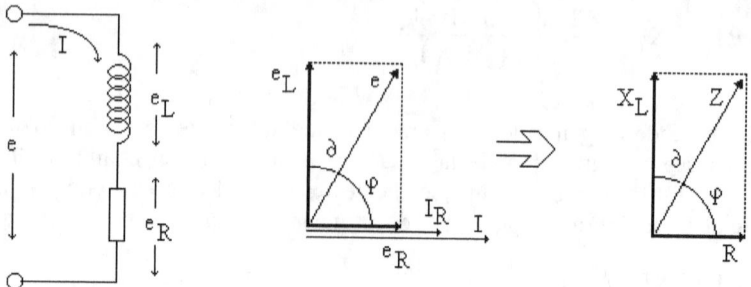

Figura 5-2

La medida de la "calidad" de una bobina tiene que ver con el ángulo de defasaje (φ) entre la corriente que circula por la misma y la tensión a sus bornes. El factor de calidad de una bobina (Q), se define a partir de la tangente del ángulo de defasaje.

$$Q = \operatorname{tg} \varphi = \frac{e_L}{e_R} \qquad ; \quad \text{o bien} \qquad Q = \frac{X_L}{R}$$

Donde:

X_L: Reactancia de la bobina, (ωL)

R: Resistencia equivalente

5.1.4. Factor de pérdidas en capacitores (D)

Para el caso de los capacitores, las pérdidas podrían representarse mediante una resistencia en serie o una en paralelo, y en realidad no esta tan claro cual es el modelo mas conveniente, ya que en función de las circunstancias, podrían haber razones para inclinarse por uno u otro circuito equivalente. Por ejemplo, para el caso de capacitores electrolíticos, estos suelen tener pérdidas considerables a través del dieléctrico y en esa circunstancia seria conveniente usar el modelo paralelo. En cambio si se trata de capacitores de poliéster (del tipo que están constituidos por dos láminas de gran longitud arrolladas entre el dieléctrico) es quizás mas apropiado el modelo serie.

Se considerara a continuación el modelo paralelo y se deja al estudiante la deducción de las ecuaciones del modelo serie.

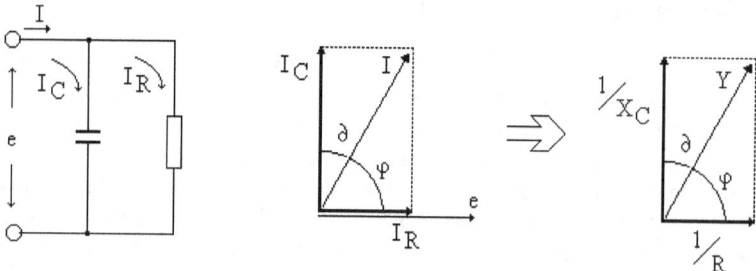

Figura 5-3

De igual manera que para el caso de las bobinas, podría definirse el factor de calidad del capacitor (Q_C).

$$Q_C = tg\ \varphi = \frac{I_C}{I_R} \quad ; \quad \text{o bien} \quad Q_C = \frac{R}{X_C}$$

Sin embargo, y dado que la mayor parte de los capacitores que existen tiene pérdidas que son comparativamente menores que las de una bobina, el valor numérico del Q_C es muy alto. Por este motivo, para caracterizar la calidad de un capacitor, se utiliza normalmente el "factor de pérdidas" (D) del capacitor, que se define a partir de la tangente del ángulo complementario de φ, (es decir δ).

$$D = tg\ \delta = \frac{X_C}{R} \quad ; \quad \text{o bien} \quad D = \frac{1}{\omega \cdot C \cdot R}$$

Y como el valor numérico de la tangente de un ángulo pequeño es muy próximo al valor del ángulo expresado en radianes, se tiene que:

$$D \approx \delta$$

5.2. Puente universal de impedancias

5.2.1. Puente de Maxwell (También llamado de Maxwell-Wien)

Este tipo de puente mide la inductancia en función de una capacidad conocida. Un capacitor patrón fijo tiene ciertas ventajas cuando se lo usa como patrón en comparación con un inductor, ya que no origina prácticamente ningún campo externo, es mas compacto y fácil de aislar, y prácticamente no tiene pérdidas.

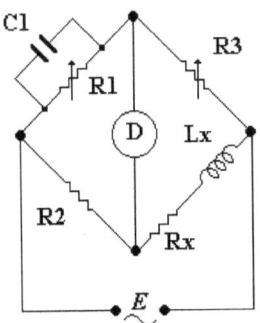

Figura 5-4. Puente de Maxwell

El circuito es el de la Figura 5-4. La impedancia de la rama 1 se puede obtener considerando el paralelo de **R1** y **C1**, o bien determinando su admitancia.

$$Y1 = \frac{1}{Z1} = \frac{1}{R1} + j \cdot \omega \cdot C1$$

La impedancia de las demás ramas será:

$$Z2 = R2 \qquad\qquad Z3 = R3 \qquad\qquad Z4 = Rx + j\,\omega\,Lx$$

La relación fundamental de un puente de C.A. también se puede poner como:

$$Z4 = Z2\ Z3\ Y1$$

Por lo que reemplazando se obtiene:

$$Rx + j \cdot \omega \cdot Lx = R2 \cdot R3 \cdot \left(\frac{1}{R1} + j \cdot \omega \cdot C1 \right)$$

Igualando las partes reales e imaginarias y separando:

$$Rx = \frac{R2 \cdot R3}{R1} \qquad ; \qquad\qquad Lx = R2 \cdot R3 \cdot C1$$

El equilibrio se puede obtener por variación de **R1** juntamente con **R3** (o **R2**). Los ajustes no serán independientes entre si, ya que **R2** y **R3** se encuentran en las dos expresiones simultáneamente, y el equilibrio se lograra después de varias tentativas. La convergencia hacia el equilibrio será mas lenta en tanto menor sea el **Q** del inductor. Sin embargo, para valores altos de **Q** el valor de **R1** se vuelve muy grande, y cuando se hace del orden de la resistencia de pérdidas del capacitor **C1** la precisión del método disminuye. De lo que se desprende que el puente de Maxwell es apropiado para la medición de inductores de mediano y bajo **Q**.

Habitualmente El brazo **R3** es uno de los elementos de ajuste y su dial esta calibrado directamente en valores de inductancia, en tanto que **R1** es el otro ajuste y su dial se calibra en valores de **Q**, cuyo valor es mas útil de conocer que **Rx** e independiente del valor de **R3** como se deduce a continuación.

Se sabe que:

$$Q = \frac{\omega \cdot Lx}{Rx}$$

Si se reemplazan **Lx** y **Rx** se obtendrá:

$$Q = \omega\ R1\ C1$$

Puede verse que el único elemento de ajuste presente en esta última expresión es **R1**, que así puede calibrarse directamente en valores de **Q**.

5.2.2. Puente de Hay

Es una modificación del puente de Maxwell, que puede ser usado con ventajas cuando el inductor es de elevado **Q**. Se diferencia del anterior en que tiene un resistor en serie con el capacitor patrón en lugar de estar en paralelo. De echo muchas veces el mismo instrumento puede ser usado como puente de Maxwell o de Hay, disponiendo de manera diferente el resistor ajustable **R1**. El circuito básico del puente puede verse en la figura siguiente.

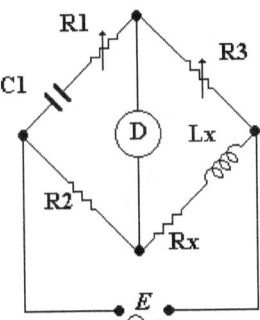

Figura 5-5. Puente de Hay

La razón por la cual esta disposición es apropiada para la medición de inductores de alto **Q** esta en que para valores elevados del mismo, se necesitan pequeños valores de resistencia serie con el condensador **C1** en lugar de los elevados valores en paralelo que requiere el puente de Maxwell en iguales circunstancias.

La relación de equilibrio es ahora:

$$\left(R1 - \frac{j}{\omega \cdot C1}\right) \cdot \left(Rx + j \cdot \omega \cdot Lx\right) = R2 \cdot R3$$

E igualando partes reales e imaginaria:

$$R1 \cdot Rx + \frac{Lx}{C1} = R2 \cdot R3 \qquad ; \qquad \omega \cdot Lx \cdot R1 - \frac{Rx}{\omega \cdot C1} = 0$$

Como ambas ecuaciones contienen a **Lx** y **Rx**, se resuelve el sistema y se obtiene:

$$Lx = R2 \cdot R3 \cdot \frac{C1}{1 + (\omega \cdot C1 \cdot R1)^2} \qquad ; \qquad Rx = \frac{R2 \cdot R3}{R1} \cdot \frac{(\omega \cdot C1 \cdot R1)^2}{1 + (\omega \cdot C1 \cdot R1)^2}$$

Las ecuaciones de este puente difieren de las del caso anterior en que contienen a ω, por lo que el puente será sensible a la frecuencia, lo que hace necesario que sea muy exacta.

Sin embargo para valores elevados de **Q**, y como **R1** se hace en este caso de muy pequeño valor, la expresión de la inductancia queda prácticamente reducida a la misma que en el caso del puente de Maxwell. (Lo que viene a justificar que el mismo instrumento puede ser usado en una u otra disposición).

Lógicamente aquí tampoco interesa el valor de **Rx** y entonces también el dial que maneja a **R1** esta calibrado en valores de **Q**.

5.2.3. Puente de Comparación de Capacidades

En la Figura 5-6 se muestra un circuito simple para la medición de capacidades por comparación con otra conocida en la que se considera a las pérdidas del capacitor como una resistencia en serie.

Cuando el puente este en equilibrio, la relación entre las ramas será:

$$R1 \cdot \left(Rx - \frac{j}{\omega \cdot Cx} \right) = R2 \cdot \left(R3 - \frac{j}{\omega \cdot C3} \right)$$

Operando y separando partes real e imaginaria:

$$Rx = \frac{R3 \cdot R2}{R1} \qquad ; \qquad Cx = \frac{R1 \cdot C3}{R2}$$

Estas dos condiciones exigen dos cantidades variables, para poder llegar al equilibrio. Como es conveniente que **C3** sea un patrón fijo, se varían **R1** y **R3**. Los ajustes no serán independientes, por lo que el equilibrio se conseguirá después de varios intentos.

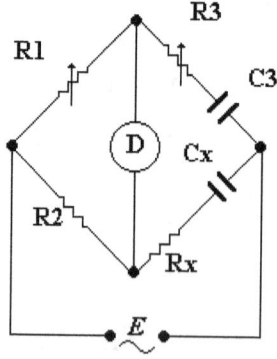

Figura 5-6

Claro que hay que tener en cuenta que en la mayoría de los capacitores usados como componentes de circuitos, el valor de **Rx** es prácticamente inexistente, por lo cual muchas veces no es necesario la utilización de **R3**, con lo cual la operación se simplifica notablemente.

El puente de comparación de capacidades proporciona una lectura directa y fácil de la capacidad de un condensador pero no de las pérdidas asociadas al mismo. Por eso cuando el principal objetivo de la medición es la determinación de las pérdidas se prefieren otras disposiciones como las que se estudian a continuación.

5.2.4. Puente de Wien (Para la medición de capacidades)

El puente de Wien se destina en principio a la medición de la capacidad de condensadores cuyas pérdidas son apreciables y pueden considerarse como resistencia paralelo; por ejemplo el ensayo y medición de cables de dos conductores, (envainados para energía eléctrica, o coaxiles para RF), y condensadores electroliticos de gran capacidad.

La Figura 5-7 muestra el esquema de un puente de Wien típico. los resistores **R1, R2, y R3** son de precisión y no inductivos, el resistor **Rx** representa las pérdidas del capacitor bajo ensayo. Las impedancias de cada una de las ramas del puente son respectivamente:

$$Zx = \frac{Rx}{1 + j \cdot \omega \cdot Rx \cdot Cx} \qquad ; \qquad Z2 = R2$$

$$Z3 = R3 + \frac{1}{j \cdot \omega \cdot C3} \qquad ; \qquad Z1 = R1$$

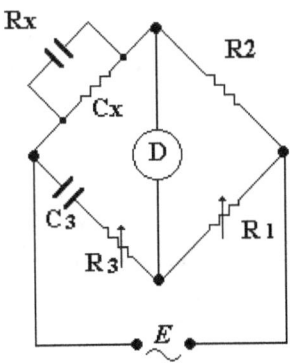

Figura 5-7

Recordando que en equilibrio, los productos de las impedancias de la ramas opuestas son iguales resulta:

$$R2 \cdot \left(R3 + \frac{1}{j \cdot \omega \cdot C3} \right) = R1 \cdot \left(\frac{Rx}{1 + j \cdot \omega \cdot Rx \cdot Cx} \right)$$

Operando:

$$\frac{R1}{R2} = \left(R3 + \frac{1}{j \cdot \omega \cdot C3} \right) \cdot \left(\frac{1 + j \cdot \omega \cdot Rx \cdot Cx}{Rx} \right)$$

$$\frac{R1}{R2} = \frac{R3}{Rx} + \frac{Cx}{C3} + j \cdot \omega \cdot Cx \cdot R3 + \frac{1}{j \cdot \omega \cdot C3 \cdot Rx}$$

Separando parte real de imaginaria:

$$\frac{R1}{R2} = \frac{R3}{Rx} + \frac{Cx}{C3} \qquad ; \quad y \qquad j \cdot \omega \cdot Cx \cdot R3 = \frac{j}{\omega \cdot C3 \cdot R3}$$

Este es un sistema de dos ecuaciones con dos incógnitas (**Rx** y **Cx**) que se puede resolver por los métodos conocidos para llegar finalmente a las siguientes expresiones:

$$Rx = \frac{R2 \cdot R3}{R1} \cdot \left(\frac{1 + \left(\omega \cdot R3 \cdot C3\right)^2}{\left(\omega \cdot R3 \cdot C3\right)^2} \right) \qquad ; \qquad Cx = \frac{R1}{R2} \cdot \left(\frac{C3}{1 + \left(\omega \cdot R3 \cdot C3\right)^2} \right)$$

Conseguir la condición de equilibrio del puente y obtener los valores de **Cx** y de **Rx** es bastante engorroso, como puede verse en las expresiones anteriores, y puede lograrse variando **R3**, **R1** y además la frecuencia del generador usado para excitarlo. Claro que si lo que se desea medir es el factor de pérdidas, la operación se simplifica ya que el valor de **D** es:

$$D = \omega\, R3\, C3$$

En algunas circunstancias puede usarse eventualmente la conexión de Wien para la medición de frecuencias. En efecto, de la parte imaginaria de la expresión antes deducida puede obtenerse:

$$\omega^2 = \frac{1}{Rx \cdot R3 \cdot Cx \cdot C3}$$

Lo que permite obtener por calculo el valor de la frecuencia si se conocen los valores de las capacidades y resistencias de las cuatro ramas.

5.2.5. Puente de Schering

Cuando se desea medir capacidades y factor de pérdidas de condensadores y de otros elementos que tienen capacidad asociada, tales como Cables armados para A.T., Aisladores, Transformadores de potencia para uso industrial (que usan aceite como refrigerante, y en los cuales se desean determinar las características del mismo como dieléctrico); todos elementos que puedan considerarse como capacitores en serie con una resistencia de bajo valor; se prefiere utilizar el puente de Schering, que en estas circunstancias y a diferencia del anterior, es un poco mas fácil de equilibrar.

La Figura 5-6 muestra el esquema básico de un puente de Schering. El capacitor **C4** y el Capacitor **C3** son patrones regulables en décadas, en tanto que **R3** y **R2** son los elementos de ajuste que permiten equilibrar el puente.

Las impedancias de cada rama del puente son respectivamente:

$$Zx = Rx - \frac{j}{\omega \cdot Cx} \qquad ; \qquad Z2 = R2 \qquad ; \qquad Z3 = \frac{1}{Y3}$$

$$Y3 = \frac{1}{R3} + j \cdot \omega \cdot C3 \qquad ; \qquad Z4 = -\frac{j}{\omega \cdot C4}$$

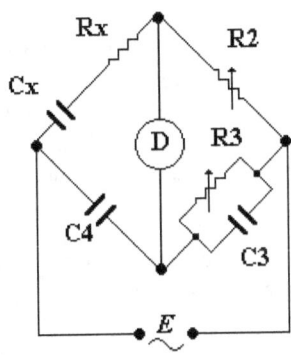

Figura 5-8

Sustituyendo estas expresiones en la ecuación de condición de equilibrio se tiene:

$$Zx\ Z3 = Z2\ Z4 \qquad ; \qquad \text{o bien} \qquad Zx = Z2\ Z4\ Y3$$

$$Rx + \frac{1}{j \cdot \omega \cdot Cx} = \frac{R2}{j \cdot \omega \cdot C4} \cdot \left(\frac{1}{R3} + j \cdot \omega \cdot C3 \right)$$

Operando,

$$Rx + \frac{1}{j \cdot \omega \cdot Cx} = \frac{R2}{j \cdot \omega \cdot C4 \cdot R3} + \frac{R2 \cdot C3}{C4}$$

Separando parte real de imaginaria y despejando se obtiene:

$$Rx = \frac{C3 \cdot R2}{C4} \qquad ; \qquad y \qquad Cx = \frac{R3 \cdot C4}{R2}$$

Sin embargo, como el puente de Schering se usa sobre todo para el examen de materiales aislantes, no interesa tanto la resistencia **Rx**, sino el factor de pérdidas, que es:

$$D = \omega\ Cx\ Rx, \qquad \text{o sea (substituyendo)} \qquad D = \omega C3\ R3$$

La operación mas fácil para obtener el equilibrio se consigue manteniendo constantes los valores de **R3** y **C4**, y regulando **R2** y **C3**. En este caso se consigue la lectura independiente pues **C3** no entra en la fórmula de **Cx** e interviene directamente en la determinación de "**D**". En cambio **R2** entra solamente en **Cx**.

5.2.6. Mediciones de inductancia con núcleo de hierro

La medición de la inductancia de inductores con núcleos ferromagneticos, es relativamente sencilla y en principio no difiere de lo ya visto pudiendo usarse cualquiera de los métodos y puentes ya estudiados, siempre y cuando el inductor trabaje sometido solamente a corrientes alternas. Pero cuando por el bobinado circula corriente continua, aparecen algunas dificultades adicionales

La determinación de la inductancia de bobinas con núcleo ferromagnetico por las que circulan corrientes continuas, es una de las mediciones mas interesantes que se pueden presentar en la práctica. Sucede que la circulación de corriente continua, satura el núcleo haciendo variar la permeabilidad del mismo en función de la magnitud de dicha corriente y por consiguiente la inductancia también varia (En general disminuye al aumentar la CC); esto es lo que se denomina "Inductancia incremental".

Los métodos tradicionales para la medición de la inductancia incremental, se basan en la aplicación de puentes de C.A., en los cuales sea posible la aplicación simultánea una fuente de CC que solo haga circular corriente por el elemento bajo ensayo. Esto debe hacerse con sumo cuidado, pues se puede correr el riesgo de dañar el instrumento, particularmente si las magnitudes de las corrientes a aplicar son grandes.

5.3. Otras técnicas para la medición de capacidades e inductancias.

5.3.1. Técnica del detector sincrónico.

En la actualidad existen instrumentos que han incorporado técnicas distintas de las tradicionales para la medición de capacidades y o inductancias. Una de estas es la del detector sincrónico.

Los instrumentos que trabajan con esta técnica utilizan un oscilador de una frecuencia conocida y muy exacta, que puede ser por ejemplo 1 KHz. o 100 KHz (dependiendo del rango de medida), un amplificador, un desplazador de fase que gira la fase de la señal del oscilador en 90°, un limitador que transforma esta ultima señal en una onda cuadrada y un detector sincrónico. El mismo consiste básicamente en un sistema de llaves electrónicas seguido de un integrador; las llaves del detector se comandan por medio de la onda cuadrada.

5.3.1. Medición de inductancia

El diagrama de la Figura 5-9 muestra la disposición de los bloques del instrumento para la medición de inductancias. Cuando se miden inductancias, la resistencia **Rs** (que varia de acuerdo al rango) debe ser muy grande en comparación con la impedancia que presenta la bobina a medir. El equivalente de esta es un inductor ideal en serie con una resistencia que representa las pérdidas de la misma. En esta situación, la corriente que circula por **Rs+r+jωL** estará prácticamente en fase con la tensión que entrega el oscilador; esto hace que la tensión sobre la parte real de la impedancia de la bobina (es decir **r**) este en fase con la tensión del oscilador. La tensión sobre la parte inductiva estará adelantada 90°, y la tensión **ez** estará desfasada un ángulo.

El diagrama de fasores que se muestra en la Figura 5-10 aclarará este punto (el mismo esta hecho para valores picos, pero es valido para valores eficaces).

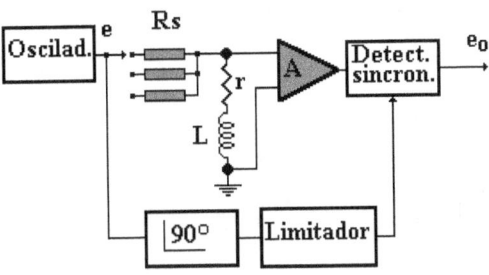

Figura 5-9 Medición de inductancia

El valor de **Rs** es mucho mayor que la impedancia de la bobina:

$$Rs \gg r + j\,\omega\,L$$

Por lo tanto la corriente será aproximadamente:

$$I \approx \frac{e}{Rs}$$

Y la tensión sobre la bobina (**ez**) será:

$$ez = \frac{e}{Rs} \cdot \left(r + j \cdot \omega \cdot L\right)$$

Separando parte real, y parte imaginaria:

$$er = \frac{e \cdot r}{Rs} \qquad ; \qquad el = \frac{e}{Rs} \cdot L$$

La tensión sobre la impedancia (**ez**) es llevada a un nivel apropiado por el amplificador, y se aplica al detector sincrónico, cuya otra entrada tiene aplicada la señal que viene del limitador

(que como ya se dijo es una onda cuadrada desfasada 90° con respecto a la salida del oscilador). La salida del detector es proporcional al valor medio de la tensión sobre la parte inductiva pura, como lo demuestra la integral que se efectúa a continuación del dibujo de la Figura 5-10. Como podrá verse, la inductancia es proporcional a la tensión de salida.

El detector sincrónico efectúa la integral de la tensión que viene del amplificador, entre los limites fijados por el tiempo de accionamiento de las llaves electrónicas, (como se indica en la Figura 5-10).

La salida del detector sincrónico será:

$$eo = \frac{1}{2 \cdot \pi} \cdot \int_{-\theta}^{\pi-\theta} A \cdot ez \cdot \text{sen } \omega t \cdot d\,\omega t = \frac{A \cdot ez}{2\pi} \cdot \left| -\cos \omega t \right|_{-\theta}^{\pi-\theta} = \frac{A \cdot ez}{2 \cdot \pi} \cdot (2 \cos \theta)$$

$$eo = \frac{A \cdot ez}{\pi} \cdot \cos \theta = \frac{A \cdot el}{\pi} = \frac{A \cdot e \cdot \omega \cdot L}{\pi \cdot Rs}$$

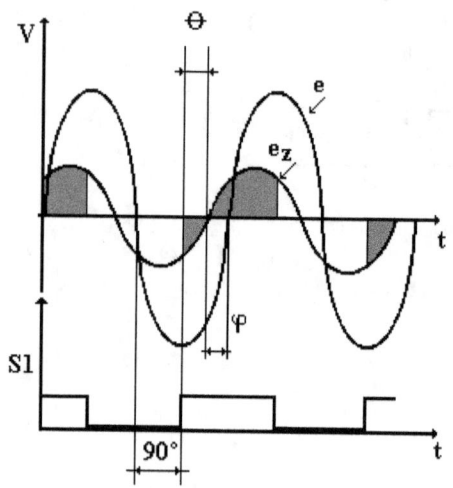
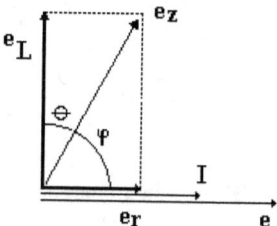

Figura 5-10

Como

$$\omega = 2\,\pi f$$

Resulta que

$$L = eo\,(Rs\,/\,2\,A\,e\,f)$$

5.3.2. Medición de capacidades

Como ha podido verse en el caso de la medición de inductancias, el detector sincrónico no hace otra cosa que separar la parte imaginaria de la parte real de la expresión de la tensión sobre la impedancia.

La medición de capacidades se lleva a cabo de manera similar, y el detector sincrónico cumple la misma función.

Para la medición de capacidades, el instrumento se dispone ahora con la resistencia Rs de valor mucho mas pequeño que la impedancia del conjunto formado por el capacitor mas su resistencia de pérdidas.

La tensión sobre **Rs** estará prácticamente en fase con la corriente que pasa por el capacitor y la resistencia de pérdidas. El detector sincrónico elimina la parte real de la tensión sobre **Rs** que previamente ha sido amplificada, lo que permite obtener una tensión de salida que salvo por un factor es proporcional a la capacidad.

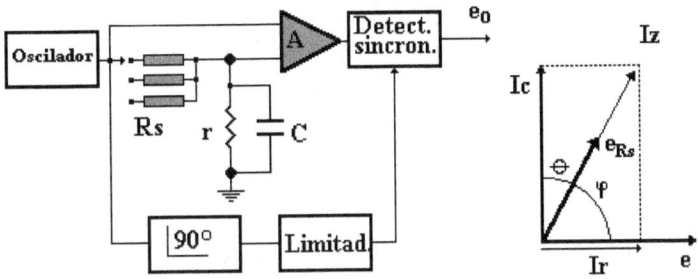

Figura 5-11 Disposición de los bloques para la medición de capacidades por el método del detector sincrónico y diagrama de fasores de las corrientes.

En este caso, el valor de **Rs** es mucho menor que la impedancia del conjunto formado por el capacitor mas la resistencia de pérdidas.

$$Rs \ll Zc$$

La impedancia y la admitancia que presenta el capacitor a medir, son respectivamente

$$Zc = \frac{1}{Yc} = \frac{r}{1 + j \cdot \omega \cdot C \cdot r} \qquad ; \qquad Yc = \frac{1}{r} + j \cdot \omega \cdot C$$

La corriente a través de la impedancia es aproximadamente:

$$Iz = \frac{e}{Rs + \dfrac{r}{1 + j \cdot \omega \cdot r}} \approx \frac{e}{r} + j \cdot \omega \cdot C \cdot e$$

Y la tensión sobre **Rs** es:

$$e_{Rs} = \frac{Rs}{r} \cdot e + j \cdot \omega \cdot C \cdot Rs \cdot e$$

La tensión de salida del detector sincrónico, será (al igual que en el caso de la medición de inductancias) proporcional a la parte imaginaria de la expresión anterior.

$$eo = \frac{(A \cdot \omega \cdot C \cdot Rs \cdot e)}{\pi} \qquad ; \quad \text{de donde} \qquad C = \frac{eo \cdot \pi}{A \cdot \omega \cdot Rs \cdot e}$$

Y como:

$$\omega = 2\,\pi\,f$$

Se tiene:

$$C = eo \, (1/A \, Rs \, f2 \, e)$$

5.3.3. Exactitud del método

La exactitud de la medición de inductores y capacitores por este método aumenta a medida que mas grande es el **Q** del elemento que se mide, es decir, para capacitores de bajas pérdidas y para inductores de resistencia serie pequeña. Valores típicos son por ejemplo:

Exactitud para la medición de inductancias:

$\pm$ (1% de la lectura + (1,5 +3/Q) de plena escala + 0,03 μHy)

Exactitud para la medición de capacidad:

$\pm$ (1% de la lectura + (1,5 +3/Q) de plena escala + 0,03 pF)

5.4. Cuestiones y problemas.

1) Si al medir el Q de un inductor, la lectura obtenida varia con la frecuencia, es ello síntoma de alguna anomalía en el instrumento?.

2) Por que motivo el puente de Maxwell no es apropiado para la medición de inductores de elevado Q ?.

3) Por que motivo un puente de CA necesita de dos controles para lograr el equilibrio?.

4) Que puente usaría para la determinación de la capacidad por unidad de longitud y el factor de pérdidas de un cable preensamblado?

5) Si en el medidor de capacidades por el método del detector sincrónico, se suprime el desplazador de fase, a que magnitud será proporcional la salida del detector?.

6) Se ha efectuado un montaje en forma de puente de Maxwell para la medición de un inductor, Siendo el valor de los resistores de las ramas puramente resistiva de 500 ohms, el capacitor es de 100 nF y el resistor de la rama capacitiva es de 10000 ohms; la frecuencia utilizada es 1 KHz. Se pide: el valor de la inductancia y el factor de mérito.

6

Osciloscopios de usos generales

- Generalidades - función y tipos de osciloscopios.

- El T.R.C. - El sistema de deflexión vertical - El sistema de deflexión horizontal, Los circuitos de base de tiempo - Sondas de entrada

- Osciloscopios especiales - Osciloscopioa con doble base de tiempo - Barrido intensificado, y barrido retardado.

- Osciloscopios con memoria - TRC de almacenamiento - Osciloscopios de almacenamiento digital.

- Osciloscopios analógicos de muestreo.

- Apéndice: Mediciones con osciloscopios.- Mediciones de fase mediante la figura de Lissajous - Diagramas de ojo - Medición de formas de ondas no senoidales

Al finalizar el estudio de esta Unidad Ud. será capaz de:

- Describir el principio de funcionamiento de un osciloscopio de usos generales, interpretar las especificaciones de un osciloscopio y con ayuda del correspondiente manual, operar un instrumento de este tipo para efectuar mediciones.

6.1. Osciloscopios (Generalidades)

El osciloscopio es uno de los instrumentos que habitualmente mas se utiliza en los laboratorios al efectuar los prácticos de las asignaturas de la especialidad y básicamente es un dispositivo que permite obtener representaciones visuales de señales (tensiones) en el dominio del tiempo. Seguramente el estudiante a esta altura de su carrera posee una importante experiencia adquirida en el manejo de un osciloscopio, la cual es útil y le servirá para entender el principio de funcionamiento de los mismos y ampliar así su campo de aplicaciones.

6.1.1 Función y tipos de osciloscopios

La función de los osciloscopios es capturar y dar una representación visual de una señal (tensión), para permitir su análisis en el dominio del tiempo. Se basa en el tubo de rayos catódicos (TRC) inventado a fines del siglo XIX. Consiste en un tubo de vacío con elementos de enfoque para producir un fino haz de electrones, que se enfoca en un blanco fosforescente (la pantalla) y al que se dota de un sistema dinámico para la deflexión del haz en las direcciones vertical y horizontal. El trazo obtenido tiene un grosor de unos 0,3 mm.

Como sistema de representación es un trazador X-Y donde la ordenada del punto en la pantalla se corresponde con la amplitud de la señal a estudiar, y la abscisa, o bien es proporcional al intervalo de tiempo transcurrido desde un punto de referencia, o bien se corresponde también con la amplitud de otra señal a estudiar.

Los movimientos del haz en las direcciones X e Y son independientes uno del otro. El origen de coordenadas se suele situar en el centro de la pantalla y los cuadrantes se designan del mismo modo que en trigonometría.

Además de servir para detectar la presencia o no de señal, y de la visualización de formas de ondas complejas (o secuencias de ceros y unos en un circuito digital), los osciloscopios permiten realizar otras medidas básicas como por ejemplo; frecuencia, diferencia de fase, tiempos de subida y de bajada, ancho de pulsos etc.; todas estas, relacionadas con tensiones. Para medir otras magnitudes físicas que no sean tensiones hay que emplear trasductores.

La clasificación de los distintos tipos de osciloscopios se puede hacer siguiendo varios criterios.

- De acuerdo con la máxima frecuencia admisible en el canal vertical se los puede dividir en "Osciloscopios de baja Frecuencia" (hasta unos 20 MHz) y de "Alta frecuencia" (hasta unos 500 MHz). Para frecuencias superiores a 1 GHZ se usan las técnicas de muestreo que no representa la señal en tiempo real.

- Según el numero de canales verticales se distinguen por un lado los osciloscopios que solo tienen uno y por otro los que tienen dos o mas. Entre los osciloscopios de dos o mas canales se pueden diferenciar a su vez según la técnica usada para producir dos imágenes simultáneas, ya que hay modelos con "doble cañón", (cada uno con sus sistemas de deflexión vertical y horizontal por separado); "de doble haz" (que poseen un único cañón con su sistema de deflexión horizontal pero dos sistemas de deflexión vertical); y finalmente los mas comunes de "doble trazo", en los cuales con un único cañón y sistemas de deflexión, se consigue aparentar una imagen doble representando en forma alternada cada canal y usando la propiedad de persistencia de la imagen para disimular el efecto.

- Un aspecto adicional para la clasificación, es el tipo de pantalla. Por una parte están las denominadas pasivas, con diversos grados de persistencia, y por otro están las de memoria, que retienen la forma de onda de la señal durante un tiempo muy largo para su mejor análisis. Modernamente existen osciloscopios que producen el mismo efecto pero gracias a una digitalización de la imagen en vez de una pantalla especial; son los denominados de "Memoria Digital".

Hay además otros instrumentos electrónicos basados en el TRC que trabajan en el dominio del tiempo. Los llamados analizadores lógicos de tiempo son básicamente osciloscopios de varios canales (de 16 a 64) preparados para observar simultáneamente varias señales digitales (Trenes de ceros y unos). Los trazadores de curvas para semiconductores son analizadores que representan la respuesta de dichos dispositivos cuando son excitados por señales que se generan en el mismo instrumento. Otros equipos que usan el TRC pero que no trabajan en el dominio temporal, son los analizadores de espectros, en los cuales el eje horizontal se corresponde con la frecuencia.

6.1.2. Diagrama en bloques de un osciloscopio

En esta sección se estudiara el diagrama en bloques de un osciloscopio de doble trazo y de baja frecuencia para usos generales típico.

Como ya se ha dicho, un osciloscopio esta constituido básicamente por un TRC y los sistemas de deflexión vertical y horizontal necesarios para posicionar el haz en el punto correspondiente. Algunas partes del tubo necesitan una alimentación de alta tensión continua perfectamente estabilizada mientras que otras y el resto de los circuitos emplean tensiones bajas.

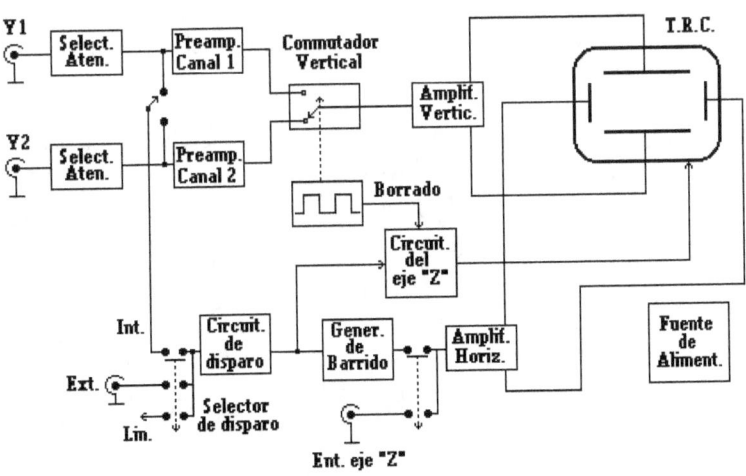

Figura 6-1 (Diagrama en bloques de un osciloscopio de doble trazo)

Como puede verse en este dibujo, el osciloscopio consta de tres bloques principales:

I) En el tubo se generan electrones que mediante un sistema de enfoque forman un haz muy fino, al mismo se le imprime una alta velocidad mediante un sistema de aceleración y se lo dirige hacia la pantalla que interiormente esta cubierta de un material fosforescente.

II) En el sistema de deflexión vertical el haz pasa entre dos placas metálicas dispuestas en el interior del tubo a las que se aplica la señal correspondiente a los ejes Y1 e Y2 en forma alternada o troceada y convenientemente procesada lo cual produce una desviación del mismo. Estas placas están conectadas a un amplificador de deflexión que produce una señal diferencial a partir de las señales de entrada de ambos canales que generalmente están referidas a masa. La respuesta en frecuencia del osciloscopio esta directamente ligada a la respuesta del amplificador de deflexión vertical y sus etapas previas. Mas adelante se vera que significa haz alternado o troceado y en que caso se aplica cada uno.

III) El sistema de deflexión horizontal esta constituido por otras dos placas en el interior del tubo, a las que se aplica o bien la señal **X** o bien una tensión en forma de rampa (tensión de barrido), relacionada con la señal de uno de los dos canales de entrada **Y**, obtenida internamente mediante un circuito denominado de "Base de tiempos" que consta de:

- Un circuito de disparo (trigger) que hace que el barrido se inicie siempre en el mismo punto de modo que si la señal de entrada es repetitiva se obtenga una representación persistente. Mientras dura un barrido no se produce otro disparo.

- Un generador de barrido que produce una señal con forma de diente de sierra y pendiente positiva muy lineal y controlable desde el panel del instrumento.

- Un amplificador horizontal que al igual que el amplificador vertical proporciona una salida a modo diferencial para aplicar a las dos placas a partir de la señal suministrada por el generador de barrido que esta referida a masa. De esta forma se consigue que el haz pueda moverse a lo ancho de la pantalla y de izquierda a derecha de la misma.

- Un amplificador del eje **Z** que suministra una tensión mientras se hace el barrido horizontal, y se anula en los demás casos. De este modo se suprime el Haz cuando el mismo debe volver a la izquierda de la pantalla una vez terminado el barrido y mientras se espera el próximo disparo.

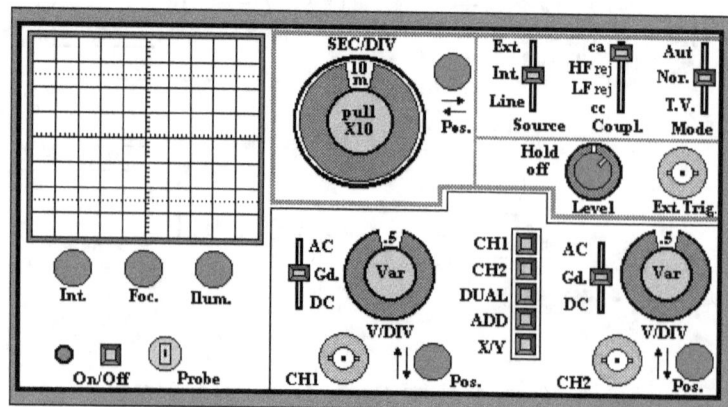

Figura 6-2. Esquema del panel de controles de un osciloscopio de usos generales típico.

En la Figura 6-2 se puede apreciar la disposición clásica de los controles y mandos en el panel frontal de un osciloscopio. Generalmente el panel se encuentra dividido en tres sectores (además del espacio ocupado por la pantalla). En cada uno de estos sectores se ubican los controles que actúan sobre cada uno de los bloques principales. La función de cada control se irá comprendiendo mas o menos a medida que se avance en el estudio de la presente unidad. Será necesario, sin embargo, complementar este estudio con algunas horas de trabajo en el laboratorio para lograr una correcta comprensión del tema.

A continuación se explicara con mas detalle las características de cada uno de estos tres bloques principales.

6.2. Tubo de rayos catódicos (TRC)

Los tubos de rayos catódicos que se usan en los osciloscopios, son básicamente similares a los que se utilizan en los receptores de televisión domésticos, pero a diferencia de estos, en los cuales la deflexión del haz se consigue por medio de un par de bobinas (deflexión magnética) colocadas en forma externa en el cuello de la ampolla de vidrio del tubo, en los TRC de los osciloscopios se usa deflexión electrostática mediante placas metálicas dispuestas en el interior del tubo. La razón de tal diferencia es que debido a que las exigencias en cuanto a la linealidad de barrido, y la respuesta en frecuencia, obligaría, en el caso de usarse deflexión magnética, a disponer de bobinas de reducida inductancia, y por consiguiente elevadas corrientes a través de las mismas complicándose el diseño de los respectivos amplificadores. En cambio al usar tensiones en lugar de corrientes, es mas fácil generar y amplificar las formas de ondas que se manejan sin producir excesivas distorsiones. Como contrapartida, la deflexión magnética permite un mayor ángulo de deflexión, por lo cual los tubos que la usan son mas cortos que anchos a la inversa de los tubos que usan deflexión electrostática.

Se pueden distinguir en un TRC tres partes principales.

1) **EL cañón electrónico**; es la parte donde se genera el haz y consta de un cátodo, una grilla de control y un ánodo; hay además una serie de electrodos de enfoque encargados de hacer converger los electrones del haz en un punto único y lo mas pequeño posible sobre la pantalla, esto es necesario ya que naturalmente el haz tiende a abrirse debido a la repulsión entre los propios electrones.

   - El Cátodo es termoionico, y emite electrones al ser calentado por un filamento. Consiste generalmente en un cilindro de níquel que lleva un revestimiento de óxidos de bario y estroncio en la punta.

   - La grilla de control, es un cilindro de níquel que rodea totalmente al cátodo, con una pequeña abertura en la zona del eje del tubo. Esta polarizada negativamente con respecto al cátodo y su tensión controla el ritmo de emisión de electrones determinando así la intensidad del haz. El amplificador del eje Z, es el que controla la corriente del haz. Hay además un control externo ubicado en el panel del instrumento para ajustar el brillo de la imagen al valor deseado.

   - El ánodo es un juego de electrodos (Suelen ser por lo general dos, el primer ánodo y el segundo ánodo) que también tiene forma cilíndrica y posee una abertura alineada con la de la grilla para permitir que el haz emerja del mismo. Esta polarizado con una tensión positiva respecto del cátodo, y de varios miles de volts de manera de producir una aceleración considerable sobre el haz. Entre medio de los dos electrodos principales del ánodo, se ubican los electrodos de enfoque.

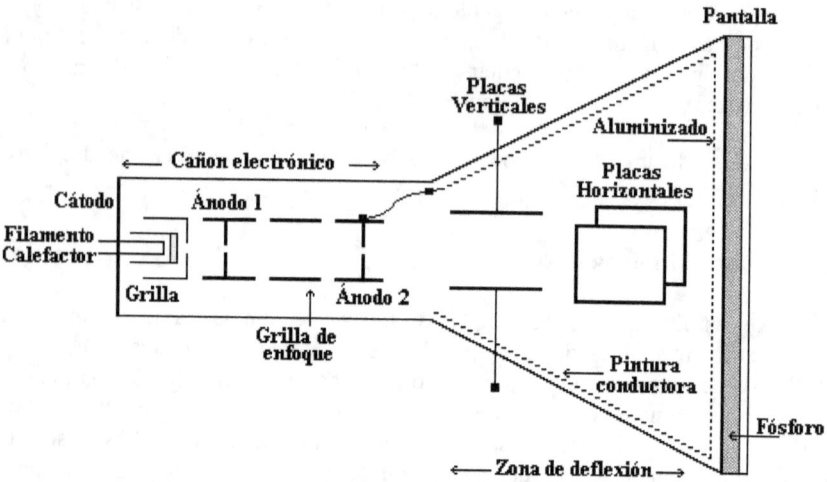

Figura 6-3 Esquema de un TRC con sus principales elementos

El enfoque se consigue aplicando distintas tensiones entre el primer y segundo ánodo y el o los electrodos de enfoque propiamente dichos. Se forma así una zona de espacio donde el potencial esta distribuido de manera de crear una lente electrostática. La acción de esta lente se basa en el principio de que las fuerzas que actúan sobre un electrón que se mueve en un campo eléctrico, son perpendiculares a las líneas de igual potencial y en el sentido de los potenciales crecientes.

En la Figura 6-4 se muestra el diagrama de un sistema de enfoque sencillo. Como puede verse el haz emerge del primer ánodo siendo levemente divergente, en cambio a la salida del segundo ánodo el haz se torna convergente.

El punto de enfoque y la forma del punto sobre la pantalla se pueden variar ajustando las tensiones relativas de unos electrodos respecto de los otros. El tamaño del punto sobre la pantalla se determina con el control de FOCO, que generalmente se dispone en el panel frontal, mientras que la redondez del punto se ajusta actuando sobre el control de ASTIGMATISMO, que no siempre es accesible desde el exterior. Estos dos controles suelen ser interdependientes, pero no afectan al control de intensidad del haz.

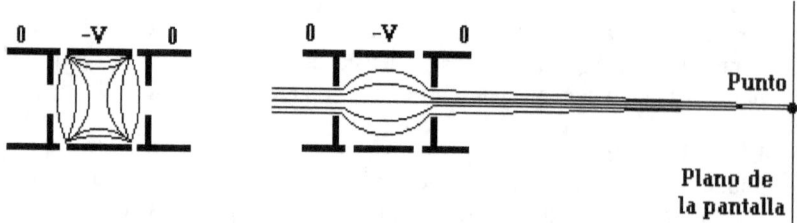

Figura 6-4 Sistema de enfoque y lente electrostática

Para situar el eje X horizontalmente se suele disponer del control de ALINEACIÓN, mientras que la perpendicularidad X-Y se regula con el control de ORTOGONALIDAD. Para estos controles se emplean bobinas externas a la ampolla del tubo. Estos controles suelen ser internos y su uso es infrecuente. Pueden hacer falta, por ejemplo, si se esta trabajando cerca de un campo magnético intenso.

2) **Placas de deflexión.** Para que el haz de electrones incida sobre el punto de la pantalla adecuado de acuerdo con la señal a representar, en los osciloscopios se emplea un sistema de deflexión electrostática basado en unas placas metálicas dispuestas en el interior del tubo. Hay dos placas de deflexión horizontal y otras dos para la deflexión vertical.

El funcionamiento del sistema puede comprenderse si se examina la trayectoria de un electrón que atraviesa el campo eléctrico uniforme creado por dos placas paralelas. Esta trayectoria es parabólica y viene dada por la expresión:

$$y = \frac{Vd}{4 \cdot d \cdot Va} \cdot z^2$$

Donde *Va* es la tensión de aceleración (ánodo - cátodo) que le ha dado al electrón su velocidad al entrar en la región de las placas. Al salir de dicha región no hay campo eléctrico en la dirección "*y*"; en consecuencia el mismo continua con su trayectoria rectilínea tangente a la curva en el punto de salida. Su pendiente será:

$$\tan\theta = \frac{dy}{dz}\bigg|_{z=ld} = \frac{Vd \cdot ld}{2 \cdot d \cdot Va}$$

El origen aparente de esta recta esta en el centro de la zona de deflexión (en medio de las placas). La deflexión "*D*", en la pantalla será entonces:

$$D = L \cdot \tan\theta = L\frac{Vd \cdot ld}{2 \cdot d \cdot Va}$$

Obsérvese que "*D*" es directamente proporcional a la tensión de deflexión *Vd* y por tanto, el TRC puede usarse como dispositivo lineal de representación de tensiones.

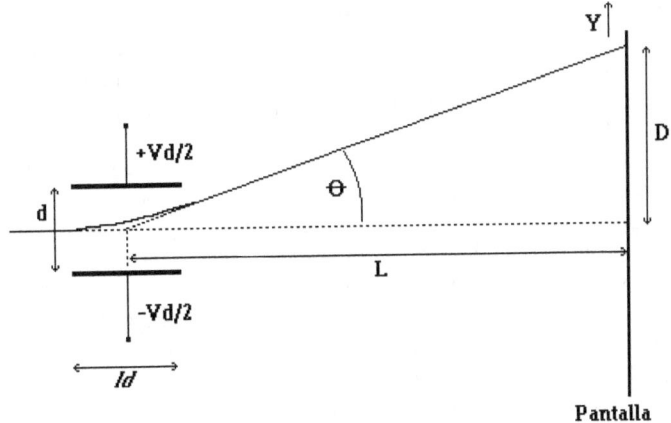

Figura 6-5 Deflexión electrostática

Para poder comparar los diversos TRC se emplea el "Factor de deflexión" (FD), definido como la tensión diferencial necesaria para mover el haz una división de la pantalla:

$$FD = \frac{Vd}{D} = 2d \, \frac{Va}{L} \, ld$$

El valor de FD se reduce al aumentar la longitud del tubo y al reducir la tensión de aceleración. Pero esta debe ser suficientemente alta para que se tenga un brillo adecuado, incluso para velocidades de barrido altas. Suele ser entre 10 y 100 V/cm, y en un tubo bien diseñado debe ser constante para cualquier punto de la pantalla.

Las placas de deflexión vertical son las que primero actúan sobre el haz para que así puedan trabajar con tensiones menores, ya que se desconoce la magnitud de la señal que va a manejar. En cambio como el amplificador horizontal maneja habitualmente la señal de barrido que es conocida de antemano se las ubica posteriormente y mas cerca de la pantalla. Generalmente como la pantalla tiene mas divisiones en sentido horizontal que vertical se necesita que la deflexión horizontal sea mayor.

En los tubos para osciloscopios de baja frecuencia (hasta unos 20 MHz) la descripción previa se ajusta bastante a la realidad. Para tubos de osciloscopios de frecuencia mas elevadas, se suele dotar a los mismos con otros elementos extras como son los sistemas de post aceleración, y las placas de deflexión segmentadas.

A fin de que el único efecto producido por las placa de deflexión sobre el haz sea justamente la deflexión del mismo, es necesario que el valor promedio de las tensiones que se aplican a las placas sea igual al del ánodo, de manera que en la mayoría de los TRC se opta por alimentar el ánodo y las placas de deflexión, con tensiones reducidas (a masa o a lo sumo del orden de las decenas de volts) y el cátodo con un alta tensión negativa. Por esta razón, el circuito que alimenta el filamento nunca se conecta a masa y si en cambio debe estar conectado de manera que la diferencia de potencial entre el mismo y el cátodo sea lo mas baja posible.

El interior de la ampolla en la zona de deflexión y hacia la pantalla, se encuentra cubierto de una pintura conductora conectada al potencial del ultimo ánodo cuyo propósito es absorber los posibles electrones secundarios que se desprenden del fósforo de la pantalla al incidir sobre la misma el haz. Además, hace de apantallamiento electrostático frente a campos externos y uniformiza el campo eléctrico dentro del tubo.

3) **Pantalla y retícula** La pantalla esta recubierta internamente de un compuesto a base de fósforo, que es una sustancia que convierte la energía cinética de los electrones en luz. La elección del tipo de fósforo se hace teniendo en cuenta la persistencia, color, resistencia al quemado (solo un 10% de la energía del haz se convierte en luz, el resto genera calor), luminosidad y velocidad de escritura permitida (esta ultima viene dada por la demora entre el instante de producido el impacto del haz y el momento en que se produce la emisión efectiva de luz). En los osciloscopios comunes, el compuesto mas usado es el denominado P31, que emite luz verde. En algunos modelos recientes se ha comenzado a introducir la modalidad de varios colores simultáneamente.

En el lado interno el fósforo se deposita una capa de aluminio suficientemente fina como para que sea transparente a los electrones. Con ella se logra: evitar la acumulación de cargas en el fósforo que limitaría el brillo al crear un campo eléctrico negativo y frenar los electrones siguientes; reducir la dispersión de luz, reflejando la misma hacia el frente de la pantalla; y disipar el calor reduciendo el peligro de quemado.

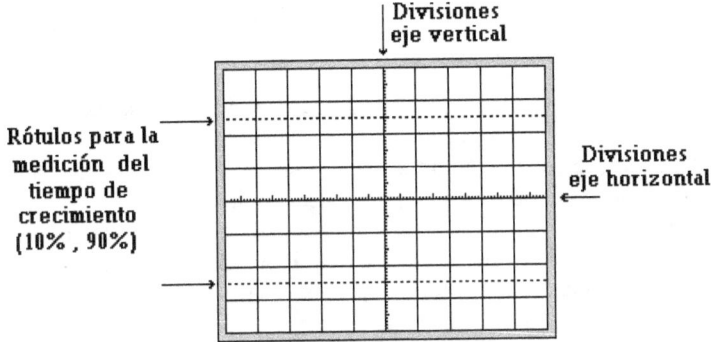

Figura 6-6 Retícula con rótulos en la pantalla de un osciloscopio.

La retícula es el conjunto de marcas horizontales y verticales que facilitan el análisis de la señal y permiten calibrar la deflexión del haz. Normalmente hay 10 divisiones horizontales y 8 verticales, con iguales dimensiones. La retícula puede ser externa al tubo (adosada a la parte frontal, o interna, en cuyo caso el fósforo y la retícula se depositan en el mismo plano. Para evitar el deslumbramiento, y como medida de seguridad, delante de la pantalla se suele disponer una placa frontal de un plástico apropiado. Algunos osciloscopios incluyen una iluminación exterior de la retícula controlable desde el panel.

6.2.1. Sistema de Deflexión vertical

La función del sistema de deflexión vertical de un osciloscopio es la de reproducir la señal de entrada fielmente sin alterar en lo posible ni su amplitud ni su forma. Normalmente el diseño se hace buscando una respuesta en frecuencia lo mas plana posible dentro del margen dado por el ancho de banda previsto, y una baja distorsión en la reproducción de pulsos rápidos (respuesta temporal optima).

Por razones que se justificaran mas adelante, la relación entre la respuesta temporal (que se especifica bajo el titulo "tiempo de crecimiento", o de "subida") y el ancho de banda viene dada por la relación:

$$Tc = \frac{0,35}{\text{Ancho de banda}}$$

Así, por ejemplo, en un osciloscopio de 10 MHz de ancho de banda, el tiempo de crecimiento es de 35 nS.

Si se pretende medir el tiempo de subida de un pulso rápido con un osciloscopio, hay que tener en cuenta el propio tiempo de crecimiento del instrumento. Cuando ambos tiempos son comparables (como máximo uno triple del otro) se puede aceptar que el tiempo de crecimiento final es la suma cuadrática del de la señal y el del osciloscopio, por lo tanto el Tc de la señal será:

$$Tc(s) = \sqrt{Tc(med)^2 - Tc(osc)^2}$$

Si la relación entre el tiempo de crecimiento que se espera medir y el del osciloscopio supera las seis veces, prácticamente no se introduce error apreciable.

La estructura de un sistema de deflexión vertical de un osciloscopio de doble trazo se muestra en el diagrama en bloques de la Figura 6-7 Como puede verse, el amplificador de entrada con su selector y atenuador, se encuentra duplicado exactamente, uno para cada canal (**Y1** e **Y2**). La función del selector de entrada es optar por un acoplamiento en **CC** o en **CA** de la señal de entrada; esta ultima es útil cuando se desea por ejemplo efectuar la medición del riple superpuesto a una tensión continua. La posición **GND** (tierra) es la de referencia, la señal de entrada queda desconectada (no se cortocircuita) y se conecta la entrada del osciloscopio a 0 V.

El atenuador determina la magnitud de la señal presente a la entrada del amplificador. Debe presentar una relación constante a todas las frecuencias, es decir, debe ser un atenuador compensado.

La atenuación máxima suele ser del orden de 500:1, en una secuencia 1-2-5-10. Con esta secuencia, los cambios de sensibilidad correspondientes (expresados en dB) son prácticamente iguales. El cambio de un valor a otro de atenuación, se efectúa mediante los conmutadores **V/DIV** ubicados en el panel frontal; junto con este control se dispone también de un ajuste fino de ganancia **GAIN VERNIER**, que permite tener una atenuación intermedia con ajuste continuo entre los pasos calibrados.

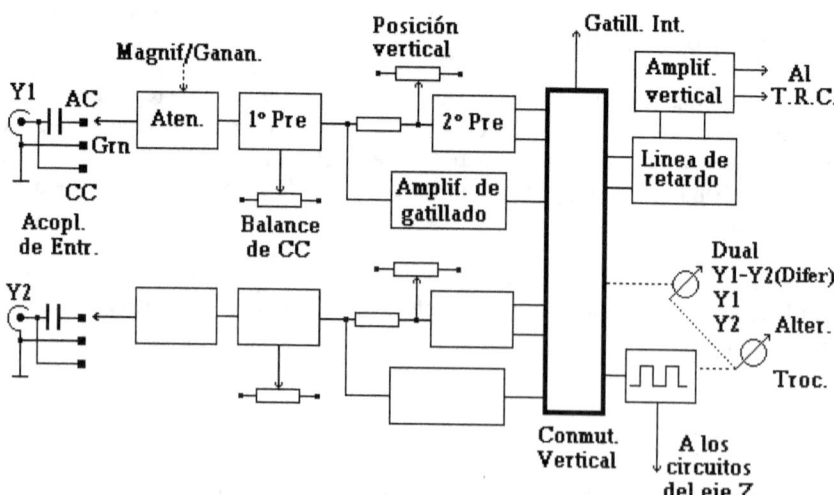

Figura 6-7 Esquema en bloques de los canales verticales de un osciloscopio de doble trazo.

A continuación del atenuador se sitúa un preamplificador (el control de ganancia se efectúa sobre esta etapa). En esta parte del circuito y luego del control de ganancia se superpone a la señal que se maneja una tensión continua ajustable por medio de un control al efecto ubicado en el panel frontal, que determina la posición del trazo sobre la retícula.

Un conmutador permite que ambos canales usen el amplificador final de deflexión vertical, que es único. La conmutación puede hacerse de forma alternativa presentando un canal en cada barrido (modo **ALTERNADO**), o bien trazando sucesivamente un fragmento de cada canal a lo largo de un único barrido (modo **TROCEADO**). En este ultimo caso, debe suprimirse el haz al pasar de un canal al otro, y lógicamente puede darse el caso de que se pierda un transitorio rápido en un canal mientras se esta pasando al otro, por eso conviene usar el modo alternado para tiempos de barrido cortos, y el troceado para tiempos de barrido altos. La mayoría de los osciloscopios efectúan este cambio en forma automática pasando de uno a otro modo al variar la llave selectora de velocidad de barrido; no obstante en aquellos en que es posible seleccionar el modo en forma manual, puede llegar a verse el efecto que el mismo produce en la imagen.

Cuando los osciloscopios disponen de dos canales, suele haber varias opciones en la elección de las señales presentadas en la pantalla. Por ejemplo; puede ser que se permita la visualización de: Canal **Y1**, Canal **Y2**, Canales **Y1** e **Y2** (Alt/Troceado), o la suma o diferencia **Y1 + Y2**, e **Y1 - Y2**.

En la opción **Y1 - Y2**, en el amplificador de la entrada **Y1**, que es diferencial, se toma **Y2** como entrada negativa e **Y1** como positiva. Esto permite realizar medidas diferenciales si se igualan las características de los canales antes de la medida.

A la entrada del amplificador de deflexión vertical, se suele disponer de una línea de retardo, que puede ser un tramo de coaxil arrollado o un circuito impreso especial; que tiene como función retardar la llegada de la señal a visualizar a las placas de deflexión vertical, con el fin de compensar el retardo que se produce en los circuitos de deflexión horizontal desde la generación de la señal de disparo hasta que comienza efectivamente el barrido. Se puede observar así la parte inicial del flanco de subida de la señal que dispara al osciloscopio.

6.2.2. Sistema de deflexión horizontal

La función del sistema de deflexión horizontal es desplazar a velocidad constante (es decir linealmente) el trazo de izquierda a derecha de la pantalla, representando el eje de tiempos, o bien representar fielmente una señal de entrada (modo X-Y, figuras de lissajous). El conjunto del generador de barrido y el circuito de disparo del mismo constituye la denominada "Base de tiempos" del osciloscopio. En la Figura 6-8, se muestra el diagrama en bloques de un circuito de base de tiempos.

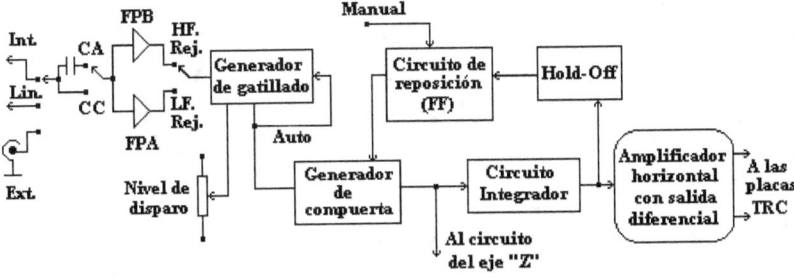

Figura 6-8 Estructura de un sistema de deflexión horizontal de osciloscopio

El generador de barrido produce una señal en forma de diente de sierra, con una rampa de tensión que provoca el desplazamiento del haz hacia la derecha de la pantalla y una caída brusca que provoca el rápido retorno del haz hacia la izquierda, durante la cual se suprime el haz.

La rampa de subida se consigue generalmente cargando un condensador con una corriente constante en un circuito integrador, convirtiendo así un escalón de entrada en un diente de sierra. La constante de tiempo del circuito viene determinada en su forma mas simple por un condensador que se conmuta mediante el selector ubicado en el panel (**TIEMPO/DIVISIONES**), y una resistencia, parte de la cual es variable en forma continua para ajustar el tiempo de barrido entre los pasos calibrados.

Las velocidades de barrido dependen del ancho de banda del osciloscopio, pero para instrumentos de baja frecuencia (hasta 20 MHz.) pueden ir típicamente de 200 ps/división hasta 5 s/div, en una secuencia de 1-2-5-10. Suele haber además un **MULTIPLICADOR** con variación continua, o en dos saltos de 5 y 10, que permite tener una velocidad de barrido mayor con ajuste continuo.

Una vez acabado el barrido, no conviene que se produzca otro antes de que el condensador del integrador se haya descargado completamente, por lo cual suele haber un tiempo de demora mínimo entre la finalización de un barrido y el próximo. En algunos osciloscopios, este tiempo de demora o retención de la base de tiempos puede hacerse variable y ajustable desde el panel (**HOLD-OFF**), lógicamente el margen de variación de este tiempo queda establecido internamente en consonancia con la duración del barrido elegida. El Hold-off es particularmente útil en los casos de visualización de una forma de onda compleja en la cual una parte de la misma no es repetitiva, lo que podría alterar el instante de disparo. Lógicamente en una situación como esta podría recurrirse también al control de ajuste fino de T/Div, pero esto hace perder la calibración. Con el Hold-off se ajusta la duración total del ciclo de presentación, manteniendo calibrado el tiempo de barrido.

La existencia de los circuitos de tiempo de retención implica que el osciloscopio no puede compararse con una ventana por donde se mire continuamente la evolución de la señal, sino mas bien a un proyector de diapositivas de fragmentos de dicha señal superpuestas.

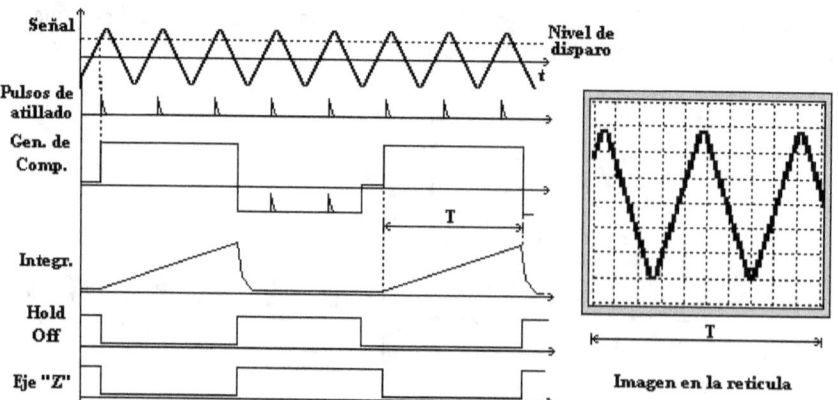

Figura 6-9 Diagramas de tiempo de un circuito de base de tiempos.

6.2.3. Circuito de disparo

Este circuito obtiene a partir de la señal de disparo elegida mediante un control al efecto en el panel (**INTERNA-EXTERNA-LINEA**), un impulso que inicia al circuito integrador del generador de barrido.

Si no hubiera circuito de disparo, solo habría una imagen estable cuando el tiempo de duración de la rampa, mas el de retención fueran un submultiplo del periodo de la señal a presentar.

La fuente de disparo pueden ser:

- Una señal externa; en cuyo caso el disparo se hace independientemente de la posición de todos los controles verticales. Su umbral se indica directamente en niveles de tensión, por ejemplo 100 mV. Se dispone además de un atenuador para regular el nivel del disparo.

- La señal de línea; permite analizar interferencias producidas por la red o sintonizar un circuito a dicha frecuencia y sus múltiplos.

- La señal interna; derivada de uno de los dos canales y seleccionada por medio de una llave al efecto. Generalmente como la señal de disparo interna se toma después del atenuador o del preamplificador, resulta que los controles verticales pueden afectar o no al disparo dependiendo de su posición al respecto. Generalmente el umbral de disparo con señal interna vine indicado directamente por el numero de divisiones verticales en la pantalla.

El selector de disparo determina el modo de acoplamiento de la señal de disparo (continua, alterna) y la pendiente elegida (positiva o negativa). Si la señal a visualizar no es simétrica, puede interesar el disparo con una u otra pendiente, ya que conviene poner siempre el nivel de disparo en el punto de máxima pendiente (para evitar los efectos del ruido).

El control de nivel de disparo permite seleccionar el punto de inicio del barrido. Consiste generalmente en un comparador donde una entrada corresponde a la señal y la otra a un nivel de tensión continua.

El modo de disparo se refiere a la repetición de los barridos. En modo NORMAL el punto de disparo viene determinado por el NIVEL dispuesto, y no hay barrido hasta que se alcanza dicho nivel; por ello puede darse el caso de que en ausencia de señal no se produzca nunca el barrido y no aparezca nunca el trazo. En el modo AUTOMÁTICO, si al cabo de un tiempo fijo después del ultimo disparo no se ha producido otro, se inician libremente barridos sucesivos con el propósito de que aparezca una línea de referencia.

Cuando se esta ante la presencia de señales que contienen superpuestas otras de mayor o menor frecuencia, pueden producirse defectos de tembleque de la imagen debido a variaciones del punto de disparo. La mayoría de los osciloscopios incluyen para atenuar este inconveniente una serie de filtros a la entrada de los circuitos de disparo que permiten rechazar las frecuencias indeseables, selecionables por medio de una llave en el panel con las posiciones "Rechazo de alta frecuencia" y "Rechazo de baja frecuencia". Como esta necesidad se impone particularmente en los instrumentos que se usan para trabajar en televisión, se suele identificar a este selector directamente con la frecuencia de línea (Horizontal) o de campo (vertical).

Finalmente, algunos osciloscopios incluyen el modo de disparo **SINGLE** (disparo único), en el cual después de un barrido, no se aceptan nuevos impulsos de disparo hasta que se haya pulsado un control al efecto (RESET). Este modo es particularmente útil cuando se desean visualizar fenómenos no repetitivos o para tomar fotografías de la imagen.

6.2.4. Amplificador horizontal

El amplificador horizontal es el encargado de suministrar a las placas de deflexión la señal diferencial con la amplitud necesaria para producir el barrido.

Dado que solo debe procesar señales en forma de diente de sierra, con amplitud constante y frecuencia relativamente baja, las exigencias de diseño en cuanto a la ganancia y el ancho de banda son menores que para el amplificador de deflexión horizontal. Este detalle debe ser muy tenido en cuenta a la hora de la elección de un osciloscopio, particularmente si se lo va a utilizar como graficador X-Y, pues resulta que en la mayoría de los casos, las características de respuesta en frecuencia de los canales verticales y el horizontal son distintas.

Los dos controles principales que actúan sobre el amplificador horizontal y que están accesibles para el usuario desde el panel del instrumento son: el de **MAGNIFICACION**, que actúa sobre la ganancia y permite una expansión de la señal en dirección horizontal sin necesidad de cambiar el punto de disparo, lo cual facilita el estudio de fragmentos de toda la onda visualizada (Aunque su uso diminuye el brillo del trazo); y el de **POSICIÓN HORIZONTAL**, que se consigue sumando un nivel de tensión continua a la señal de la base de tiempos. Este control generalmente esta situado antes de la etapa donde de varia la ganancia con el magnificador.

6.3. Sondas de entrada para osciloscopios

La impedancia de entrada del atenuador compensado en el canal vertical de un osciloscopio típico, es generalmente de 1 Mohm en paralelo con una capacidad que oscila entre 10 a 50 pF. Por lo tanto la impedancia varia con respecto a la frecuencia. Es por eso que en la mayoría de las mediciones a efectuar, y para facilitar la conexión del osciloscopio al circuito donde se desea efectuar la medición, se debe recurrir al uso de una sonda externa.

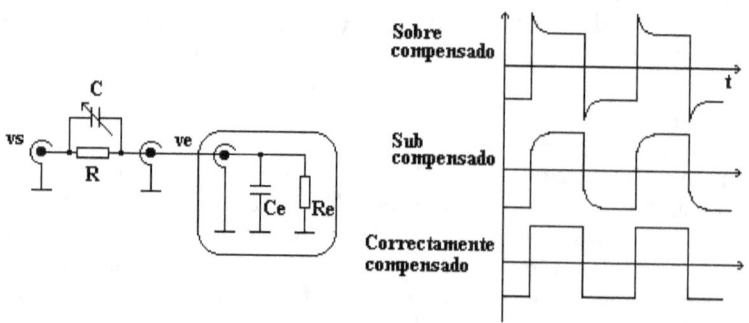

Figura 6-10 Sonda pasiva con atenuador y oscilogramas de compensación

Lamentablemente no hay una sonda universal, sino que deben elegirse de acuerdo al tipo de medición a efectuar, sin embargo las mas difundidas dentro del tipo de las sondas pasivas, siguen mas o menos la misma configuración que se muestra en el dibujo de la Figura 6-10.

La tensión de entrada al canal vertical del osciloscopio que suministra una sonda como la de la figura anterior es:

$$Ve = Vs \frac{Ze}{Z + Ze} = Vs \frac{\dfrac{Re}{1 + j\omega \cdot Re \cdot Ce}}{1 + j\omega \cdot R \cdot C} \cdot R + Re$$

Si se cumple que Re Ce = RC, entonces,

$$Ve = Vs \cdot \frac{Re}{R + Re}$$

Con independencia de la frecuencia. Como *Ce* varia de un osciloscopio a otro, e incluso de un canal a otro en el mismo osciloscopio, se hace *C* ajustable. Para el ajuste se emplea la señal de calibración o ajuste de sonda del propio osciloscopio, que es una onda cuadrada de 1 KHz. De esta forma se compensa también la capacidad del cable coaxial.

En la Figura 6-10a se observa el oscilograma dado por una punta sobrecompensada (es decir con perdida de respuesta en las altas frecuencias), en tanto que el oscilograma 6-10b indica una punta subcompensada (con exceso de ganancia en altas frecuencias). La obtención de una forma de onda cuadrada, indica una punta adecuadamente compensada.

Las sondas divisoras de tensión como las que se ha descripto, proporcionan una mayor resistencia de entrada y una menor capacidad a masa, claro que a costa de una atenuación adicional de la señal, o sea una pérdida de sensibilidad.

6.4. Osciloscopios Especiales

6.4.1. Osciloscopios con doble base de tiempo

Algunos osciloscopios incorporan en su canal horizontal una segunda base de tiempos, con lo cual el instrumento pasa a tener "doble base de tiempos". Aunque no hay una norma al respecto, comúnmente se las suele denominar como Base de tiempos "**A**" (a la base de tiempos principal) y Base de tiempos "**B**" (a la segunda base de tiempos), pudiendo el osciloscopio trabajar con cualquiera de las dos indistintamente o con la combinación de ambas. Al combinar ambas bases de tiempo, es posible analizar por tramos o secciones una forma de onda representada en forma cómoda debido a la gran estabilidad de imagen que se consigue.

En su forma mas sencilla, el esquema en bloques del sistema de deflexión horizontal de un osciloscopio de este tipo es el que se representa en el siguiente dibujo.

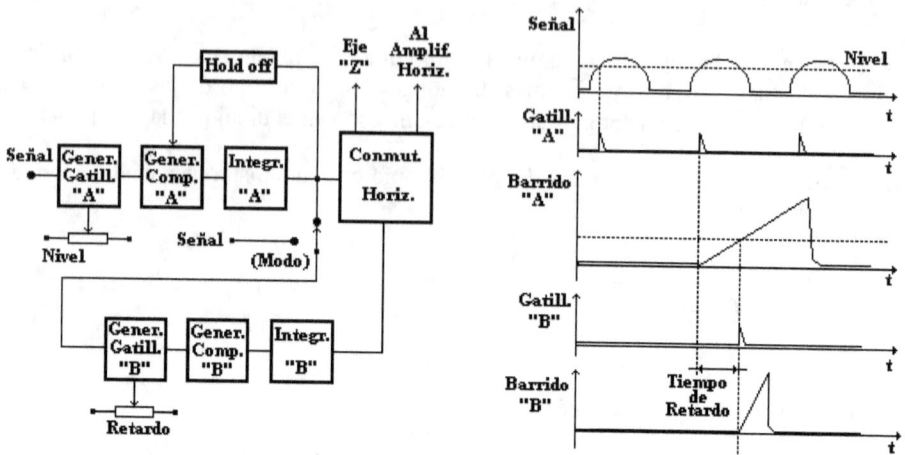

Figura 6-11 Canal Horizontal de un osciloscopio con doble base de tiempos.

Cuando el instrumento se dispone para trabajar en el modo doble base de tiempos la base de tiempos "B" se dispara mediante un circuito que toma como nivel de disparo el que se obtiene de la comparación del diente de sierra de la base "A" con una tensión ajustable mediante un potenciómetro accesible desde el panel del instrumento. Generalmente este control posee un dial o vernier calibrado, por ejemplo, en cien pasos que indica el retardo del disparo de la base de tiempos "B" en fracciones del tiempo total de barrido de "A". La duración del diente de sierra de "B" siempre será, como regla general, menor que el tiempo de barrido de "A" (aunque generalmente esto no es automático y el operador debe tener muy en cuenta este detalle).

El diente de sierra de "B" puede usarse para producir dos efectos. En el primero de ellos, puede intensificarse el trazo de la imagen producida por el barrido "A" a partir del inicio y durante el tiempo que dura el barrido "B". La otra opción es usar como barrido principal para el osciloscopio directamente el diente de sierra del generador "B"; se consigue así un efecto análogo al que se obtendría en un osciloscopio con base de tiempos única al usar el magnificador horizontal, claro que sin los problemas de disminución del brillo y temblequeo (o Jitter) de la imagen que suelen producirse en este caso. Los siguientes dibujos, aclararán este aspecto.

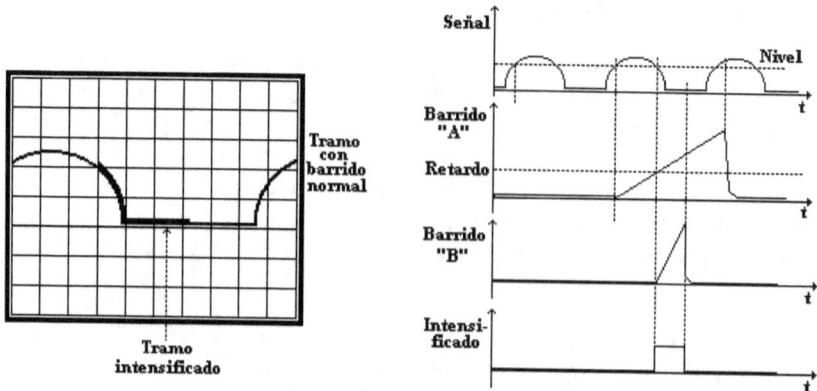

Figura 6-12a Barrido con base de tiempos "A" intensificada por "B".

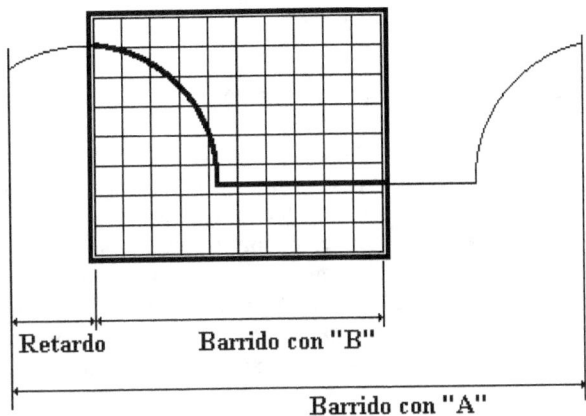

Figura 6-12b Barrido con base de tiempos "B" retardada por "A"

En realidad, las posibilidades que ofrece un instrumento de esta naturaleza para efectuar mediciones van mucho mas allá de la función básica descripta en el párrafo precedente. Por ejemplo; el instrumento puede utilizarse para la medición de intervalos de tiempo usando el dial o vernier calibrado; como el mismo, divide con gran exactitud el tiempo total de barrido de "A" se pueden determinar la distancias relativas entre dos puntos específicos de una forma de onda representada en la pantalla. Por otro lado es importante destacar que ya que la base de tiempos "B" se genera teniendo como referencia el diente de sierra de "A" se produce el disparo en forma muy controlada aunque la parte de la señal que se quiere analizar no tenga el nivel ni la pendiente apropiada.

6.4.2. Osciloscopios con memoria

En un osciloscopio con memoria, es posible obtener presentaciones de una señal aun después de haber cesado la misma. Por ello su principal campo de aplicaciones es el análisis de fenómenos no repetitivos o transitorios y la captura de señales de extremadamente baja frecuencia, con tiempos de barrido muy largos, (aunque en realidad para este tipo de mediciones son mas útiles y baratos los registradores sobre papel o ploters).

Los osciloscopios de "Memoria" (también llamados "De Almacenamiento") Pueden clasificarse según el procedimiento empleado para memorizar la señal en cuestión. Los mas antiguos son los de memoria analógica, que emplean un T.R.C. de características especiales que permite alargar casi indefinidamente la persistencia de la imagen por medios electrostáticos.

Modernamente se han empezado a difundir los osciloscopios de memoria digital. En estos, la señal se cuantifica y memoriza por medios digitales, así un instrumento de estas características permite además de las funciones clásicas, efectuar otras operaciones con la información obtenida aumentando grandemente la flexibilidad del sistema; (por ejemplo: en un instrumento con memoria en pantalla, no es posible modificar, expandir o efectuar cualquier cambio sobre la imagen almacenada, en cambio todos estos efectos son posibles en principio al disponer de la información digitalizada).

La principal desventaja de los osciloscopios de almacenamiento digital es que a igualdad de costo poseen en general menos ancho de banda que uno de almacenamiento en pantalla.

6.4.3. Tubos de rayos catódicos de almacenamiento

Una clase de T.R.C. de almacenamiento es el dispositivos de tipo biestable que utilizan dos tipos de cañones de electrones en el tubo: un cañon de escritura (el principal, idéntico al de un tubo común) y un par de cañones de refresco que funcionan en paralelo. La pantalla o blanco de los cañones, esta recubierta internamente por un compuesto de fósforo con una alta emisión secundaria cuyas partículas se encuentran depositadas en forma dispersa y superficial de modo que no haya continuidad eléctrica y cada punto de la pantalla pueda considerarse como un blanco independiente. En la cara anterior del depósito, hay una placa conductora metálica transparente (extremadamente fina) que actúa como electrodo de control.

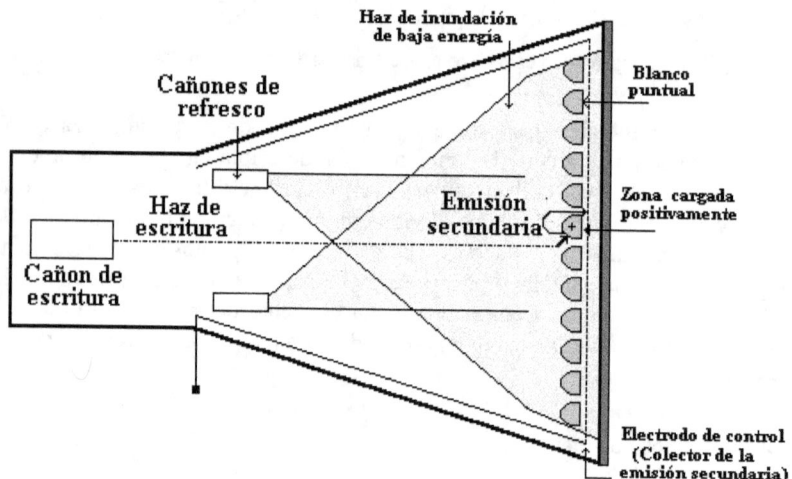

Figura 6-14 T.R.C. Biestable usado en los osciloscopios de almacenamiento

Durante el proceso de escritura el haz principal produce emisión secundaria en las zonas en las que impacta; aparece de este modo una carga en cada zona de la pantalla. Los haces de refresco funcionan continuamente y el electrodo de control se fija a un potencial alto. De este modo una vez finalizado el barrido, las zonas escritas atraen electrones de los haces de refresco reproduciendo la imagen nuevamente.

Algunos modelos llevan electrodos separados en dos mitades independientes que corresponden a las partes superior e inferior de la pantalla con el propósito de tener, si se desea, una zona con memoria y otra sin ella.

El principal inconveniente de este tipo de tubos es que no permiten un estado intermedio entre el funcionamiento "Memorizando" o no. En los osciloscopios de memoria con "persistencia variable", se puede retener la imagen durante el tiempo que se desee y con brillo ajustable.

En los Tubos de persistencia variable hay también dos sistemas de cañones (de escritura y de refresco) pero a diferencia del primero, la pantalla se encuentra recubierta de un fósforo normal con recubrimiento interno posterior de aluminizado y a continuación una malla recubierta con un dieléctrico que actúa como superficie de memorización; entre esta malla y los cañones de refresco hay una segunda malla colectora.

Cuando la malla de memoria ha quedado escrita (cargada en forma positiva por el desprendimiento de electrones secundarios) permite el paso de electrones procedentes del haz de refresco hacia la pantalla acelerados por el potencial positivo al que esta conectado el aluminizado de la misma. Las zonas que no se encuentran cargadas (es decir aquellas en las que no hubo escritura impiden el paso de los electrones del haz de refresco que son recogidos por la malla colectora. Regulando la intensidad del haz de refresco, se consigue variar el brillo de la imagen.

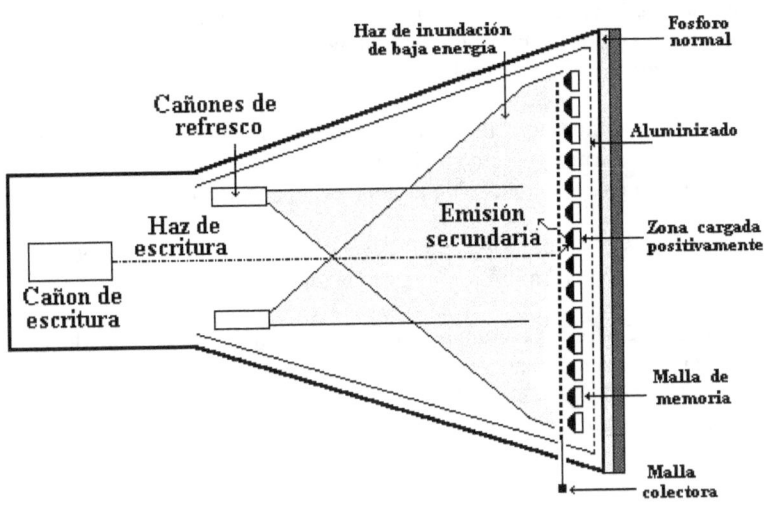

Figura 6-15 T.R.C. con persistencia variable

En los dos ejemplos anteriores, es posible el funcionamiento de los tubos en los modos normal o de memoria. La especificación mas importante de este tipo de tubos es la *velocidad de escritura almacenada*; un valor típico puede estar comprendido entre 0,2 a 10 div/ms. Se han ideado además otros sistemas que mas o menos responden al mismo principio, por ejemplo los tubos denominados de *transferencia rápida*, en los cuales la velocidad de escritura almacenada puede llegar hasta 3500 div/ms; sin embargo en la actualidad estas técnicas van siendo desplazadas poco a poco por los sistemas de almacenamiento digital, y la tendencia parece marcar un gran avance en este sentido para el futuro.

6.5. Osciloscopios con almacenamiento digital

Un osciloscopio con almacenamiento digital es un instrumento cuya concepción se diferencia notablemente de los osciloscopios convencionales. Sin embargo, los fabricantes han tratado de mantener en lo posible la forma del panel y los controles clásicos de un instrumento analógico, posiblemente para tratar de vencer la natural resistencia del público usuario al cambio.

En realidad la capacidad de trabajar como osciloscopio de almacenamiento es una consecuencia que se deriva del principio de funcionamiento de este tipo de instrumentos; ya que el manejo digital de una señal implica su cuantificación y memorización; una vez que esto se ha conseguido, el tratamiento de los datos puede ser de cualquiera de las dos formas que a continuación se describen:

A) Tratamiento totalmente digital (hasta la presentación en pantalla) en cuyo caso el resto del circuito es esencialmente una computadora y la presentación visual se efectúa en un dispositivo similar al monitor de una P.C. (pudiendo ser inclusive una pantalla de estado sólido). Se trataría en este caso de un "Osciloscopio Digital" propiamente dicho.

B) Se pueden usar los datos recogidos para reconstruir la señal original con otra distribución temporal y aplicarla a un circuito en un todo similar al de un osciloscopio convencional. La presentación entonces no se efectúa en tiempo real. y en este caso se trata de un "Osciloscopio con memoria Digital"

Como rasgo común a ambos tipos de instrumentos, es habitual que los mismos presenten la información numérica correspondiente a tiempo de barrido, valores de tensiones y otras de interés simultáneamente con la imagen de la señal estudiada sobre la pantalla.

Como en ambos casos el circuito de entrada responde al mismo concepto se lo estudiará haciendo mas hincapié en las similitudes que en las diferencias.

En la figura 6-16 se muestra el diagrama en bloques del circuito de entrada de un osciloscopio digital. En el mismo pueden reconocerse las siguientes partes:

- *Atenuador/Amplificador de entrada*

- *Circuito de muestreo y retención*

- *Conversor Analógico Digital*

- *Circuito de disparo y base de tiempos.*

- *Memoria intermedia*

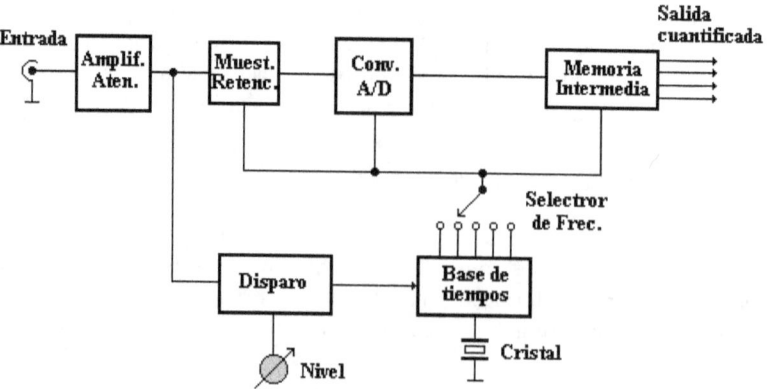

Figura 6-16 Diagrama del circuito de entrada de un Ociloscopio Digital / Osciloscopio con memoria digital

El amplificador/atenuador de entrada es similar en su concepción a los circuitos utilizados en los osciloscopios convencionales.

El circuito de muestra/retención es necesario para que la señal esté en un nivel estable al realizar la conversión digital. La apertura y cierre del circuito de muestreo se efectúa antes del comienzo de la conversión. Al cierre del muestreo le sigue el periodo de retención que dura como mínimo el tiempo de conversión, luego del cual sigue un nuevo ciclo de muestra/retención - conversión. El valor de la muestra se mantiene en un condensador al que le sigue un circuito amplificador de alta impedancia.

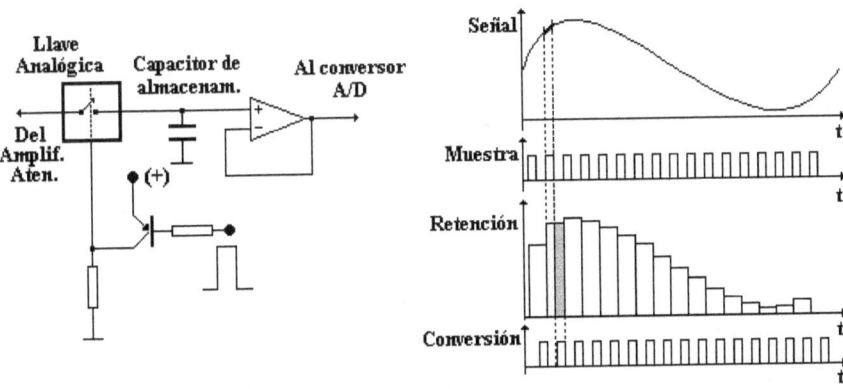

Figura 6-17 Esquema de un circuito de muestra/ retención

El conversor A/D es clave en el funcionamiento de un instrumento de este tipo, pues la respuesta en frecuencia y la resolución del mismo están ligadas directamente con el tiempo de conversión y la cantidad de bits del conversor. En instrumentos de bajo ancho de banda y en las placas de adquisición de datos que se usan para computadoras tipo P.C. se usan conversores de aproximaciones sucesivas; en cambio en los instrumentos de mayor ancho de banda se usan conversores tipo flash. En ambos casos son habituales resoluciones de ocho (8) bits como mínimo.

6.5.1. Base de tiempos y circuito de disparo

El instante en que se comienzan a tomar las muestras y la secuencia que se sigue deben estar perfectamente definidos y ser repetibles a fin de obtener una imagen estable en la pantalla. Por ello la toma de muestras se efectúa a partir de un circuito gobernado por un oscilador controlado por cristal que además actúa también sobre los circuitos de memoria habilitando la misma en el instante correcto y transfiriendo luego los datos al resto del circuito.

La base de tiempos estable se corresponde con la señal de diente de sierra utilizada en los osciloscopios convencionales para hacer corresponder el desplazamiento en el eje horizontal con el tiempo. Sin embargo a diferencia de los instrumentos analógicos en los cuales se debe producir un barrido repetitivo para que se mantenga una imagen persistente, en un osciloscopio digital el funcionamiento resulta similar al trabajo en el modo barrido 'único, pues una vez producida la condición de inicio se efectúa la toma de datos y su almacenamiento en la memoria. No se necesita que la señal se repita para que sea cómodamente observada.

El margen de frecuencias que pueden manejarse así, es como máximo la mitad de la máxima frecuencia de muestreo (De acuerdo con el teorema del muestreo). Si se desean trabajar con frecuencias mas elevadas, (a costa de posibles pérdidas de transitorios rápidos) se debe recurrir a un truco que consiste en efectuar varios barridos sucesivos disparados en el mismo instante pero tomando las muestras con un ligero desplazamiento en cada pasada. (En este aspecto el funcionamiento es similar al caso de los osciloscopios de muestreo que se estudiaran mas adelante). De todos modos el factor limitante para este caso es el tiempo de conversión del conversor A/D, pues en ningún caso podrán manejarse señales cuyo periodo sea menor que este tiempo.

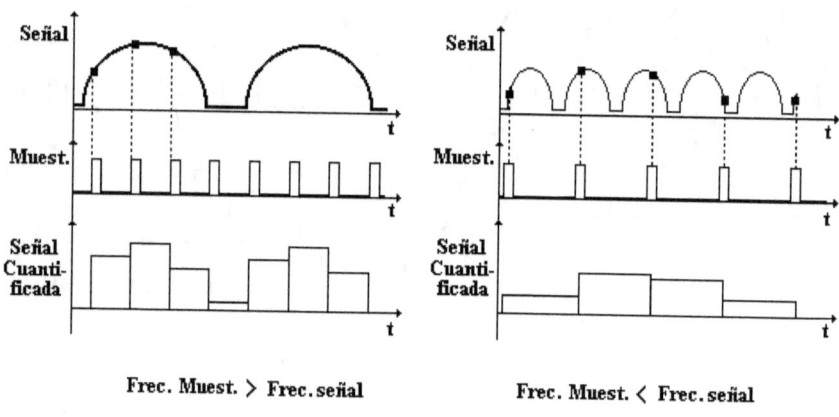

Figura 6-18 Diferentes casos de muestreo

6.5.2. Osciloscopios Analógicos de muestreo

En realidad la técnica del muestreo ya se encontraba en, uso mucho antes de que aparecieran los primeros osciloscopios digitales, en los instrumentos para la medici'on de señales de frecuencias muy elevadas (desde unos 500 MHz hasta el orden del los varios GHz.). Esto se hizo necesario ya que el T.R.C. de un osciloscopios convencional, no puede trabajar apropiadamente con velocidades de barrido elevadas debido a la natural reducción del brillo que se produce.

Los osciloscopios de muestreo analógicos resultan el equivalente eléctrico del estroboscopio, un instrumento que permite la observación visual de dispositivos mecánicos que giran rápidamente, mediante la iluminación breve de posiciones sucesivas ligeramente avanzadas entre si en sucesivas rotaciones.

En la figura 6-19 se representa el fundamento de la técnica. Supongamos que la señal a visualizar consiste en un tren de pulsos triangulares periódicos. Se toma una muestra en el instante (ta) próxima al comienzo del pulso la que se representa hasta el instante (tb) en que se toma la segunda muestra que dista de (ta) un tiempo levemente superior al periodo de la onda estudiada y así sucesivamente.

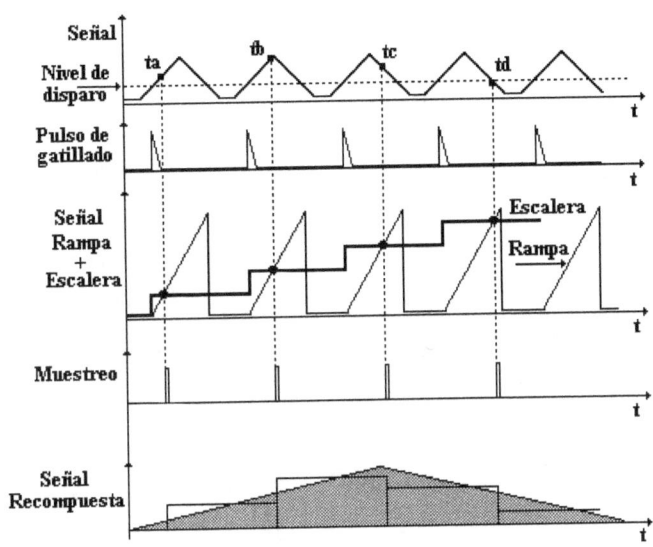

Figura 6-20 Principio de funcionamiento. de un osciloscopio de muestreo analógico

El proceso de muestreo de sucesivos valores de la señal representándolos individualmente, produce una réplica ensanchada de la forma de onda original. La manera en que se consiguen las señales para la toma de muestras esta detallada en la parte inferior del dibujo anterior. Se genera una rampa rápida, sincronizando su iniciación con los pulsos de disparo (que pueden obtenerse de alguna fuente externa o de la misma señal de entrada vertical). También se genera una tensión en forma de escalera, cuya magnitud aumenta a razón de un paso al fin de cada rampa. Las muestras se toman cuando cada rampa creciente corta a la forma de onda en escalera. En estas condiciones, el intervalo entre dos tomas es ligeramente superior al periodo del tren original. La señal en escalera corresponde a la desviación sobre el eje horizontal, ya que su valor es proporcional al tiempo en que se produce la porción muestreada de la forma de onda. Si el incremento de tiempo de cada paso es lo suficientemente pequeño, la imagen parece continua (igual que sucede en el barrido troceado de los osciloscopios de doble trazo).

El campo de utilización de este tipo de instrumentos siempre ha sido el de las señales de radio frecuencias de microondas (por ejemplo; equipos de radar), por lo que habitualmente la entrada de los mismos esta preparada para medir señales procedentes de fuentes de baja impedancia (típicamente 50 ohms). En caso de ser necesario medir sobre fuentes de mayor impedancia se necesitan puntas de pruebas activas especiales que suelen venir como accesorios del instrumento.

6.6. Cuestionario

1) En un osciloscopio con doble base de tiempos; que significa: barrido "A" intensificado por "B" y barrido "B" retardado por "A".

2) Un efecto similar al que se consigue en el modo barrido "B" retardado por "A" puede conseguirse en un osciloscopio convencional. De que forma se consigue y cual es la desventaja de este método?

3) De que depende el limite superior en cuanto al ancho de banda de un osciloscopio digital?

4) Cuales son los factores que limitan el ancho de banda de un osciloscopio convencional y que han conducido a la necesidad de implementar osciloscopios de muestreo?

5) Cual es la principal ventaja que presenta un osciloscopio de memoria digital frente a uno de memoria analógica?

6) Cual es la principal ventaja de un osciloscopio de memoria analógica frente a uno de memoria digital?.

7) Cual es la diferencia entre un "Osciloscopio digital" y un "Osciloscopio con memoria digital"

A6

Mediciones con osciloscopios

A6.1.Mediciones de fase mediante la figura de Lissajous.

El modo X-Y de un osciloscopio puede emplearse, entre otras cosas, para obtener cierto tipo de imágenes denominadas "figuras de Lissajous", que pueden servir para determinar la diferencia de fase entre dos señales de la misma frecuencia.

Por ejemplo: Si dos señales de la misma amplitud A, y frecuencia ω, entre las cuales existe una diferencia de fase igual a $\pi/2$, se aplican a los ejes X e Y de un osciloscopio, (cuya pantalla pasa así, a representar un sistema de coordenadas cartesianas), se obtiene, como se puede ver en la figura siguiente, una imagen en forma de circulo de radio A. Dicho circulo se origina en la rotación del punto luminoso con una velocidad angular ωt.

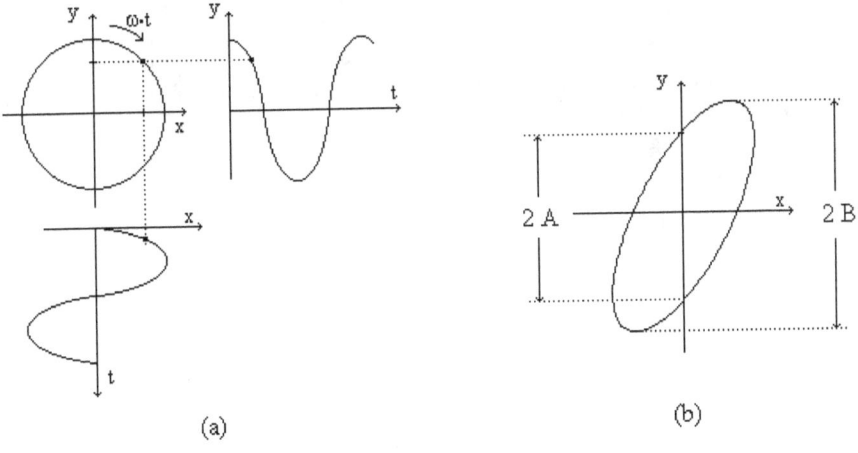

(a)   (b)

Figura A6-1

Para valores de fase relativa distinta de $\pi/2$, y distintas amplitudes, se obtienen en general figuras elípticas, como se observa en la figura (b). La diferencia de fase puede determinarse a partir del oscilograma mediante mediciones sencillas. En efecto, si se considera que:

$$x = X \, \text{sen} \, \omega t \qquad\qquad y = B \, \text{sen} \, (\omega t + \phi)$$

De la figura (b) se deduce que cuando

$$x = 0 \qquad entonces \qquad y = A$$

Lo cual se repetirá para

$$\omega t = 0, 2\pi, \quad , n\,\pi$$

Entonces, para $\omega t = 0$, se tiene:

$$y = B \cdot sen\ \phi = A \qquad \therefore \qquad \frac{A}{B} = sen\ \phi$$

A6.1.1. Diagramas de ojo

Los principales factores que afectan a la calidad de las señales digitales son el ruido, y las variaciones de fase instantáneas de la señal respecto de la referencia usada, (es decir el clock). Estos defectos pueden conducir a la producción de errores en el proceso de decodificación, lo cual se conoce como "Interferencia inter-simbolos" (ISI por sus siglas en ingles).

Un osciloscopio se puede utilizar para efectuar una evaluación cualitativa de la "perfección" de una señal digital, si esta se aplica a la entrada "Y" del mismo y se dispara el barrido con una referencia fija de manera tal que se obtenga un tipo de figura como la que se describe a continuación..

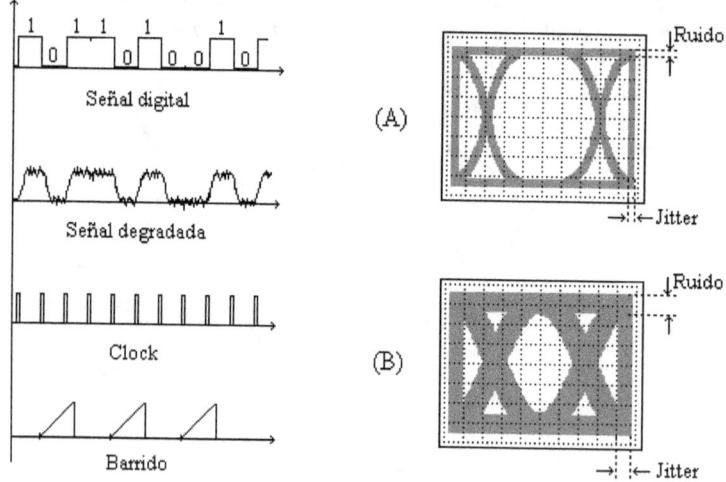

Figura A6-2

El primer gráfico muestra una señal digital compuesta por una secuencia de ceros y unos. Debajo de la misma se representa la misma señal que ha sufrido una degradación, la cual se refleja en un aumento de los tiempos de crecimiento mas el agregado de ruido.

Si el osciloscopio se dispara externamente con el Clock del sistema, y se elige el tiempo de barrido adecuadamente, puede obtenerse un oscilograma como el que se muestra en (A), y que tiene la forma de un "ojo", el cual se cierra o se abre en función de la mayor o menor degradación de la señal estudiada.

Por ejemplo; el ancho del trazo que bordea al "ojo" permite obtener información a cerca de la magnitud del ruido superpuesto a la señal, la cual queda reflejada por el grosor del trazo en sentido vertical; y del "jitter" o temblequeo, que produce lo propio pero en sentido horizontal; (esto se puede ver en el dibujo B). Por otro lado, el incremento del tiempo de crecimiento, que se origina en la reducción del ancho de banda de los circuitos usados, produce un efecto de cierre del "ojo".

A6.2. Medición de formas de ondas no senoidales

Los instrumentos tales como Voltímetros, y Amperímetros para CA están preparados, por lo general, para medir señales con forma de onda sinusoidal e indicar su valor eficaz, aunque internamente suelen utilizar un detector de respuesta al valor medio (salvo en el caso de los voltímetros True RMS que ya se han estudiado).

Sin embargo, existen numerosas situaciones prácticas donde es necesario medir señales que no son senoidales, y en esos casos se puede recurrir al uso de un osciloscopio que permita, además de averiguar cual es la forma de onda, determinar, al menos aproximadamente y entre otras cosas, el valor eficaz de las mismas.

Una lista de las diferentes formas de onda mas comunes que pueden encontrarse es:

- Ondas Triangulares.
- Ondas Cuadradas.
- Ondas casi senoidales.
- Trenes de pulsos.

En algunos casos puede determinarse cierta cota de corrección, que permita, una vez determinada el tipo de señal en juego, medir el valor eficaz mediante un voltímetro, y otras veces el mismo se puede obtener directamente por calculo a partir de los valores obtenidos del oscilograma.

A6.2.1. Ondas Triangulares. Valor Medio del modulo y Valor eficaz.

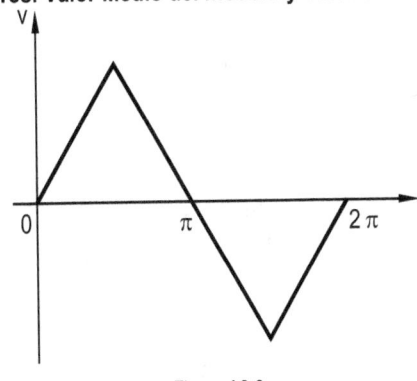

Figura A6-3

El valor medio de modulo de una onda triangular se calcula como sigue:

$$Vmed = \frac{2}{\pi}\int_0^{\pi/2} Vp\,\frac{2t}{\pi}dt = \frac{1}{2}Vp$$

Y su valor eficaz es:

$$Vef = \sqrt{\frac{2}{\pi}\int_0^{\pi/2} Vp^2\,\frac{4\cdot t^2}{\pi^2}dt} = \frac{Vp}{\sqrt{3}}$$

Multiplicando el valor medio de la onda triangular por el factor de forma y determinando el error entre el valor indicado y el valor eficaz verdadero, obtenemos el error que se comete al medir con un voltímetro de respuesta al valor medio:

$$error\,\% = \frac{(1,11/2)-(1/\sqrt{3})}{1/\sqrt{3}}\cdot 100$$
$$error\,\% = -3,81\%$$

A6.2.2. Ondas Cuadradas.

En una onda cuadrada, el valor medio es igual al valor pico y al valor eficaz, de manera que la determinación de su valor eficaz mediante un osciloscopio es muy fácil. Si se usa un voltímetro con detector de valor medio, se cometerá un error en la indicación, del 11 % en exceso.

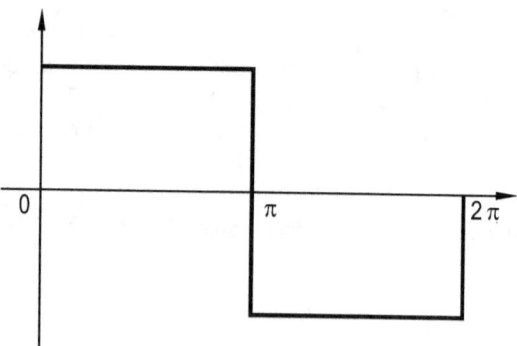

Figura A6-4

(Cuando en los ejemplos anteriores, se habla de valor medio del modulo, se refiere al valor medio de las distintas formas de ondas rectificadas).

A6.2.3. Medición de la tensión entregada por circuitos con R.C.S de onda completa

Algunas de las formas de onda mas comunes de encontrar en Electrónica industrial, son las que están presentes en circuitos que utilizan Triacs o rectificadores controlados de silicio (R.C.S.). En estos casos, y para un dado valor pico, los valores eficaz y medio de modulo, son función del ángulo de conducción, el cual puede determinarse mediante un osciloscopio. Si la carga es resistiva pura (no reactiva), pueden calcularse fácilmente mediante integración la cantidad de valores suficientes para trazar una curva que muestre como varían los mismos en función del ángulo. Dichas curvas se muestran en la figura siguiente. Para que esta gráfica sea útil en cualquier caso, se ha normalizado el eje vertical usando la relación vo/vi. Las curvas permiten realizar el calculo del error, y la correspondiente cota de corrección que debe aplicarse si se miden estas formas de onda con instrumentos de respuesta al valor medio.

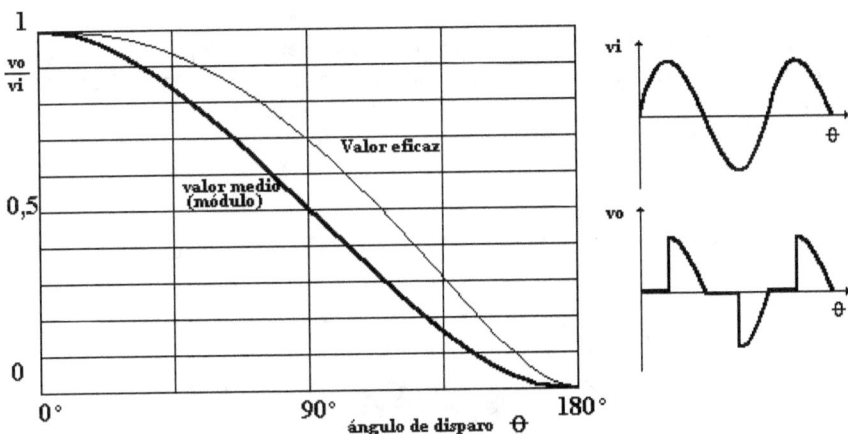

Figura A6-5 Curva de comparación entre el valor eficaz verdadero y el valor medio (del módulo) de un circuito con control de ángulo de disparo de onda completa.

Como puede verse en la curva que se muestra, el error máximo se produce para un ángulo de conducción de 90 °. en este caso el valor indicado es menor que el valor verdadero. El error va disminuyendo a medida que el ángulo de conducción va discrepando hacia arriba o hacia abajo de los 90 °.

A6.2.4. Mediciones de formas de ondas especiales, (trenes de pulsos)

Hay algunas formas de ondas en las cuales la determinación de los parámetros que las definen es prácticamente imposible a partir del uso exclusivamente de instrumentos tales como los voltímetros. Los trenes de pulsos son una de estas formas de ondas; en señales de este tipo, puede ser útil conocer:

- Su período y su frecuencia.

- Su valor pico y su valor medio (o componente de CC)

- Su valor eficaz

- Su factor de cresta y su ciclo de trabajo

La mayoría de estos datos pueden ser obtenido a partir del análisis de la señal por medio de un osciloscopio.

A6.2.5. Significado del factor de cresta y del ciclo de trabajo

Cuando se está en presencia de formas de ondas no senoidales, (particularmente trenes de pulsos) cobran especial importancia los términos "Ciclo de trabajo" y "factor de cresta".

Las definiciones y expresiones que se dan a continuación corresponden a aproximaciones que se efectúan en la suposición de que las señales que se miden pueden asemejarse a una forma de onda rectangular (lo que en la práctica se acerca bastante a la realidad).

El "factor de cresta" (**FC**) se define como la relación entre el voltaje pico y el valor eficaz de la forma de onda considerada (sin tomar en cuenta la componente de contínua de dicha onda). Para cualquier forma de onda (como la de la figura siguiente) que no tiene componente de CC, el factor de cresta vale:

$$FC = \frac{ep^+}{e(ef)} \quad \text{ó bien} \quad \frac{ep^-}{e(ef)}$$

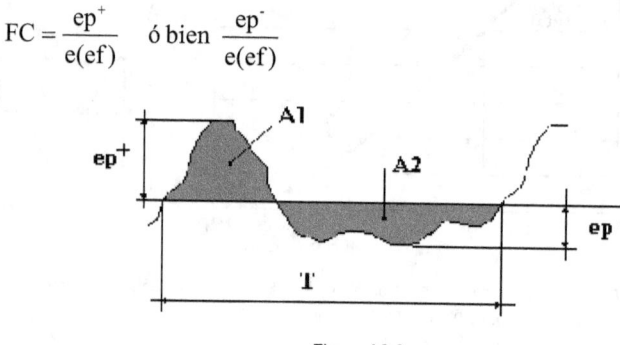

Figura A6-6

El que sea mayor.

A1 es igual a **A2** (por definición)

El valor eficaz es:

$$e(ef) = \sqrt{\frac{1}{T}\int_0^T e^2 \cdot dt}$$

Debido a que un tren de pulsos representa un caso extremo de una forma de onda no sinusoidal periódica, y en algunos casos es una aproximación razonable a un impulso de ruido, se tratara a continuación esta forma de onda. Para una forma de onda pulsante como la de la figura que sigue, se tiene:

$$e(a) + e(b) = e(pp) \qquad\qquad e(a).to = e(b).(T - to)$$

Si el ciclo de trabajo (D) se define como:

$$D = \frac{to}{T}$$

Entonces

$$e(b) = e(pp).D$$

y

$$e(a) = e(pp).(1-D)$$

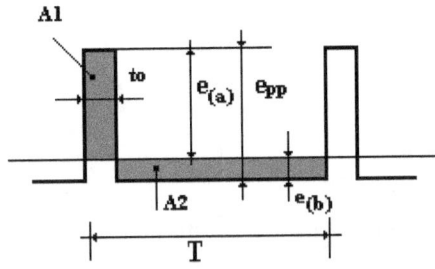

Figura A6-5

El valor eficaz de la suma de e(a) mas e(b) (en relación con el valor de e(pp)) será, luego de efectuar la integral:

$$e(ef) = \sqrt{\frac{e(pp)^2 \cdot (1-D)^2 \cdot to + e(pp)^2 \cdot D^2 \cdot (T-to)}{T}}$$

operando y simplificando, se tiene

$$e(ef) = e(pp)\sqrt{D-D^2} \qquad ; \qquad e(ef) = e(pp)\sqrt{D(1-D)}$$

Ya que por definición el factor de cresta (FC) es:

$$FC = \frac{e(a)}{e(ef)}$$

Y considerando que el valor del ciclo de trabajo (**D**) esta comprendido entre 0 y 1/2, se tendrá:

$$FC = \frac{e(pp) \cdot (1-D)}{e(pp) \cdot \sqrt{D \cdot (1-D)}} = \sqrt{\frac{1}{D}-1}$$

Se puede concluir que el factor de cresta y el ciclo de trabajo guardan cierta relación entre si. En efecto, para valores bajos de "**D**", el factor de cresta es aproximadamente igual a la raíz cuadrada de la inversa del ciclo de trabajo, por ejemplo:

$$\text{Si} \quad D = \frac{1}{100} \quad ; \quad FC = \sqrt{\frac{1}{\frac{1}{100}}-1} = \sqrt{100-1} \approx 10$$

El valor eficaz de una forma de onda de pulsos cuya línea de base coincide con cero (es decir que tiene componente de CC) como la que se muestra en la figura siguiente es:

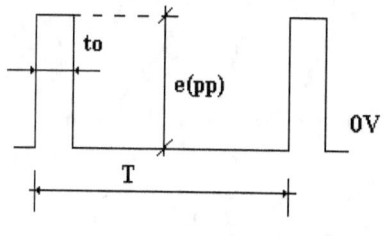

Figura A6-6

$$e(ef) = \sqrt{\frac{1}{T} \int_0^{to} e(pp) \cdot dt}$$

$$e(ef) = \sqrt{\frac{1}{T} \cdot e(pp) \cdot to}$$

$$e(ef) = e(pp)\sqrt{to/T} = e(pp)\sqrt{D}$$

Este valor puede obtenerse también por medición del valor de CC (usando un voltímetro de CC) y del valor eficaz de la componente alterna (usando un voltímetro de valor eficaz verdadero con bloqueo de CC) y relacionando ambos valores de la siguiente forma:

$$e(ef) = \sqrt{\left(e_{CA}\right)^2 + \left(e_{CC}\right)^2}$$

7

Mediciones de Ruido (fundamentos para la medida del ruido, y de señales con ruido)

- Generalidades. El ruido y la interferencia. Tipos de ruido. Relación señal ruido. Figura de ruido.

- Medición de la tensión ruido mediante voltímetros

- Correspondencia entre el valor de la relación S/N y la tasa de error digital (BER). Tasa de error digital. (Bit error rate: BER)

Al finalizar el estudio de esta unidad, Ud. será capaz de hacer lo siguiente:

- Diferenciar entre ruido e interferencia.

- Distinguir entre los distintos tipos de ruido

- Medir tensión de ruido con un voltímetro de respuesta al valor medio.

- Estimar el valor de tasa de error digital a partir de la relación señal ruido.

7.1. El Ruido y la Interferencia

El principal efecto que producen el Ruido y la Interferencia, es el empeoramiento de la calidad de las señales que habitualmente se procesan con ciertos tipos de dispositivos electrónicos, tales como amplificadores, repetidores, detectores, etc. Por ejemplo: En un sistema de comunicaciones, la cantidad de ruido presente impone limitaciones a la posibilidad de detectar las señales que se transmiten. En los sistemas digitales el ruido es el causante de la aparición de errores en el procesamiento de datos.

Si bien el Ruido y la Interferencia producen efectos que son parecidos en sus consecuencias, se trata en cambio de fenómenos radicalmente distintos en cuanto a su naturaleza. Ocurre que las Interferencias son, en general, "*eliminables*", ya que al tratarse de señales regulares y/o periódicas, son predecibles. El Ruido, en cambio, esta constituido por señales de tipo aleatorio que por lo tanto son impredecibles, y lo único que puede hacerse es tomar medidas para "*minimizarlo*".

(Hay algunos estudios teóricos donde se sostiene que en los sistemas digitales, el ruido puede eliminarse por completo mediante el uso de dispositivos regenerativos. Aunque esta postura fuese errónea, lo que si resulta totalmente cierto es que se lo puede reducir a niveles prácticamente nulos para una gran parte de los propósitos prácticos).

7.2. El ruido en los amplificadores.

El propósito de un amplificador es, por lo general, producir una corriente eléctrica que se aplica a la carga conectada sobre su salida, en respuesta a la excitación conectada a la entrada del mismo. Sin embargo, en la salida siempre esta presente, aunque sea en pequeñas cantidades, un cierto contenido de señales espurias. Algunas de estas señales son los productos de intermodulacion y las armónicas, otras son interferencias provenientes de otros Equipos o sistemas (por ejemplo la red de alimentación de C.A). También hay siempre un pequeño monto de corriente no deseada que se genera aunque no exista excitación aplicada. Esta corriente no deseada se denomina Ruido.

7.3. Tipos de Ruido.

Aunque existen muchas clases de Ruido, en los dispositivos que se usan actualmente en la mayor parte de los equipos electrónicos los dos principales tipos son: El Ruido de "granalla" (Shot noise), y el Ruido térmico (Thermal noise), cuyos efectos conjuntos son los responsables de la mayor parte del monto total de Ruido presente en los circuitos electrónicos.

La contribución del Ruido de granalla al Ruido total era bastante importante en la época en que se utilizaban Válvulas termoiónicas de vacío en la mayor parte de los equipos electrónicos. Hoy en día su consideración ha decaído en importancia, salvo en algunos casos puntuales, como por ejemplo en dispositivos tales como los foto detectores y foto emisores usados en opto electrónica.

El Ruido de granalla se produce debido a la naturaleza discontinua de los portadores que se mueven por los conductores y /o semiconductores. Debido a ello las corrientes que circulan siempre sufren pequeñas fluctuaciones de valor impredecible. Además cuando la tensión que genera la corriente en un circuito se corta abruptamente, aun así pueden seguir circulando a nivel microscópico, pequeñas cantidades de corriente debido a discontinuidades o falta de homogeneidad de los materiales que se emplean. La expresión matemática para la corriente de Ruido de granalla es:

$$\text{Isn} = \sqrt{2 \cdot q \cdot i \cdot B}$$

Donde:

Isn: Corriente de Ruido de granalla

q: Carga eléctrica del electrón $= 1,6. \ 10^{-19}$ Coulomb

i: Corriente promedio

B: Ancho de banda (del dispositivo considerado).

El Ruido térmico, que esta presente prácticamente en todo dispositivo semiconductor, es el tipo de Ruido mas común en los circuitos que se usan en equipos de telecomunicaciones, por esta razón se lo considerara con un poco mas de detalle.

El Ruido térmico se debe al movimiento aleatorio de los portadores de carga en un medio conductor cuya temperatura se encuentra por encima del cero absoluto. En los trabajos efectuados por Johnson y Nyquist, se establece que la potencia de Ruido disponible generada en un medio conductor es proporcional a la temperatura absoluta y al ancho de banda considerado.

$$Np = KTB$$

Donde:

Np: Potencia de Ruido disponible

K: Constante de Boltzman $= 1,38 . \ 10^{-23}$ J/°K

T: Temperatura en °K

B: Ancho de banda (del dispositivo considerado).

Teóricamente el espectro del Ruido térmico es uniforme e infinito y por esta razón se lo denomina también "Ruido Blanco". Sin embargo en la práctica se considera como Ruido Blanco al que presenta un espectro mas o menos uniforme hasta el orden de los 10^{13} Hz.

Se entiende por "Potencia de Ruido disponible" a la potencia que un generador entregaría a una carga determinada en condiciones de máxima transferencia de energía.

$$Np = K \ T \ B = \left(\frac{Vn}{2}\right)^2 \cdot \frac{1}{Rl}$$

Si $R = Rl$

$$Vn = \sqrt{4 \ Rl \ K \ T \ B}$$

Siendo Vn la tensión de Ruido disponible.

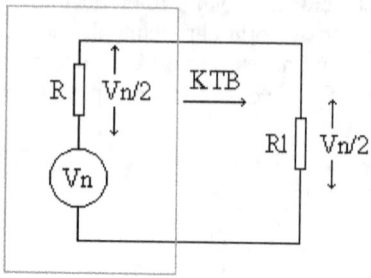

Figura 7-1

Si se considera que la temperatura ambiente es como promedio: T=290 °K, la potencia de Ruido disponible puede expresarse en dBm de la siguiente manera:

$$N_{(dBm)} = 10 \log \frac{K\,T\,B}{1\,mW} = 10 \log \frac{K\,T}{1\,mW} + 10 \log B$$

$$N_{(dBm)} = -174\ dBm\ +\ 10 \log B$$

7.4. Relación Señal/ Ruido. (S/N)

Para dar una medida de la calidad de la señal que entrega un dispositivo electrónico, se utiliza, la denominada "Relación Señal / Ruido (Signal / Noise)". Esta medida, que no tiene en cuenta cual es el origen del Ruido presente, se expresa simplemente como la relación, en decibeles, entre el valor promedio de la potencia de la señal disponible en relación con el promedio de la potencia de Ruido generado.

$$S/N = 10 \log \left(\frac{Sp}{Np} \right)$$

También puede ser expresado en función de los valores eficaces de las tensiones de la Señal y del Ruido respectivamente:

$$\frac{S}{N} = 20 \log \left(\frac{Vs}{Vn} \right)$$

La relación Señal / Ruido se usa principalmente para caracterizar la bondad de los sistemas analógicos.

Ejemplo

Se dispone de un voltímetro con detector de verdadero valor eficaz (True RMS), cuya resistencia de entrada es 10 MΩ y su ancho de banda es de 1 MHz. ¿Cual es el valor mínimo de la tensión que se puede medir si se desea que la relación Señal / Ruido sea al menos de 10 dB?. (Supóngase que la fuente sobre la que se mide posee una resistencia despreciable frente a la del voltímetro).

Solución:

$$Vn = \sqrt{4\ K\ T\ B\ R} = \sqrt{4 \cdot 1,38 \cdot 10^{-23} \cdot 290 \cdot 10^{6} \cdot 10^{7}} = 0,40mV$$

$$S/N = 20\ \log \frac{Vs}{Vn} = 10\ dB \qquad \therefore \qquad Vs = 40mV \cdot 10^{\frac{10}{20}} = 1,26\ mV$$

Nota

El lector podrá justificar ahora algunas de las razones por las cuales en los voltímetros electrónicos que tienen elevada resistencia de entrada, se prefiere restringir el ancho de banda con el fin de mantener bajo el error a causa del Ruido.

7.4.1. Figura de Ruido

La Figura de Ruido (también conocida como Factor de Ruido), es un índice que sirve para expresar la degradación que puede sufrir la relación Señal / Ruido al pasar por un dispositivo de dos puertos (por ejemplo un amplificador).

$$\text{Figura de Ruido (en veces)} = \frac{\text{Relación S/N de entrada (en veces)}}{\text{Relación S/N de salida (en veces)}}$$

O bien,

$$\text{Figura de Ruido (dB)} = \text{S/N de ent. (dB)} - \text{S/N de sal. (dB)}$$

La Figura de Ruido (**F**), es una de las especificaciones mas importante de los componentes y/o dispositivos que se utilizan en la técnica de las telecomunicaciones. Ya que, si en un dispositivo que se usa como amplificador se conoce su valor, es posible calcular fácilmente cual será la potencia de Ruido disponible a la salida del mismo.

En efecto, si se toma como valor del Ruido en la entrada de un amplificador, a la potencia de Ruido disponible en la resistencia de salida del generador usado para excitar dicha entrada, luego la Figura de Ruido será:

$$F = \frac{\dfrac{Ps}{K\ T\ B}}{\dfrac{G\ Ps}{No}} = \frac{No}{G\ K\ T\ B} \quad ; \quad \text{Luego}: \quad No = F\ G\ K\ T\ B \qquad (\textit{Ecuación 1})$$

Donde:

B: Ancho de banda del amplificador.

Ps: Potencia de la señal de entrada

G: Ganancia del amplificador en veces

No: Potencia de Ruido a la salida del amplificador

7.4.2. Temperatura equivalente de Ruido.

Utilizando la Figura de Ruido, se puede elaborar un modelo equivalente de un amplificador real considerando al mismo como un amplificador ideal (que no genera Ruido propio), que posee una entrada adicional por donde ingresa el Ruido.

La Potencia de Ruido disponible a la salida de un amplificador real, puede calcularse a partir de la ecuación 1. La figura de Ruido de un amplificador ideal es igual a la unidad (o bien 0dB); por lo tanto, la potencia de Ruido disponible a la salida del mismo, será:

$$No_{(ideal)} = K\,T\,B\,G \qquad\qquad\qquad (Ecuación\ 2)$$

La potencia de Ruido generada por un amplificador real (N_{ruido}), podrá calcularse a partir de las ecuaciones 1 y 2, como la diferencia entre No y $No_{(ideal)}$, es decir:

$$N_{ruido} = No - No_{(ideal)} = F\,K\,T\,B\,G - K\,T\,B\,G = (F\text{-}1)\,K\,T\,B\,G$$

Luego, el Ruido agregado (N_A) será igual a:

$$N_A = (F\text{-}1)\,KTB \qquad\qquad\qquad (Ecuación\ 3)$$

El modelo equivalente será:

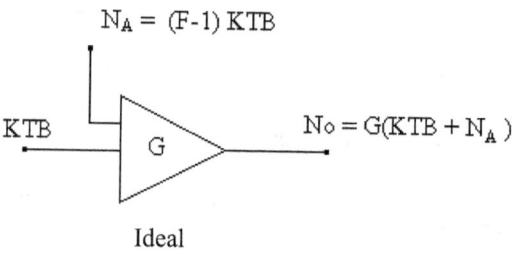

Figura 7-2

La potencia de Ruido agregado ha sido definida en función de la Figura de Ruido del amplificador. También es posible suponer que dicha potencia de Ruido agregado, se genera en una fuente que se encuentra a una determinada temperatura (T_A), es decir:

$$N_A = K\,T_A\,B \qquad\qquad\qquad (Ecuación\ 4)$$

Igualando las ecuaciones 3 y 4, La Figura de Ruido puede expresarse en función de esta *Temperatura equivalente de Ruido*:

$$(F-1)\,K\,T\,B = K\,T_A\,B \qquad\longrightarrow\qquad T_A = (F-1)\,T$$

de donde:

$$F = 1 + \frac{T_A}{T}$$

Resulta conveniente utilizar la Temperatura equivalente de Ruido para caracterizar la ruidosidad de una determinada red o sistema cuando dicho sistema posee una Figura de Ruido baja, (es decir próxima a la unidad).

También, el concepto de Temperatura equivalente de Ruido puede aplicarse a otro tipo de fuentes ruidosas que no están asociadas con una temperatura, por ejemplo una antena sobre la cual se induce Ruido, (principalmente a causa de la radiación cósmica que recibe). Se puede decir en general que permite reemplazar cualquier red ruidosa, por un circuito equivalente que contiene una resistencia, la cual esta operando a una determinada temperatura.

7.4.3. Rango dinámico de un amplificador.

A fin de que el lector encuentre algún sentido práctico a los conceptos aprendidos hasta ahora en las lecciones previas, mas lo relativo al Ruido que se acaba de exponer, parece conveniente utilizarlos para extenderlos a algún ejemplo, el cual podría ser la noción general de *rango dinámico* como un valor numérico que indica cual es el margen de variación de la respuesta de un sistema dentro del cual el mismo puede ser utilizado. Este concepto puede aplicarse a los amplificadores si se considera los siguiente:

- Todo amplificador, por mas perfecto que sea, tiene zonas de funcionamiento alineal.

- En una aproximación bastante aceptable, las alinelidades aparecen en la función de trasferencia como términos cuadráticos y cúbicos.

- Los términos exponenciales originan componentes espurias (armónicas y/o de ínter modulación).

- La magnitud de las componentes espurias depende de la amplitud de la señal de entrada.

- Todo amplificador genera (aunque sea en forma mínima) una cierta cantidad de Ruido.

Entonces, el rango dinámico de un amplificador estará determinado por la relación entre el mínimo valor de señal que pueda amplificar, y que puede ser distinguible del Ruido generado, y el máximo valor de la misma que pueda amplificar sin que las espurias que se generen superen el valor del Ruido generado.

7.5. Medición de la tensión ruido mediante voltímetros

Como ya se ha dicho, el Ruido presente en un sistema consiste en una perturbación que independientemente de cual sea el mecanismo que la produce, se produce en forma aleatoria y su valor instantáneo es impredecible. Sin embargo, al considerar un espacio de tiempo suficiente, se comprueba que desde un punto de vista estadístico, el Ruido posee ciertas características que pueden resumirse como sigue:

- El Ruido se presenta como un cambio del valor instantáneo de la señal, o como una serie de impulsos de cuya amplitud y signo varían en forma aleatoria.

- Hay igual probabilidad de que ocurran estos cambios, o que aparezcan impulsos de Ruido de igual valor pico, pero de distinto signo.

- Un impulso de Ruido es tanto menos probable mientras mayor es su valor pico.

- El valor medio del voltaje o la corriente de Ruido es cero.

Este comportamiento puede modelarse matemáticamente, dando origen a una distribución en forma de "campana" (El dibujo de la figura siguiente resume dichas peculiaridades).

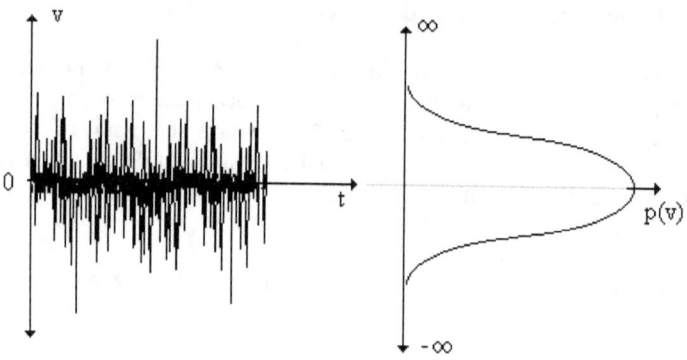

Figura 7-3 Ruido y su distribución de probabilidades -

Una tensión de Ruido, puede ser expresada de la siguiente manera.

$$\text{tensión de Ruido} = v \cdot p(v)$$

Donde **p(v)** es la función distribución de **Gauss**.

El valor medio de la tensión de ruido es:

$$Vo = \int_{-\infty}^{\infty} v \cdot p(v) \cdot dv = 0$$

Al medir una tensión de ruido por medio de un instrumento con detector de valor medio, esta se rectifica, y se elimina el signo de los valores instantáneos, con lo cual el valor medio deja de ser nulo.

$$Vo = \int_{-\infty}^{\infty} |v| \cdot p(v) \cdot dv \neq 0$$

Como p(v) es simétrica, se puede poner,

$$Vo = 2 \int_0^\infty v \cdot p(v) \cdot dv \neq 0$$

La función densidad de probabilidad p(v) es:

$$p(v) = \frac{1}{\sigma\sqrt{2\pi}} \cdot e^{-(v^2/2\sigma^2)}$$

Donde σ (media cuadrática), es precisamente el valor eficaz de la tensión de ruido, ya que:

$$\sigma = \sqrt{\frac{1}{n-1} \sum_1^n v^2}$$

Resolviendo la integral

$$Vo = \frac{2}{\sigma\sqrt{2\pi}} \int_0^\infty v \cdot e^{-(v^2/2\sigma^2)} dv = \frac{2\sigma}{\sqrt{2\pi}}$$

Un instrumento de respuesta de respuesta al valor medio indicará, según se ha visto,

$$Vindic. = 1{,}11 \cdot Vo = \frac{V\max/\sqrt{2}}{V\max \cdot 2/\sqrt{\pi}} Vo = \frac{\pi}{2\sqrt{2}} Vo$$

Reemplazando Vo, nos quedará:

$$Vindic. = \frac{\sqrt{\pi}}{2} = 0{,}8862\sigma$$

O sea, aproximadamente un 11% menos que el valor verdadero. Todo esto será cierto únicamente en el caso de que el ruido sea totalmente aleatorio y suponiendo que los picos de ruido no saturasen al amplificador (en el caso de un voltímetro electrónico) de entrada del instrumento. También debe considerarse que el límite inferior, en cuanto a la sensibilidad de un voltímetro para medir tensiones de ruido, quedará determinado por el ruido propio generado en el mismo, que enmascarara al que se intente medir, y por las características del detector de valor medio usado, (si es un dispositivo con diodos, habrá que tener en cuenta la tensión de umbral de los mismos).

7.6. Correspondencia entre el valor de la relación S/N y la tasa de error digital (BER)

7.6.1. Tasa de error digital. (*Bit error rate: BER*)

En los sistemas de comunicaciones digitales, se acostumbra a usar, en lugar de la relación señal Ruido, la denominada "Tasa de error digital" (cuya sigla en ingles es BER) para caracterizar la calidad del sistema. El BER es la relación entre la cantidad de bits emitidos y/o recibidos correctamente y la cantidad de bits con error. Un valor de BER de 10^{-9} significa que por cada 10^9 bits transmitidos por un sistema, 1 bit es recibido con error. Un error de esta magnitud, o incluso de algunos ordenes mas elevados, puede ser insignificante si se esta considerando la transmisión de la voz por un sistema telefónico, pero en cambio puede ser muy importante en la transmisión de datos entre computadoras. El BER y la relación

Señal/Ruido guarda estrecha relación entre si; un valor grande de S/N se traduce en un mejoramiento del BER.

El tipo de señal que se encuentra en los sistemas digitales consiste generalmente en una forma de onda con dos niveles distintos que corresponden a los estados 0 y 1. Normalmente el criterio seguido para determinar cual es el estado correspondiente, para un determinado nivel presente, es fijar un cierto nivel de decisión que por lo general se sitúa en el 50 % de la amplitud de la señal.

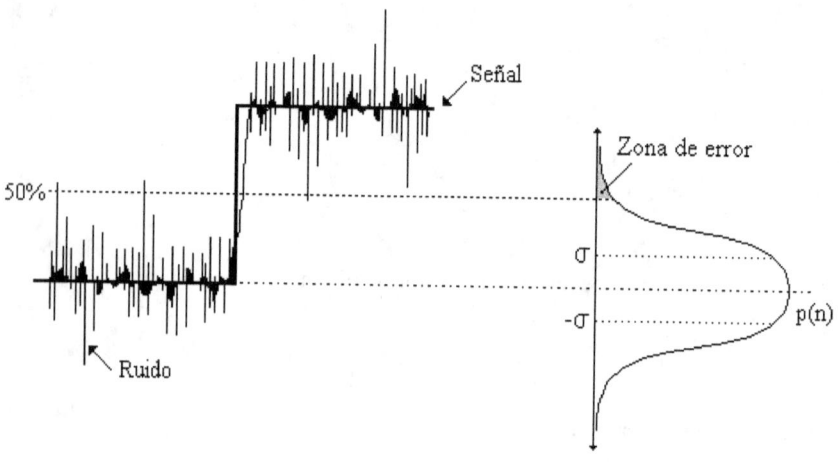

Figura 7-4 Nivel de decisión. Error en la decisión -

Aun cuando el valor eficaz del Ruido presente este por debajo del nivel de decisión (50%), existe la posibilidad que en algún momento un pico de Ruido supere dicho valor. La probabilidad de que esto suceda puede calcularse a partir de p(n), mediante integración. En el dibujo precedente puede verse una representación gráfica de lo dicho. (El área sombreada representa justamente a la probabilidad de que el nivel correspondiente al estado 0 pueda ser confundido con el 1. Un razonamiento análogo cabe para el error asociado al nivel 1)

Aunque la tasa de error digital, es una relación medida, y la probabilidad de error es un valor estadístico, es obvio que para un espacio de tiempo suficientemente grande, ambos valores son equivalentes.

Este razonamiento, nos proporciona la herramienta de calculo necesaria para obtener la correspondencia buscada entre BER y relación S/N. Habrá que calcular el área debajo de la curva normal de distribución, por encima de un valor determinado.

Si la señal considerada tiene amplitud unitaria, y como promedio un ciclo de trabajo "D", su valor eficaz es:

$$Vs = \sqrt{D}$$

y como:

$$S/N = 20 \log (Vs/Vn)$$

Luego, el valor eficaz del Ruido, para un dado valor de relación S/N en dB, será:

$$Vn = \frac{\sqrt{D}}{10^{\frac{dB}{20}}}$$

Este valor corresponde a la media cuadrática, es decir σ.

Si el nivel de decisión es 0,5; entonces habrá error si los picos de Ruido superan el valor:

$$Vp = \frac{0,5}{\sigma}$$

La tabla que sigue se ha confeccionado para un ciclo de trabajo D=0,5. (Es decir que será útil para sistemas en los que se cumpla este requisito).

S/N (dB)	Vs/Vn (Veces)	σ=Vn	Vp	BER (*)
3	1,41	0,5	1	0,158
4	1,58	0,44	1,12	0,134
6	2	0,35	1,41	0,080
8	2,51	0,28	1,77	0,038
10	3,16	0,22	2,23	0,0129
12	3,98	0,17	2,81	$2,5 \cdot 10^{-3}$
15	5,62	0,12	3,97	$3,1 \cdot 10^{-5}$
17	7,07	0,10	5,00	$2,88 \cdot 10^{-7}$
20	10	0,0707	7,07	$7,74 \cdot 10^{-13}$

Tabla

(*) Los valores indicados corresponden a la "Probabilidad normal estándar de cola superior" que puede obtenerse evaluando la integral de la función densidad de probabilidad p(n) entre Np e ∞. Estos guarismos se encuentran tabulados en las denominadas "Tablas de probabilidad" que se usan para resolver una gran variedad de problemas de Ingeniería. Sin embargo normalmente estas tablas consignan resultados como máximo para NP = 3.

Mediante el empleo de una computadora y el software apropiado, pueden calcularse los valores buscados para Np > 3.

```
close,format short g; x1 = (0:0.001:10);
%y1 =gaussmf(x1,[1,0]);%Si la version del software a usar no
```

```
%tiene gaussmf, reemplazar por la siguiente linea.
y1=exp(-x1.^2/2); y2=(1/sqrt(2*pi)).*y1;
dB=input('ingresar la relacion s/n en dB ')
Np=0.5*sqrt(2)*(10.^(dB./20))
k1=Np*1000;
k=round(k1);
y=y2(1:k);x=x1(1:k);
q=trapz(x,y);
ber=0.5-q
```

Si la rutina anterior se anida dentro de un programa un poco mas extenso, es posible obtener un listado de valores correspondientes y finalmente confeccionar un gráfico o ábaco donde se ponga de manifiesto la correspondencia entre el BER y la relación S/N.

```
close,format short g,
D=input('ingresar el valor del ciclo de trabajo D=')
for n=1:1:20;
x1 = (0:0.001:10);
%y1 =gaussmf(x1,[1,0]); %%Si la version del softwarwe a usar no
%tiene gaussmf,reemplazar por la siguiente linea.
y1=exp(-x1.^2/2); y2=(1/sqrt(2*pi)).*y1;
%dB=input('ingresar la relacion s/n en dB ')
Np=0.5*sqrt(1/D)*(10.^(n./20));
k1=Np*1000; k=round(k1);
y=y2(1:k);x=x1(1:k);
q=trapz(x,y);
ber(n)=0.5-q; dB(n)=n; end
semilogy(ber,'k'),whitebg,title('ABACO'),grid on,
xlabel('Relacion S/N [dB]'),ylabel('BER'),
```

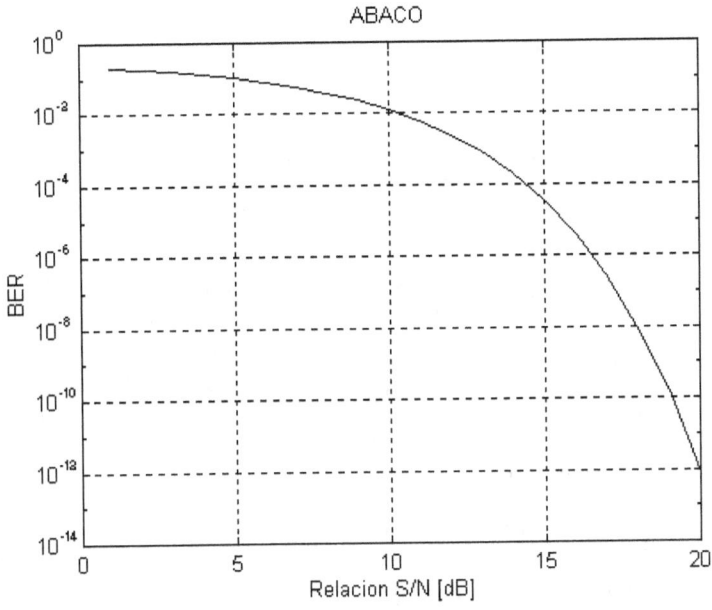

Figura 7-5

El ábaco precedente que se ha trazado para un valor del ciclo de trabajo D=0,5, resulta de utilidad para obtener una medida rápida de la BER si se conoce la relación S/N. Esto es así ya que normalmente, los instrumentos usados para medir la BER, lo hacen en forma estadística, simplemente aplicando al sistema una serie de datos conocidos y luego efectuando la cuenta de la cantidad de datos que se obtiene con error, y esto lógicamente toma una cantidad considerable de tiempo.

8

Interferencias en las mediciones, Apantallamiento

- Efectos de la superposición de interferencias y ruido en los voltímetros digitales.

- Rechazo de modo normal de los voltímetros digitales

- Rechazo de modo común, sistemas de guarda

- Las fuentes de interferencias, sus orígenes, y la forma o técnica para su eliminación.

Al concluir el estudio de esta unidad, Ud. será capaz de hacer lo siguiente:

- Tener en cuenta las principales fuentes de interferencias eléctricas en las mediciones y tomar las precauciones para reducir al mínimo el error producido por las mismas.

8.1 Efectos de la superposición de interferencias y ruido en los voltímetros digitales.

Cuando se utiliza un Voltímetro digital para efectuar mediciones de caídas de tensión en un entorno donde hay interferencias y ruido presentes, puede suceder que sobre los terminales de entrada del instrumento, dichas interferencias aparezcan superpuestas con la tensión a medir.

Dependiendo del modo en que se produce la superposición, puede clasificarse a estas "señales" como de Modo Común, o de Modo Normal. Esto se ilustra en la siguiente figura

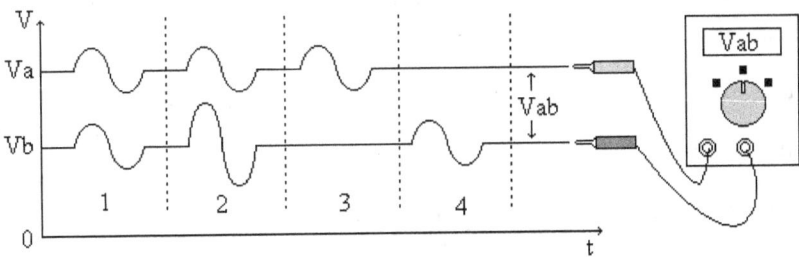

Figura 8-1 Modo normal y Modo común

- Si la superposición es por igual en ambos terminales (1) se trata de *modo común*.

- Una señal de modo común, pero de distinta amplitud en cada terminal, (2) es en realidad una interferencia de *modo normal*.

- (3) y (4) Representan interferencias en *modo normal*.

8.1.1. Rechazo de modo normal de los voltímetros digitales

Durante la descripción del principio de funcionamiento de los conversores A/D, se hizo referencia a la habilidad de algunos de ellos para rechazar la interferencia y/o el ruido que se encuentran en serie con la señal de entrada. Estas interferencias corresponden justamente a lo que se definió previamente como de **modo normal**, y pueden ser producidas por inducción en los terminales o puntas de pruebas del instrumento, o por una componente ya incluida en la tensión que se mide, como podría ser por ejemplo el riple producido por el filtrado deficiente de una fuente de alimentación. Las frecuencias de estas señales suelen ser habitualmente, múltiplos de la frecuencia de línea, pero también pueden ser cualquier otro tipo de perturbación eléctrica (por ejemplo transitorios producidos por fuentes conmutadas).

Los conversores A/D de no-integración (por ejemplo los de aproximaciones sucesivas), realizan la conversión sobre la base de comparaciones instantáneas de la tensión de entrada, y por ello son muy afectados por el ruido o la interferencia. Cualquier decisión incorrecta a lo largo del camino puede producir una lectura incorrecta. El ruido puede eliminarse con el uso de filtros, pero estos incrementan significativamente el tiempo de respuesta de los instrumentos.

Todos los conversores A/D de integración emplean técnicas que hacen uso de un período determinado de tiempo que se denomina "longitud de compuerta" o "período de integración". Durante este período de tiempo, la señal de entrada es efectivamente integrada, y la salida del conversor resulta ser proporcional al promedio de la tensión de entrada.

En el caso particular del ruido, no hay manera de eliminar por completo el error que se produciría. Sin embargo resulta razonable suponer que si el tiempo de integración se elige en torno aun valor suficientemente largo, el ruido resultará reducido a valores prácticamente nulos.

En cuanto a las interferencias, resulta interesante poder estimar cual seria el valor optimo de tiempo de integración a utiliza a fin de eliminarlas por completo.

Se supondrá en el siguiente análisis que dichas interferencias, son sinusoidales. Sin embargo, se buscara llegar a algún resultado que permita extender las conclusiones para otros tipos de las formas de onda.

Supongamos que la entrada de un Voltímetro digital de integración consiste en:

$$v(t) = Vcc + V1 \, \text{sen} \, \omega \, t$$

Donde *V1 sen ω t* es la señal de modo normal superpuesta a **Vcc**.

Con el propósito de simplificar el análisis, consideraremos solamente la señal de modo normal. Supondremos que el intervalo de integración comienza en t_1 y termina en t_1+T, donde T es el período de integración. La tensión promedio durante este tiempo es:

$$Vmed = \frac{V_1^{m}}{T} \cdot \int_{t_1}^{t_1+T} \text{sen} \, \omega \cdot t \cdot dt$$

$$Vmed = -\frac{V_1}{\omega \cdot T}\Big[\cos \omega (t_1 + T) - \cos \omega \cdot t_1\Big]$$

Recordando que: $\cos x - \cos y = -2 \, \text{sen} \, 1/2 \, (x+y) \, \text{sen} \, 1/2 \, (y-x)$

$$Vmed = -\frac{V_1}{\omega \cdot T}\Big[-2 \cdot \text{sen}\tfrac{1}{2}(2\omega t_1 + T) \cdot \text{sen}\tfrac{1}{2}(\omega T)\Big]$$

Donde *Vmed* puede ser maximizado eligiendo t_1 de manera que:

$$\text{sen} \, 1/2 \, (2 \, \omega \, t_1 + \omega \, T) = 1$$

Por lo que reemplazando en la anterior;

$$Vmed_{(max)} = \frac{2 \cdot V_1}{\omega \cdot T} \, \text{sen} \tfrac{1}{2} \omega \cdot T \big|_{\omega \,=\, 2\pi f}$$

$$Vmed_{(max)} = \frac{V_1}{\pi \cdot f \cdot T} \cdot \text{sen} \, \pi \cdot f \cdot T$$

A medida que la frecuencia de la señal superpuesta se aproxima a cero, $V \, med_{(max)}$ se aproxima a V_1. (Recordar que el limite de **sen x/x**, cuando **x** tiende a cero es 1).

A fin de desarrollar una expresión para la atenuación como función de la frecuencia, e independiente del valor absoluto de la tensión, se establece la relación entre la señal a 0 Hz con su valor a una frecuencia especifica.

$$RRMN = 20 \cdot \log_{10} \left[\frac{V_1}{(V_1 / \pi \cdot f \cdot T) \cdot \text{sen} \pi \cdot f \cdot T} \right] = 20 \cdot \log_{10} \frac{\pi \cdot f \cdot T}{\text{sen} \pi \cdot f \cdot T}$$

Si esta relación se expresa en dB, se denomina: *Relación de rechazo de modo normal.* (cuyas siglas son: RRMN).

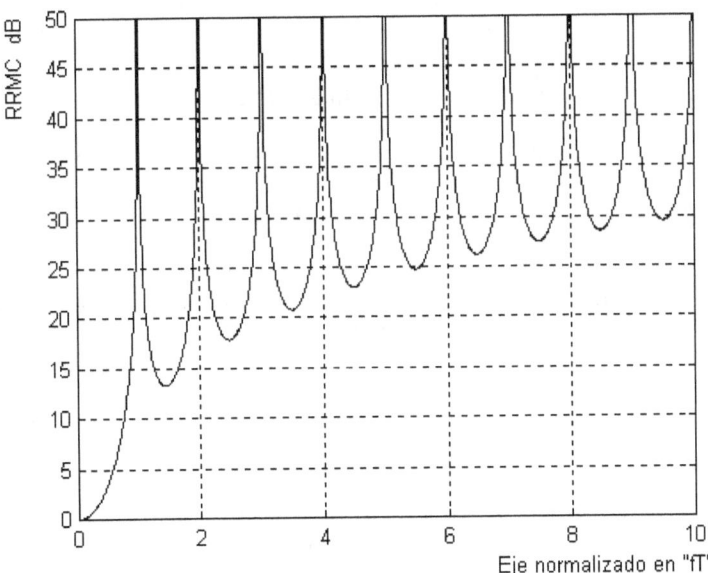

Figura 8-2. RRMN de un voltímetro digital de integración (el eje horizontal se ha normalizado en valores de fT)

Mediante el empleo de una computadora y el software apropiado, se puede obtener el trazado de la curva correspondiente a la ecuación anterior.

```
%Rutina para el trazado de la RRMN de un VD
fT=0:0.01:10;
a=pi.*fT;
```

```
b=sin(a);
c=a./b;
d=log10(c);
RRMN=20.*log10(c);
plot(fT,RRMN,'k');axis([0 10 0 50]);
grid on;
xlabel('Eje normalizado en "fT" ');
ylabel('RRMC dB');
```

El trazado de la curva que representa esta relación se muestra en la figura 8-2. Como se puede ver, se producen infinitos puntos de rechazo a intervalos determinados por **fT = n**, donde n = 1, 2, 3,..... k.

Sobre la base de esta gráfica, se puede hacer una elección apropiada del intervalo de integración a fin de obtener el máximo rechazo a las frecuencias relacionadas con la de línea. Por esta razón es que en los países donde la frecuencia de la red es 60 Hz se usan períodos de integración de 16,66 m seg. Para la Argentina, donde la frecuencia de línea es 50 Hz, se utilizan períodos de 20 m seg. El uso de una longitud de compuerta de 100 mseg asegura un buen rechazo tanto para 50 como 60 Hz, por tratarse de un múltiplo exacto de los períodos de ambas frecuencias.

8.1.2. Rechazo de modo común en los voltímetros electrónicos

Otro tipo de interferencias que pueden producir errores en los voltímetros electrónicos (tanto digitales como analógicos), son las señales de modo común, es decir aquellas que se superponen por igual manera en ambos terminales de los instrumentos.

Existen muchas fuentes de señales de modo común. Las mas comunes son las producidas por las corrientes que circulan entre las masas del instrumento y la del equipo a medir, particularmente cuando ambos elementos se encuentran separados por una distancia considerable. En esta situación difícilmente las conexiones de tierra se encuentran al mismo potencial. También hay que considerar que los amplificadores utilizados en los instrumentos electrónicos, que tienen entradas flotantes, suelen ser sensibles a las señales de modo común (debido a las diferencia en las corrientes de offset)

El rechazo de modo común en los instrumentos se aumenta con adecuados sistemas de guarda y blindaje y con el uso de configuraciones especiales en el diseño de los amplificadores de instrumentación.

La figura 3 muestra el circuito equivalente de un instrumento con entrada flotante. Aquí V3 y V4 son las señales de modo común, y representan una tensión continua que puede ser producida, entre otras cosas, por pares termoeléctricos creados en forma accidental, y una tensión alterna superpuesta cuyo origen mas común es la inducción de línea. A su vez V2 es una señal de interferencia de modo normal, y V1 es la señal que se desea medir. R1 y R2 representan las resistencias de los lados alto y bajo del circuito de medida (incluyen la resistencia de los conductores usados para llevar la señal hasta el instrumento). Todos los otros elementos forman parte del instrumento de medida. R3 representa la resistencia de entrada del voltímetro, mientras que R4 y C4 representan las perdidas entre el terminal bajo y tierra, y R5, C5 son las perdidas entre el lado alto y tierra.

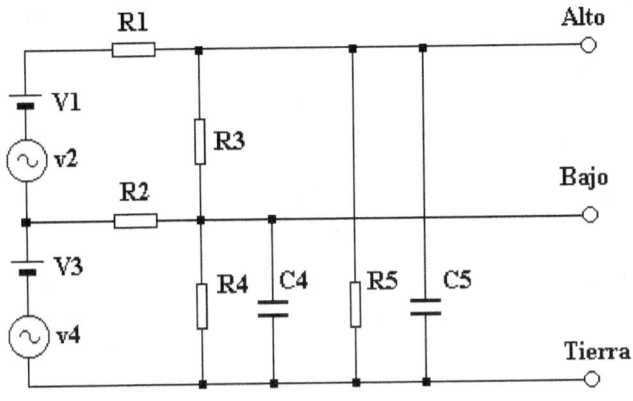

Figura 8-3.

En la mayoría de los sistemas de medidas, la impedancia determinada por la combinación paralelo de R5 con C5 es mucho mayor para todas las frecuencias que la dada por R4 y C4. La razón de esto, es que el lado alto se construye con un conductor fino, o la parte mas fina del circuito impreso, mientras que el lado bajo es un plano o área de metal grande muy próximo a tierra de la fuente del sistema de medida, que también es de gran superficie. Por esta razón se puede despreciar el camino de corriente a través de R1 y la combinación paralelo R5, C5. Las corrientes circulantes a través de R2 y R4 con C4 producirán una caída de tensión en R2 que se encontrara en serie con la tensión a medir. Por supuesto que esta corriente se debe a las tensiones de modo común V3 y V4. El rechazo de modo común se refiere a la habilidad para reducir las tensiones desarrolladas a través de R2; un valor practico habitual para R2 podría ser 1 KΩ. En un instrumento con entrada flotante bien diseñado R4 puede ser de 10^9 Ω y C4 de unos 3000 pF. Estos valores llevan a las siguientes RRMC.

$$\text{Para CC: RRMC} = -20 \log 10^9 \ \Omega / \ 10^3 \ \Omega = -120 \ dB$$

$$\text{Para CA: RRMC} -20 \log (1/\omega \ .C_4)/10^3 \ \Omega = -20 \log 10^6 \ \Omega / \ 10^3 \ \Omega = -60 \ dB$$

(Para el cálculo de CA se considero una frecuencia de 50 Hz y únicamente la reactancia capacitiva por ser esta mucho mas chica que R4).

En el ejemplo anterior, una señal de modo común de CC de 100 V, desarrollara 100 µV a través de R2, mientras que una señal de modo común de CA de 20 V 50 Hz, desarrollara 20 mV. En muchas circunstancias errores de esta magnitud son intolerables en una medida (sobre todo si se hacen medidas de tensiones de bajo nivel).

8.1.3. Rechazo de modo común efectivo

El rechazo de modo común efectivo es un concepto que combina los efectos del rechazo de modo común y el rechazo de modo normal.

Por ejemplo. Si un instrumento tiene un rechazo de modo común de -120 dB a la frecuencia de línea, y 50 dB de rechazo de modo normal a la misma frecuencia, su rechazo de modo común efectivo será -170 dB a la frecuencia de línea y nunca menor de -120 dB a frecuencias mayores que la de línea.

8.1.4. Sistemas de guarda

Una técnica así denominada se encuentra incorporada en muchos instrumentos a los fines de aumentar su habilidad para reducir las interferencias de modo común.

En su forma mas simple, una guarda consiste en una caja hecha de una lamina de metal interpuesta entre el gabinete y el circuito del instrumento convenientemente aislada. Un terminal en el panel frontal la hace accesible para el circuito que se mide.

La figura 4 muestra la aplicación de una guarda al sistema de la figura 3. Aquí las capacidades y resistencias entre el terminal bajo y la guarda y entre la guarda y tierra tienen la misma magnitud que R4 y C4 del esquema anterior ($R = 10^9$ Ω, C = 3000 pF), sin embargo R6 es típicamente mayor que 10^{11} Ω, mientras que C6 es menor que 2,5 pF; estos valores representan las perdidas que se mantienen a través de la guarda.

Como se observa en la figura, las señales de modo común no hacen circular corrientes por R2 y en cambio se derivan por la conexión de la guarda.

Una pequeña corriente de fuga circulara por R6 y C6, lo cual producirá una pequeñísima caída en R2. En otras palabras, la utilización apropiada de la guarda disminuye considerablemente el drenaje efectivo entre el terminal bajo del instrumento y la tierra de la fuente.

El rechazo de modo común para el circuito con guarda será:

Para CC: $RRMC = -20 \log 10^{11}/10^3 = -160$ dB

Para CA: $RRMC = -20 \log (1/ \omega \cdot C_6)/10^3 = -120$ dB

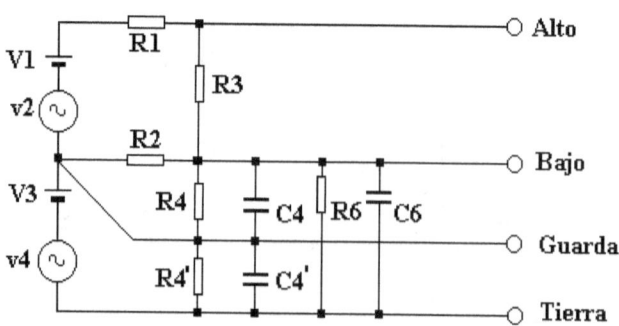

Figura 8-4. Circuito equivalente de un sistema de guarda

Estos valores indican una mejora notable respecto al sistema sin guarda. Ahora una señal de modo común de CC de 100 V solo producirá 1 micro V de modo normal, mientras que 20 V de CA generaran 20 micro V.

8.1.4. Conexión de la guarda

Entre la discusión teórica expuesta en el punto anterior, y la aplicación practica de la guarda, hay una pregunta elemental que aparece: Donde conectar el terminal de guarda?.

Los siguientes diagramas tal vez aclaren este cuestionamiento.

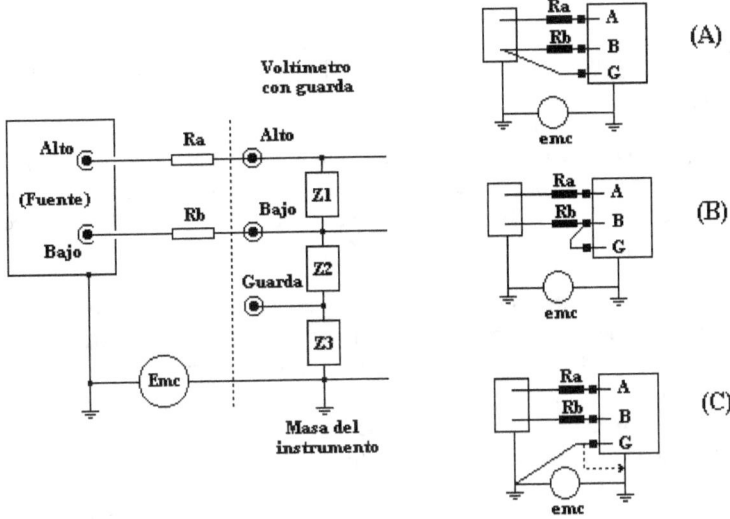

Figura 5.

8.1.5. Referencias

- A - La mejor conexión (El terminal de guarda conectado en el terminal bajo de la fuente que se mide)

- B- La guarda conectada al terminal bajo del instrumento (Debe ser evitada pues empeora el rechazo de modo común al aumentar la corriente que pasa por R2)

- C - La guarda conectada a tierra. (Si la tierra elegida es la de la fuente a medir mejora el rechazo de modo común, pero si se conecta a la tierra del instrumento, empeora la situación y además reduce la aislación, con lo cual se pueden producir daños.

Se puede concluir que la guarda debe ser siempre conectada de manera que las corrientes de modo común circulen a través de ella. Cada caso particular debe ser analizado, pero ante la duda, es preferible no conectarla a conectarla incorrectamente.

Una manera práctica de saber si realmente se están eliminando las corrientes de modo común, consiste, (cuando es posible) en pasivar las fuentes del circuito a medir y verificar si la indicación del instrumento varia al conectar y desconectar la guarda, (la lectura debería ser nula con la guarda conectada).

8.2. Las fuentes de interferencias, sus orígenes, y la forma o técnica para su eliminación.

Los temas tratados hasta ahora ilustran sobre situaciones particulares respecto del tema general de la eliminación de interferencias, pero como se desprende de lo expuesto en el párrafo anterior, la clave para el tratamiento de las interferencias, consiste en conocer cuales son las causas que las provocan.

Si se tiene una idea clara del origen de las interferencias, pueden tomarse medidas para impedir la captación de las mismas. Se cuenta con diversos métodos para blindar los conductores de conexión de los instrumentos, y los aparatos o sistemas de medición. Desde luego, los blindajes son diferentes dependiendo de la naturaleza de la interferencia presente, y puede suceder que un método de blindaje que se comporta en forma excelente para una clase de interferencia, sea en cambio deficiente para otro tipo.

El problema de las interferencias se acentúa cuando las distancias entre el instrumento o sistema de medición y la fuente sobre la que se debe medir son grandes, lo cual suele ser común en ambientes industriales.

En los años recientes han surgido algunas variantes para lograr lo máximo en aislamiento, una de ellas es la inclinación hacia la transmisión de datos preferentemente en formato digital en lugar de analógico. La otra es la adopción de sistemas que emplean fibras ópticas para la transmisión de los datos. Esto es lo mas nuevo en aislacion, ya que las fibras son inmunes por completo a todo tipo de interferencia eléctrica.

El cuadro sinóptico que se presenta a continuación muestra los distintos tipos de interferencias y el origen de las mismas, así como algunas recomendaciones para su tratamiento.

Cuadro comparativo de las fuentes de interferencias, sus orígenes, y la forma o técnica para su eliminación.

		Tipos de interferencia	Origen	Se incrementan si:	Se disminuyen o atenúan si:
De C.A.	De campos cercanos	Interferencias capacitivas	• Tomacorrientes de alimentación • Campos eléctricos intensos	• Aumenta la impedancia de entrada. • Si las capacidades parásitas son grandes. • Si la diferencia de potencial aumenta. • Si la frecuencia aumenta.	• Usando blindajes. • Manteniendo alejadas las puntas de pruebas de las fuentes de interferencia.
		Interferencias inductivas	• Conductores de alimentación por los que circulan corrientes. • Transformadores	• Hay lazos cerrados en el circuito de medición. • Si el área del lazo es mayor.	• Trenzando los conductores que llevan corriente. • Manteniendo ángulos rectos entre conductores de corriente y señal. • Blindando los transformadores.
	De campos alejados	Interferencias electro-magneticas	• Fuentes conmutadas • Receptores de radio y T.V. • Fuentes naturales	• Hay proximidad con las fuentes de origen	• Usando blindajes. • Con supresores de interferencia a través de la toma de alimentación de la red eléctrica (en el equipo productor de interferencia)
	De C.C. o C.A.	Interferencias acopladas conductiva-mente	• Pérdidas de aislación. • Conexiones a tierra defectuosas.	• Aumenta la humedad. • Existe suciedad o polvo acumulado. • Hay presencia de óxidos.	• Asegurando la limpieza. • Usando circuitos de tierra de medición distintos de los de alimentación. • Con sistemas de guarda.
		Interferencias del circuito de tierra	• Diferencias de potencial entre los puntos de conexión a tierra	• La distancia entre la fuente de señal y el sistema de medición aumenta	• Usando sistemas de guarda apropiados.

9

Medición de magnitudes no eléctricas. Acondicionamiento y tratamiento de las señales

- Medición de magnitudes no eléctricas.

- Amplificadores de instrumentación.

- Trasductores utilizados.

- Introducción a los sistemas de instrumentación.

- Sistemas Analógicos - Sistemas Analógicos a Digitales (Sistemas de entrada múltiple) - Sistemas Digitales.

- Interconexión de instrumentos - Bus IEEE 488 - Otras normas y estándares.

Al concluir el estudio de esta unidad, Ud. será capaz de hacer lo siguiente:

- Podrá optar entre las distintas técnicas para implementar un sistema de instrumentación de acuerdo con las exigencias de cada caso.

- Una vez que haya tomado la decisión respecto de la técnica a usar podrá, con la ayuda y posterior estudio, de los correspondientes manuales, efectuar el trabajo de ingeniería que implica la interconexión de instrumentos para implementar un sistema de instrumentación.

9.1. Medición de magnitudes no eléctricas

La medición de magnitudes no eléctricas por medio de técnicas e instrumentos electrónicos puede ser efectuada mediante la utilización de trasductores o sensores apropiados que conviertan la magnitud a medir en un parámetro eléctrico simple. Los trasductores mas populares son los del tipo que varia su resistencia con la magnitud a medir, aunque también los hay capacitivos, inductivos, etc.

Generalmente, los trasductores se insertan en uno de los brazos de un puente y se mide así el desequilibrio del mismo producido por la variación de impedancia del trasductor.

La inclusión del trasductor en un puente se hace para aumentar la sensibilidad del sistema de medición, ya que la misma depende directamente de la tensión de alimentación del puente.

Como ejemplos de trasductores y magnitudes medibles por estos métodos se pueden mencionar: Los extensometros (para medir deformaciones mecánicas). Los termistores (para medir temperaturas). Los LDR (para medir intensidades luminosas). Y los trasductores capacitivos (para la medición de humedad).

El mismo método es usado también para la medición de magnitudes eléctricas en forma indirecta cuando no es posible hacerlo directamente. Por ejemplo; para la medición de potencia en radio frecuencias por el método bolométrico.

El método de medición también permite resolver, en alguna medida, el problema que se deriva de la inducción de ruido o interferencia en los conductores que conectan el sensor con el instrumento o sistema de medidas, particularmente cuando se hallan alejados entre si. Esto es así dado que la salida de un puente es de tipo balanceada, y por lo tanto la mayor parte del ruido y la interferencia se superponen en modo común y pueden ser eliminadas mediante el empleo de dispositivos que se diseñan especialmente para este propósito. Estos se denominan "Amplificadores de instrumentación".

9.2. Amplificadores de instrumentación

Los amplificadores que se verán a continuación se conocen también como: Amplificadores diferenciales de CC. Amplificadores de puentes. Amplificadores Trasductores. Amplificadores de error. etc.

Estos amplificadores se pueden implementar fácilmente usando uno o varios amplificadores operacionales con realimentación lineal.

Se supone en el presente estudio que los amplificadores operacionales usados son ideales, es decir que tienen impedancia de entrada infinita, impedancia de salida nula, no tienen desviaciones de CC, no producen ningún tipo de ruido, poseen un factor de ganancia constante y sin error y una RRMC infinita.

9.2.1. Amplificadores que usan un solo amplificador operacional

Este dispositivo permite obtener una tensión de salida que es función de la diferencia de las tensiones de entrada. la presencia de un voltaje de modo común, es una característica de casi todos los trasductores que traducen una variación de un parámetro físico en una tensión. El amplificador debe ser capaz de eliminar esta señal del total que maneja. Esto se logra usando las propiedades de elevado rechazo de la entrada diferencial de los amplificadores operacionales.

El circuito de la figura 1, que se analiza a continuación, tiene la ventaja de su gran sencillez, ya que solo usa un amplificador operacional y cuatro resistores de igual valor.

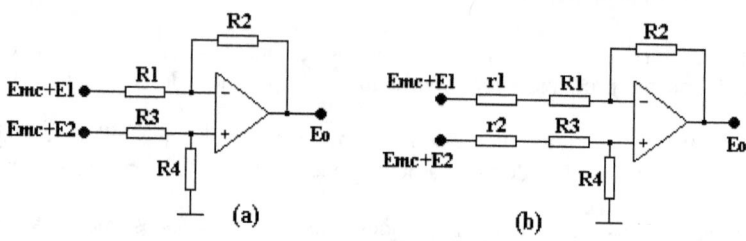

Figura 9-1

Analizando el esquema (a), para calcular la tensión de salida, se halla por separado la salida que se produce debido a cada una de las entradas y luego se suman.

$$E(+) = (Emc + E2) \cdot \frac{R4}{R3 + R4} \cdot \left(1 + \frac{R2}{R1}\right) \qquad ; \qquad E(-) = -(Emc + E1) \cdot \left(\frac{R2}{R1}\right)$$

Sumando ambas expresiones.

$$Eo = E(+) + E(-)$$

Y además haciendo.

$$\frac{R4}{R3} = \frac{R2}{R1}$$

Y operando algebraicamente, se puede llegar a la expresión final:

$$Eo = (E2 - E1) \cdot \frac{R2}{R1}$$

Como vemos, para valores de R4/R3 iguales a R2/R1, las señales de modo común resultan completamente rechazadas a condición de que se cumplan todos los requisitos antes mencionados sobre las características del amplificador operacional utilizado. Como en la practica los A.O. no tienen rechazo infinito, las características del circuito quedan algo degradadas. Como limite practico y suponiendo que se utilizan resistores ajustables, la RRMC puede llegar a unos 40 a 50 dB como máximo.

La principal desventaja de esta disposición es que la impedancia de entrada no es infinita (aunque dispusiéramos de un dispositivo ideal), y además, resulta muy complicado variar la ganancia en forma continua.

A medida que se desea una mayor ganancia, la impedancia de entrada resulta ser mas baja, comenzando a tener importancia la resistencia interna de las fuentes E1 y E2. La figura 10-6 (b) ilustra un circuito donde se tienen en cuenta dichas resistencias (r1 y r2). En el caso de que las dos resistencias equivalentes sean iguales, se produce solo un error de ganancia, pero si estas son distintas, habrá un empeoramiento de la RRMC. Si se aumentan los valores de R1 y R3 y de R2 y R4 buscando minimizar el problema, nos encontramos con que ahora comenzaran a tener importancia los errores provocados por las corrientes de polarización (corrientes de off-set) al circular por resistencias de elevado valor. Esto fija el limite superior en cuanto a la ganancia obtenible con este circuito.

En realidad, el funcionamiento optimo de este circuito se obtiene cuando la ganancia es próxima o igual a la unidad.

El problema de la ganancia ajustable continuamente, se puede solucionar con la modificación introducida al circuito que se muestra en la figura 2.

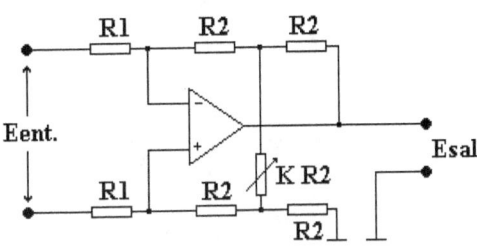

Figura 9-2

El resistor variable es un potenciómetro con un vernier que permite variar la ganancia del circuito sin afectar su rechazo de modo común. Es de hacer notar sin embargo que ahora se necesitan cuatro resistores de valor igual a R2 y dos resistores de valor igual a R1 y que la ganancia es función inversa del valor del potenciómetro y por lo tanto es muy alineal. El circuito todavía sufre las mismas limitaciones de baja impedancia de entrada del original. El voltaje de salida es:

$$Eo = 2 \cdot \left(1 + \frac{1}{K}\right) \cdot \frac{R2}{R1} \cdot (E2 - E1)$$

9.2.2. Amplificador que usa tres amplificadores operacionales

El circuito de la figura 3 permite obtener ganancia ajustable linealmente dependiente de un valor de resistencia, simultáneamente con elevada impedancia de entrada, elevada ganancia, y elevado rechazo de modo común.

Los dos amplificadores de entrada constituyen un amplificador separador diferencial con una ganancia de modo diferencial definida por los valores de los resistores externos y una ganancia unitaria para las señales de modo común que luego son eliminadas por la etapa de salida.

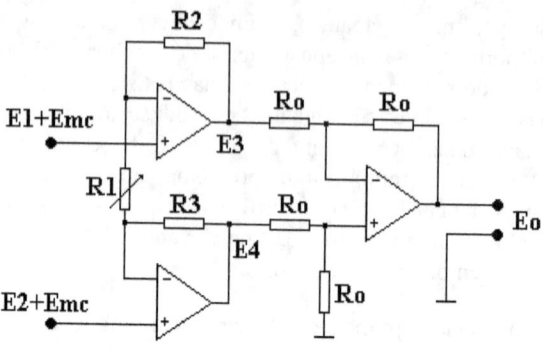

Figura 9-3

El análisis del circuito, utilizando el mismo criterio que para el de un solo amplificador, da las siguientes ecuaciones:

La salida del amplificador E3 será:

$$E3 = E_{(+)} + E_{(-)} \quad ; \quad E_{(+)} = (Emc + E1) \cdot \left(1 + \frac{R2}{R1}\right) \quad ; \quad E_{(-)} = -(Emc + E2) \cdot \frac{R2}{R1}$$

Operando y simplificando:

$$E3 = E1 \cdot (1 + \frac{R2}{R1}) - E2 \cdot \frac{R2}{R1} + Emc$$

De manera análoga, la expresión para la salida del amplificador E4 será similar:

$$E4 = E2 \cdot (1 + \frac{R3}{R4}) - E1 \cdot \frac{R3}{R1} + Emc$$

Para el calculo de la salida Eo, directamente se efectúa la diferencia entre E4 y E3, ya que la etapa de salida es similar al circuito de la figura 1 pero con ganancia unitaria.

$$Eo = E4 - E3$$

Si además se hace R2 = R3, se tendrá:

$$Eo = (E1 - E2) \cdot (1 + 2 \cdot \frac{R2}{R1})$$

Como se deduce de esta expresión, la ganancia queda fijada por la relación entre R2 y R1, que puede variarse modificando el valor de R1 (que es común a ambas entradas).

La impedancia de entrada es elevada debido a que los amplificadores de entrada están conectados en la configuración no inversora. Los efectos que pueden producir una eventual desigualdad de R2 y R3, se reducen a un error de ganancia sin afectar el rechazo de modo común. Como la etapa de salida tiene ganancia unitaria, los errores debidos a las corrientes y tensiones de off-set son mínimos, y por la misma causa mejora la relación de rechazo de modo común.

9.2.3. Amplificadores de puentes

Probablemente la utilización mas común de los amplificadores de instrumentación, la constituye el uso que de ellos se hace como amplificadores de salida de los circuitos que usan puentes de CC para la medición de magnitudes físicas por medio de trasductores resistivos.

En un circuito en puente de CC, uno de los brazos del puente es un resistor variable con la magnitud a medir. La figura 4 muestra una de estas aplicaciones.

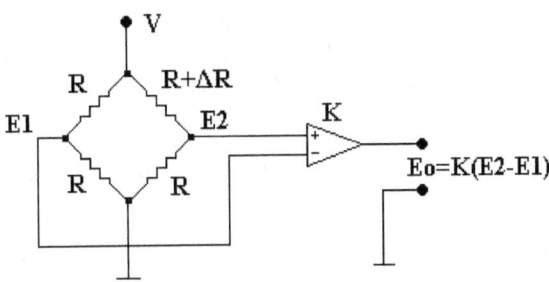

Figura 9-4

La tensión en cada nudo de salida del puente será:

$$E2 = V \cdot \frac{R}{2 \cdot R + \Delta R} \qquad ; \qquad E1 = \frac{V}{2}$$

La tensión diferencial de salida del puente será:

$$E2 - E1 = \frac{-V \cdot \delta}{4 \cdot (1 + \frac{\delta}{2})}$$

(Donde $\delta = \Delta R/R$)

La tensión de salida del amplificador, suponiendo que la ganancia del mismo es K será:

$$Eo = K \cdot (E2 - E1) = \frac{-K \cdot V \cdot \delta}{4 \cdot (1 + \frac{\delta}{2})}$$

Si en la ecuación anterior el valor de δ es mucho menor que 1, entonces se tendrá:

$$Eo = -KV(\delta/4)$$

Es decir que la tensión de salida es función lineal de la variación del elemento activo solamente para pequeños cambios porcentuales en dicho elemento.

9.3. Trasductores utilizados.

9.3.1. Para deformaciones

Una de las clase de trasductores mas usados para la medición de pequeñas deformaciones esta constituida por los extensometros (o "Galgas Extensometricas"), que se basan en la propiedad de los conductores eléctricos de variar su resistencia al ser sometidos a un esfuerzo mecánico.

Fundamentalmente consisten en un conductor largo y muy fino, dispuesto de manera tal que una pequeña deformación (o desplazamiento) produzca la mayor elongación posible. Esto se logra dando al conductor una forma ondulada y plana, y cementando todo el conjunto sobre un trozo de papel o resina, que se adhiere al objeto cuyas deformaciones se desean medir.

De esta manera, un pequeño alargamiento (del orden de centésimas de mm) en el sentido predominante del conductor se traduce en un gran alargamiento de este, con la variación de resistencia consiguiente.

Normalmente la variación relativa de resistencia es de 2 a 4 veces la variación relativa de longitud.

Para que uno de estos trasductores mantengan un funcionamiento lineal, la fuerza aplicada no debe deformar el material del mismo mas allá del 50% de su limite de deformación elástico a fin de que una vez que el esfuerzo se haya dejado de aplicar la galga retorne a su valor original.

La mayoría de las galgas se fabrican de manera que la resistencia varíe linealmente con los cambios de longitud siendo la principal especificación que las diferencia entre si, el factor de galga (K) que se define como:

$$K = \frac{\Delta R / Rg}{\Delta L / L}$$

Donde

ΔR = Cambio de la resistencia de la galga
Rg = Resistencia nominal de la galga
ΔL = Cambio de la longitud de la galga
L = Longitud de la galga en reposo.

Para evitar los errores producidos por cambios de temperatura (que producen variaciones de resistencia comparables con las se que originan por la deformación a medir), se usan circuitos de puentes con dos extensometros conectados en ramas adyacentes. Uno de ellos permanece inactivo, mientras que el otro se aplica sobre el objeto a medir.

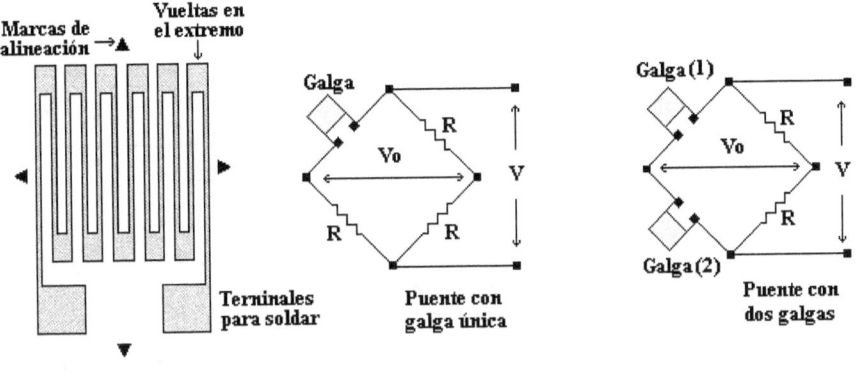

Figura 9-5

Como los dos son afectados de igual manera por la variación de temperatura, los errores se compensan, y el desequilibrio del puente se deberá solamente a la deformación.

Cuando se desconoce la dirección principal de la deformación a medir se colocan extensometros especiales, compuestos por tres o cuatro extensometros simples orientados en distintas direcciones. A partir de las diversas indicaciones de cada uno de ellos se puede calcular la dirección y magnitud de la deformación.

9.3.2. Para desplazamientos

El segundo tipo de trasductor que mide variación de longitudes (pero que se usa mas que todo para desplazamientos) es el "Transformador diferencial variable lineal" (conocido por sus siglas en ingles LVDT). Este dispositivo es útil para desplazamientos del orden del mm. se utiliza la variación de inductancia que se produce en un transformador diferencial, al desplazarse su núcleo. Consta de un arrollamiento primario conectado a una fuente de CA. y dos secundarios conectados en oposición.

Cuando el núcleo del transformador se encuentra en su posición de reposo, la tensión inducida en cada uno de los bobinados secundarios es idéntica y se cancelan entre si (por estar conectados en oposición). Al desplazarse el núcleo, se produce un incremento de tensión en uno de los bobinados a la vez que una disminución en el otro. Así, la tensión total será proporcional al desplazamiento del núcleo y su fase en relación con la tensión del primario, indicara el sentido del desplazamiento.

Generalmente estos dispositivos se construyen tratando de que la relación entre el desplazamiento sensado y la salida eléctrica del mismo sea lineal. La linealidad de un transformador diferencial LVDT se define como la desviación máxima de la curva de salida de la línea recta de mejor ajuste que pasa por el origen, expresada como un porcentaje de la salida nominal. Por ejemplo, si la salida de un transformador lineal LVDT es 5,00 V a un desplazamiento de 12,5 mm, y la desviación máxima de la curva de salida, de la línea recta a través del origen es 0,006 V, la linealidad es entonces:

$$\text{Linealidad} = \frac{\text{desviación}}{\text{salida}} = \frac{0,006 \text{ V}}{5,00 \text{ V}} = 0,12 \, \%$$

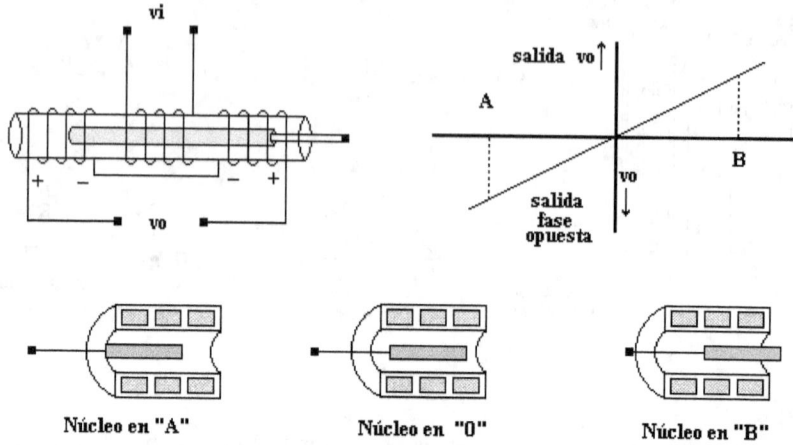

Figura 9-6 Transformador diferencial

Generalmente la tensión de salida del transformador actúa sobre un servomecanismo, que desplaza automáticamente un cursor con un índice y una escala hasta una posición tal que su desplazamiento corresponda con el desplazamiento del núcleo.

Algunos sistemas utilizan dos transformadores conectados siguiendo la técnica del balance nulo. Eliminando de esta manera los errores por alinealidades de los transformadores.

9.3.3. Trasductores de presión

La presión de un fluido puede medirse en forma indirecta si la misma se usa para producir un desplazamiento mecánico usando extensometros o transformadores lineales. También se puede medir si la misma modifica en forma directa algún parámetro eléctrico como la capacidad. En la siguiente figura se muestra el esquema de un trasductor de capacitor variable. La presión de referencia del trasductor de este ejemplo puede ser la presión atmosférica (para medición de presión relativa), el vacío (para medición de presión absoluta, o un fluido como segunda presión de interés (para mediciones de presión diferencial)

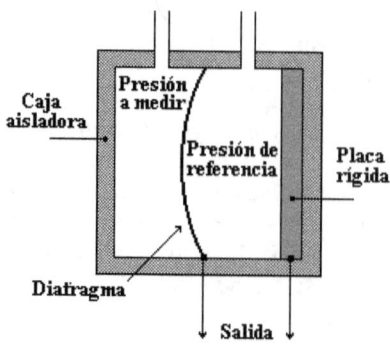

Figura 9-7

Un diafragma metálico se mueve dentro del trasductor aproximándose o alejándose de una placa rígida y por tanto causa un cambio en la capacidad de la estructura. Si se hace que el valor de la capacidad sea parte de un circuito oscilador, la frecuencia del mismo cambiara al cambiar el valor de la capacidad.

Otra manera de obtener una salida eléctrica consiste en cargar el capacitor en reposo con una fuente de elevada impedancia; si luego se modifica la capacidad manteniéndose fija la carga, la tensión a bornes del mismo se modifica puesto que:

$$C = \frac{Q}{V}$$

Donde:

Q = Carga acumulada en las armaduras del capacitor
V = Tensión a bornes del capacitor
C = Capacidad del sensor.

9.4. Introducción a los sistemas de instrumentación.

Los sistemas electrónicos de medición son conjuntos de instrumentos, dispositivos y subsistemas en general interconectados entre si cuya propósito es llevar a cabo una función general de medición. Además de efectuar correctamente su función individual, los elementos que componen el sistema deben trabajar eficazmente en conjunto, lo cual pone en evidencia la importancia de una adecuada interconexión que permita el funcionamiento general de manera coordinada y compatible.

En la actualidad, el trabajo de Ingeniería en los sistemas de instrumentación consiste principalmente en el acondicionamiento de señales y la interconexión de instrumentos u otros dispositivos ya existentes (pocas veces también se requiere el desarrollo de aparatos de medición que no existen previamente).

El tema de la interconexión de instrumentos es bastante amplio. Se pueden encuadrar dentro del mismo ejemplos que corresponden a situaciones tan dispares como pueden ser: La conexión de un generador de barrido y marcas con un osciloscopio para efectuar el ajuste de la curva de respuesta de un amplificador, o la interconexión de distintos sensores con un sistema de adquisición de datos y una computadora para implementar un sistema de medición o banco de pruebas de motores a explosión.

Podemos darnos por satisfechos si como resultado del presente estudio, se obtiene una visión general suficientemente clara como para que el estudiante tenga en el futuro al menos una idea de por donde empezar a encarar el problema si se le plantea una situación de este tipo.

Para empezar el estudio por alguna parte se lo hará intentando hacer una clasificación desde el punto de vista de la forma en que se efectuan las interconexiones (o interfases).

La coexistencia de técnicas de mediciones analógicas con digitales cuando se trata de implementar un sistema de instrumentación origina alguna de las siguientes situaciones:

1. *Interconexión de instrumentos o subsistemas analógicos con analógicos.* (Sistemas Analógicos)

2. ***Interconexión de instrumentos o subsistemas analógicos con digitales.*** (Sistemas Analógicos Digitales).

3. ***Interconexión de instrumentos o subsistemas digitales con digitales.*** (Sistemas Digitales*).*

Se describirán a continuación cada una de las situaciones apuntadas teniendo en cuenta que muchos de los puntos y temas abordados en el presente estudio ya han sido tratados anteriormente en forma aislada. Por ese motivo, los conceptos e ideas que se dan a continuación constituyen una visión de conjunto del tema y no se estudiará directamente cada subsistema o componente sinó que en lo posible se hará referencia al punto o item en el cual se estudió previamente el mismo.

9.4.1. Sistemas Analógicos.

Los sistemas compuestos en base a dispositivos totalmente analógicos fueron los primeros en aparecer y por ello la mayoría de los problemas relacionados con su implementación están resueltos. Sin embargo su uso es limitado a aquellas situaciones no demasiado complejas (es decir donde las variables involucradas son pocas) en las que se puede tolerar una menor exactitud y en las que se necesita un amplio ancho de banda. (Procesos que varian rapidamente en el tiempo).

Los elementos típicos que componen un sistema pueden ser todos o algunos de los siguientes:

- **Fuentes de señal**: Son elementos que producen señales como resultado de la medición directa de una magnitud eléctrica o que convierten otro parámetro físico en una señal (Trasductores).

- **Elementos que acondicionan las señales analógicas**: Tales como; amplificadores, filtros, adaptadores de impedancia, etc.

- **Instrumentos de medición propiamente dichos**: Tales como voltímetros, osciloscopios, etc.

- **Instrumentos de registro gráfico**: Por ejemplo registradores sobre papel.

- **Grabadores analógicos de cinta magnética**.

Para interconectar adecuadamente todos los elementos de los sistemas analógicos se deben tener en cuenta los siguientes aspectos:

- Igualación de impedancias de salida y cargas.
- Transmisión adecuada de las señales analógicas.
- Disminución o eliminación de ruidos e interferencias.
- Puesta a tierra adecuada de los instrumentos (tanto desde el punto de vista de la eliminación de ruidos o interferencias como de la seguridad).

Algunos de los problemas de interconexión que deben resolverse ya se han descrito con anterioridad por ejemplo al estudiar el tema relacionado con los amplificadores de instumentación y el tratamiento y eliminación de interferencia mediante sistemas de guarda.

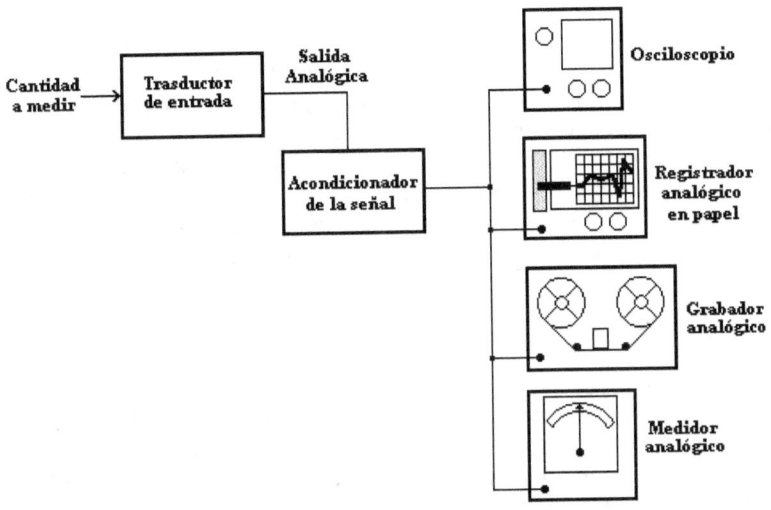

Figura 9-8 Ejemplo de un sistema sencillo de medición analógica

El elemento o bloque clave de un sistema de medición como el que se muestra es el acondicionador de señal analógica.

Las señales analógicas provenientes de fuentes o trasductores raramente tienen la forma o nivel necesario para mostrarse o registrarse directamente. Generalmente se las debe hacer pasar primero por una serie de procesos de acondicionamiento entre los cuales pueden estar todos o algunos de los siguientes: Amplificación, filtrado, linealización corrimiento y amortiguación. El proceso de amplificación (y algunas veces el de corrimiento) se lleva a cabo mediante amplificadores de instrumentación. Hay firmas comerciales que canalizan sus actividades principalmente a este segmento de la técnica y han desarrollado una múltiple variedad de dispositivos apropiados para este uso.

9.4.2. Transmisión de señales analógicas.

La transmisión de señales entre los diversos dispositivos de un sistema de medición es otro de los puntos claves para el buen funcionamiento del mismo.

La transmisión de señales analógicas de bajo nivel a larga distancia es muy susceptible de degradarse debido a captación de ruido externo y a las pérdidas por resistencia de los conductores particularmente cuando las longitudes son considerable. Por lo tanto generalmente se emplean uno de los siguientes dos métodos.

- **Transmisión de Voltaje analógico**: Si la distancia es menor de unos 30 metros, se aumenta el nivel de la señal mediante el empleo de amplificadores de instrumentación. Los niveles de voltaje habituales son entre 0 y 10 V, con estos valores y con la adopción de buenos blindajes y guardas la degradación es mínima. Desde el punto de vista económico, el método es menos costoso que el de transmisión de corriente que se describe a continuación.

- **Transmisión de corriente analógica**: Para distancias mayores de 30 metros y hasta unos 3 Km. se prefiere emplear una señal analógica de corriente. Se usa por lo general un valor de corriente que fluctúa entre 4 mA (nivel de señal cero) y 20 mA (nivel máximo). El método es sumamente seguro porque prácticamente se independiza de las variaciones aleatorias de resistencia de los conductores usados (por ejemplo por temperatura); además la falta repentina de corriente en el circuito es un síntoma claro de una falla en el sistema (observe que el nivel cero de señal no corresponde a un nivel cero de corriente).

9.5. Sistemas Analógicos Digitales.

Los sistemas de Medición en los cuales los datos medidos se adquieren en forma analógica, pero a continuación se convierten a forma digital antes de mostrarlos o transmitirlos tienen un uso muy amplio. Con mas frecuencia se emplean cuando la señal eléctrica o el proceso físico que se está monitoreando presenta un estrecho ancho de banda (un ejemplo sería una señal o proceso que varia muy lentamente) y cuando se necesita una gran exactitud.

Los sistemas Analógicos Digitales pueden ser desde muy sencillos (con un único canal de entrada) hasta mas complejos con múltiples canales de entrada.

La principal ventaja de estos sistemas es que poseen una inmunidad mucho mayor a la captación de ruidos que un sistema totalmente analógico.

Un sistema analógico a digital puede contener algunos o todos los elementos que se detallan a continuación:

- **La fuente de señal** (Señal eléctrica directa o de trasductor).
- **Un multiplexor** (En los sitemas multicanal).
- **Acondicionador de señal** (Amplificador, filtro, etc.)
- **Circuito de muestra retención** (Cuantifica la señal analógica)
- **Conversor A/D** (Se describieron al estudiar los voltímetros digitales).
- **Dispositivo de Control del sistema** (Habitualmente un microprocesador o una computadora).

Los multímetros digitales (Particularmente los que permiten medir magnitudes no eléctricas como por ejemplo temperatura) pueden ser considerados como un ejemplo sencillo de un sistema analógico a digital.

Un ejemplo mas complejo de un sistema analógico a digital es el sistema de adquisición y conversión de datos cuyo diagrama en bloques se muestra a continuación.

El sistema que se muestra en la figura 9 es el ejemplo mas sencillo de una manera en la que se puede configurar un sistema de adquisición de datos multicanal. Esta configuración parece apropiada porque da un sistema de bajo costo y eficiente ya que se usa un único amplificador de instrumentación que se comparte con todas las entradas mediante el multiplexor analógico. Sin embargo hay algunas desventajas que deben tenerse en cuenta a la hora de efectuar una elección y que se apuntan a continuación

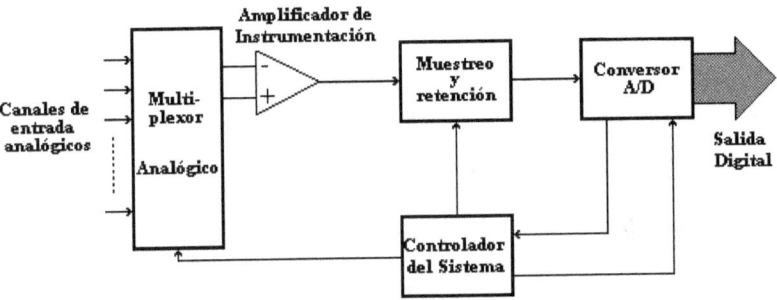

Figura 9-9 Configuración sencilla de un sistema multicanal analógico a digital.

1) Como se amplifica después de multiplexar, se debe tener cuidado en la elección del multiplexor apropiado que debe tener entrada y salida diferencial y manejar los niveles de entrada que eventualmente pueden ser de bajo nivel (es decir <1V).

2) Debido a las limitaciones impuestas por el modo en que trabajan los conversores A/D, es difícil manejar rangos dinámicos amplios entre los distintos canales de entrada del multiplexor. Por lo tanto el sistema es aplicable siempre y cuando todas las señales de entrada al sistema tengan amplitudes que estén dentro del mismo margen de valores.

Finalmente, los tiempos de asentamiento de los canales de entrada pueden variar ampliamente si las fuentes de señal presentan diferentes impedancias al amplificador de instrumentación del sistema.

Como resultado de estas limitaciones, esta configuración sencilla no es aplicable en todos los casos. Se debe optar por una variante como la que se muestra a continuación:

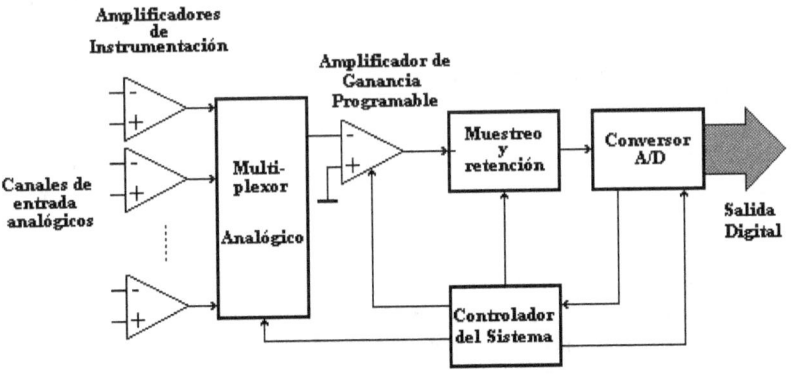

Figura 9-10. Sistema de adquisición de datos con acondicionamiento previo.

En los sistemas que se implementan con la filosofía del diagrama de la figura 10 la adopción de amplificadores individuales para cada una de las entradas posibilita un mejor comportamiento ante la presencia de señales de entrada menores de 1V o con rangos dinámicos grandes. Además la presencia del amplificador de ganancia programable mediante señales externas provenientes del controlador optimiza el funcionamiento del conversor A/D.

Un aspecto importante a tener en cuenta es que en los dos casos anteriores se debe ubicar el conjunto de dispositvos que manejan señales analógicas lo mas cerca posible de las fuentes de señal a fin de reducir los problemas de ruidos e interferencia. Cuando esto es dificultoso o imposible se debe pensar en adoptar alguna solución en la cual la conversión A/ D se haga en las cercanías de la fuente de señal y la transmisión y su posterior multiplexado se efectúe con señales totalmente digitales; el esquema de la figura 11 es un ejemplo de este tipo de sistema.

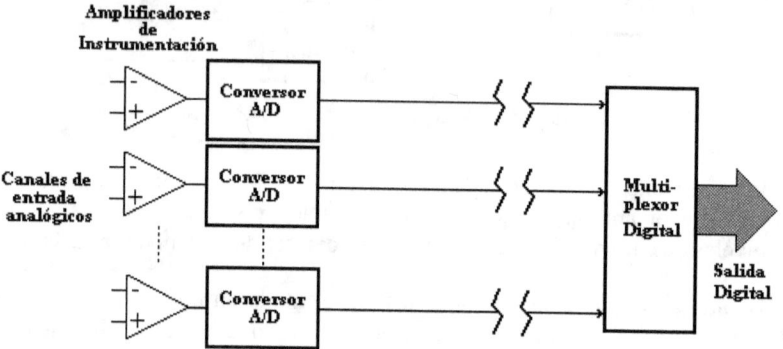

Figura 9-11. Configuración de un sistema en el que las señales analógicas de entrada se convierten individualmente en señales digitales

En este tipo de configuración, cada canal aplica la señal de entrada a su propio conjunto Amplificador / Conversor A/D que está ubicado muy cercano a la fuente de señal, la salida digital de cada canal se transmite entonces a un multiplexor digital que no necesita estar en las cercanías del sensor. La transmisión digital de datos reduce la posibilidad de degradación originada por la captación de ruido externo y por las pérdidas en los conductores. Generalmente los conversores A/D usados son del tipo de integración (Doble rampa o Conversor tensión frecuencia) lo que elimina la necesidad de usar circuitos de muestra - retención.

A partir de un sistema como el descripto se abre una perspectiva distinta del problema planteado hasta ahora, que puede resumirse en la siguiente pregunta: ¿Como se transmiten o bajo que normas o condiciones se manipulan los datos digitales producidos?. La respuesta a esta pregunta se dará al tratar el tema de interconexión de instrumentos o subsistemas digitales que se vera seguidamente.

9.5.1. Sistemas Digitales

Los datos medidos y convertidos a formas digitales o los que provienen de dispositivos o instrumentos propiamente digitales se pueden transmitir a sus puntos de destino usando las técnicas apropiadas a distancias virtualmente ilimitadas. Además, la transmisión de datos puede llevarse a cabo en una forma altamente eficiente y prácticamente sin error.

El tema general de la transmisión de datos digitales y de la interconexión de subsistemas es muy extenso y excede los objetivos del presente curso. Abarca técnicas de transferencia de datos dentro y entre computadoras, de computadoras a periféricos (Impresoras, Unidades de memoria, Teclados, etc.) y entre instrumentos y computadoras. Justamente este último punto es el de mayor interés para el curso de mediciones electrónicas y en este se centrara el esfuerzo.

La transmisión de datos en sistemas de instrumentación se efectúa para cumplir alguno de los siguientes dos funciones:

1) **Adquisición de datos** en tiempo real, en la cual esencialmente se envían datos del instrumento o sistema al dispositivo de presentación (por ejemplo datos provenientes de un sensor que se envían para su registro en una impresora).

2) **Adquisición y control de datos** en tiempo real, en la cual hay un intercambio de datos y señales de control entre los dispositivos o instrumentos (Por ejemplo un sistema de medición automático que requiere un generador de señales cuya frecuencia debe variarse a medida que se efectúa el proceso; en ese caso un dispositivo tal como una computadora, recibe datos y envía señales de control al generador para variar su frecuencia).

9.5.2. Distintas formas de enviar señales en forma digital.

La transmisión de datos o señales de control en forma digital se pueden efectuar de alguna de las siguientes maneras.

1. En paralelo

2. Decimal codificado binario (BCD)

3. Barra de distribución IEEE-488

4. Barra de distribución CAMAC

5. En serie, asincrónica.

En realidad la lista precedente no es una clasificación en el sentido clásico del término ya que por ejemplo: La barras de distribución IEEE-488 y CAMAC son sistemas de interconexión que pueden clasificarse como interfaces paralelas, y el sistema BCD puede ser tanto paralelo como serie. El objeto principal del presente curso es el estudio de la barra de distribución IEEE-488 y la norma o estándar asociada a la misma por lo cual se describirá primero brevemente el concepto general en que se basan las interfaces paralelo.

Los datos digitales se transmiten a lo largo de trayectos que pueden consistir físicamente en conductores, ondas de radio, microondas, enlaces ópticos, etc.. Estos trayectos reciben el nombre genérico de "Barras de distribución", o mas comúnmente "Bus de datos", y consisten en líneas de datos propiamente dichas mas un conjunto de líneas de control necesarias para sincronizar el funcionamiento del sistema).

Los datos digitales que se transmiten deben estar codificados en algún formato digital apropiado y en forma de una palabra de por ejemplo 8 bits. Si todos los bits que componen la palabra se transmiten simultáneamente, esto se llama **transmisión paralelo** (nótese que para esto es necesario contar con una línea individual para cada bit). La interface paralelo es apropiada para sistemas en los cuales las partes componentes del mismo no se encuentran demasiado alejadas entre si. Para largas distancias el costo de proporcionar una línea para cada bit puede ser excesivo y en este caso se prefieren usar métodos que usan un solo conductor o línea para transmitir los datos y señales de control en **serie** (es decir, un bit a la vez).

Los datos en todos los sistemas (en serie o, paralelo) pueden ser transmitidos en forma sincrónica o asincrónica. La transmisión sincrónica requiere del envío de pulsos de reloj para sincronizar el conjunto. La velocidad de transferencia de datos puede ser muy alta, pero la distancia entre equipos debe ser necesariamente reducida y la implementación es compleja y costosa. Por lo tanto la transmisión sincrónica y en paralelo se limita a transferencia de datos dentro de y entre computadoras.

La transmisión de datos asíncrona se lleva a cabo sin el empleo de pulsos de sincronización o reloj. En lugar de ello se necesita transmitir señales de reconocimiento (handshake) entre los dispositivos transmisores y receptores. El reconocimiento es una técnica en la que el dispositivo transmisor manda un pulso que dice "*Datos listos*" y queda en espera hasta que el receptor envíe a su vez un pulso que significa "*De acuerdo*" luego de lo cual recién se efectúa la transmisión. Los sistemas rudimentarios en paralelo requieren al menos dos líneas extras para llevar a cabo esta función. El reconocimiento en sistemas asíncronos en serie se lleva a cabo de manera diferente ya que no es posible disponer de líneas extras.

9.6. Bus IEEE-488

El estándar (o norma) IEEE-488 es una interfaces paralelo del tipo asíncrona. Se lo conoce también con el nombre Bus de interface de propósito general (o sus siglas en ingles GPIB).

Es útil hacer la distinción entre el estándar IEEE-488 y el bus IEEE-488. El estándar es un documento que enuncia las reglas, especificaciones, relaciones de sincronización, características físicas, etc. de una técnica de interface que permite interconectar instrumentos y dispositivos digitales. El Bus IEEE-488 son partes físicas (conductores, conectores, etc...) que se emplea para implementar el estándar.

El estándar define las especificaciones eléctricas, mecánicas y funcionales de la interface de instrumentos. Las especificaciones eléctricas describen los parámetros eléctricos de las señales digitales transmitidas en el bus (como voltajes y corrientes que corresponden a los niveles lógicos, etc.). Las especificaciones mecánicas definen la configuración física (número de conductores, tipo de conector, designación de patas, etc.). Las especificaciones funcionales determinan el usos preciso de cada una de las líneas de señal, las reglas (protocolo) que se deben seguir para transferir correctamente mensajes a través de la interface incluyendo el procedimiento de reconocimiento. A continuación se describen las mas importantes de estas especificaciones.

La estructura del bus IEEE-488 comprende dieciséis líneas de señal de las cuales ocho son líneas de señal propiamente dichas, tres son para la función de reconocimiento, y cinco líneas para funciones de administración del bus.

Se pueden conectar hasta 15 instrumentos en casi cualquier modo al bus, si la longitud total del cable no es mayor de 20 metros.

Se pueden transmitir datos con velocidades de hasta 1 Mbyte por segundo (aunque las velocidades reales casi nunca son mayores de 500 Kbyte por segundo).

Las señales transmitidas son compatibles con los niveles TTL, aunque se emplea una convención lógica negativa).

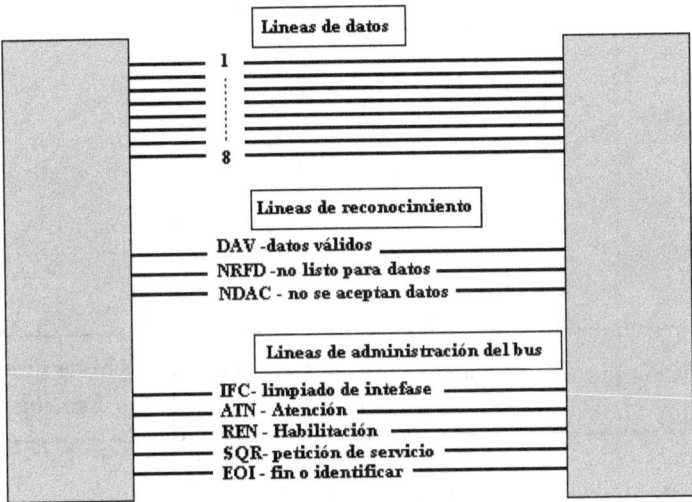

Figura 9-12 Estructura del Bus IEEE-488

El formato de codificación digital no esta definido por la norma y por lo tanto como no hay garantía que los instrumentos usen todos el mismo formato en general sucede que dos instrumentos interconectados con el sistema IEEE-488 pueden ser siempre capaces de hablar uno con otro, pero no siempre son capaces de comprenderse entre sí. Sin embargo conviene decir que la mayoría de los instrumentos que adoptan la norma están preparados para usar el código ASCII ya que es el utilizado por las computadoras personales que se utilizan habitualmente como controladores.

Los instrumentos y dispositivos conectados al bus están agrupados en cuatro categorías:

1) **Los controladores** (Por ejemplo: computadoras o calculadoras digitales), que administran la operación y dirigen el flujo de datos en el bus.

2) **Los escuchas** (Por ejemplo: Impresoras, registradores etc.) que solo son capaces de recibir datos.

3) **Los mensajeros** (Por ejemplo: los voltímetros digitales y sistemas de adquisición de datos), que solo pueden enviar datos sobre el bus a los escuchas.

4) **Los mensajeros/escuchas** (Por ejemplo: los multímetros digitales y los generadores de señales cuya frecuencia puede controlarse externamente), que tienen la capacidad tanto de recibir o mandar datos (en ese sentido también los controladores deben tener capacidad de funcionar como mensajeros y como escuchas).

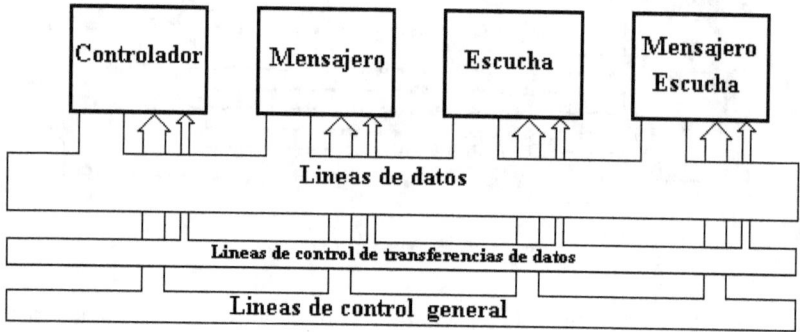

Figura 9-13 Estructura de un sistema en base al bus IEEE-488

Para diferenciar cada dispositivo o instrumento se emplea una técnica denominada "direccionamiento". Cada uno de los instrumentos tiene una dirección única la cual puede definirse de antemano mediante un juego de llaves o puentes que poseen generalmente en un lugar accesible hay cerca del conector del bus.

Los conceptos e ideas que se acaban de exponer son suficientes para, de ahora en mas, encarar el estudio mas detallado del estándar a fin de resolver un problema específico de interconexión de instrumentos para implementar un sistema de instrumentación.

10

Mediciones en el campo de las radio frecuencias

- Voltímetros con detector de valor pico, montaje del detector. Detectores para microondas.

- Atenuadores, atenuadores calibrados. Guias de ondas ranuradas. Ondámetros.

- Métodos para medir potencia en R.F. - Método bolométrico. Método del puente equilibrado, método del puente desequilibrado.

- Acopladores - Acopladores direccionales.

Al completar el estudio de esta unidad Ud. será capaz de:

- Usar un voltímetro con detector de valor pico para medir en R.F.

- Usar instrumentos para medir potencia en R.F.

- Tendrá una base suficiente para abordar el estudio del problema general de mediciones en RF.

10.1. Generalidades.

Para la mayor parte de las mediciones que se efectuan en el campo de la tecnica electronica y de telecomunicaciones, se utilizan instrumentos o aparatos de medicion que en escencia miden una tension, una corriente o una potencia. (Piense el lector, por ejemplo, en un osciloscopio; que en realidad es un instrumento que mide tensiones en el dominio del tiempo). Si bien la idea basica que se corresponde con cada tipo de medicion es siempre la misma, (por ejemplo: para medir una intensidad de corriente, normalmente debe abrirse el circuito bajo pruebas, e intercalar el instrumento de medicion), lo cierto es que los instrumentos y tecnicas a emplear presentan ciertas particularidades y caracteristicas especiales de acuerdo al margen de frecuencias dentro de las cuales se han de utilizar.

Cuando se trabaja en radio frecuencias, en desarrollo, mantenimiento, o verificacion de dispositivos o equipos, la medición de potencias mediante el empleo de watimetros de RF, es de principal importancia (por motivos que seran justificados luego). Sin embargo tambien se suelen utilizar otros instrumentos, como por ejemplo cierto tipo de Voltimetros que emplean detectores de valor pico, cuyo uso es ventajoso por las causas que se explican en el siguiente punto.

10.2. Voltímetros electrónicos para RF con detectores de valor pico.

Generalmente los instrumentos con detectores de valor pico, se usan en el campo de la radiofrecuencias, debido a que el detector propiamente dicho, puede ser instalado en la punta de pruebas y, de esta manera, la señal que debe enviarse por el cable que une esta con el instrumento propiamente dicho, es una tensión continua, eliminándose de este modo todos los problemas que se derivarían de tener que llevar la tensión a medir por una línea de transmisión. Por otro lado, los amplificadores de los voltímetros electrónicos, tienen un ancho de banda limitado, lo que limitaría grandemente el margen de frecuencias en que se podría medir. Al manejarse tensiones continuas, estos problemas desaparecen.

Básicamente un detector de valor pico, esta formado, al igual que un detector de valor medio, por un dispositivo que rectifica la señal a medir. Pero a diferencia de estos últimos, se hace uso de un capacitor de almacenamiento que se carga al valor pico de la señal. La tensión continua que se obtiene de esta manera, es la que se mide.

Los detectores de valor pico mas utilizados, son los mostrados en la figura 1.

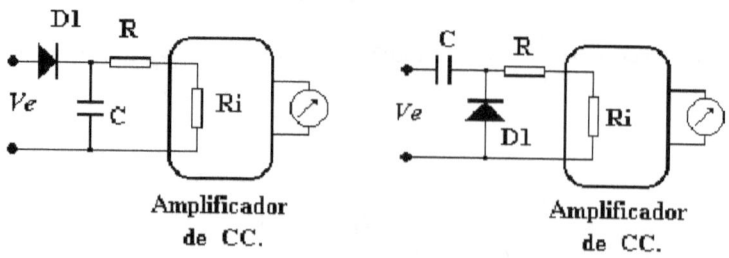

(a) Detector acoplado en CC   (b) Detector con bloqueo de CC

Figura 10-1

Las frecuencias típicas que pueden manejar las puntas detectoras de valor pico, pueden llegar hasta el orden de los 40 GHz. El amplificador de CC, sirve para aumentar la impedancia de la punta y la sensibilidad de la misma.

Como en todos los voltimetros, en los que emplean detectores de valor pico, la tensión de salida del detector debe ajustarse de manera que sea proporcional al valor eficaz de la tensión de entrada, cuyo valor es el que normalmente interesa conocer.

Las puntas detectoras de valor pico se construyen con el supuesto de que se van a medir señales con forma de onda sinusoidal. Si la tensión de entrada es por ejemplo:

$$ve = Vm \ sen \ \theta$$

Su valor eficaz viene dado por:

$$V = \frac{Vm}{\sqrt{2}}$$

La salida de la punta deberá ser:

$$vo = V \quad o \quad sea, \quad vo = Vm \ / \ \sqrt{2}$$

La relación $1/\sqrt{2}$, se obtiene por medio de divisores resistivos, donde generalmente se considera como parte del mismo la propia resistencia de entrada del amplificador.

En realidad, a cualquier voltímetro electrónico de CC, como los ya vistos, se le puede adosar una punta detectora de valor pico, (como se vera en el problema que sobre el tema se incluye al final de esta unidad).

Las principales desventajas de los voltímetros de respuesta al valor pico son: La susceptibilidad de cometer errores al medir formas de onda que no son perfectamente sinusoidales. (Por ejemplo con contenido armónico o asimétricas). También es evidente que para valores muy pequeños de tensión a medir (por debajo de la tensión de umbral de los diodos usados), comienzan a producirse errores por alinealidades. (Por este motivo, para algunas utilizaciones, todavía no pueden ser desplazadas las válvulas de vacío, que pueden conducir con tensiones de ánodo próximas a cero). La tercera desventaja aparece cuando la señal que se mide no es simétrica. En este caso, la lectura del instrumento será distinta, según la posición de la punta detectora. (Debido a que en un sentido, se detectará el semiciclo positivo, y en el otro el negativo). Un método práctico para aproximarse al valor verdadero en un caso como este, es tomar el valor medio de las dos lecturas.

En realidad, como estas puntas (también llamadas sondas detectoras), se usan principalmente para medir en RF, todas estas desventajas, quedan minimizadas, pues generalmente en RF no interesan tanto conocer los valores absolutos, sino por ejemplo, relaciones entre tensiones, o el ajuste al máximo de un cierto valor.

10.2.1. Detectores de valor pico a pico

El problema de la no simetría de señales, puede evitarse si se dispone de un detector de valor pico a pico. La adición de un capacitor y un diodo extras, cambia un detector de valor pico para trabajar como detector de valor pico a pico. Esto produce una ventaja adicional, ya que la tensión continua disponible es ahora el doble de antes, lo que aumenta la sensibilidad, claro que también se baja la impedancia de entrada del conjunto.

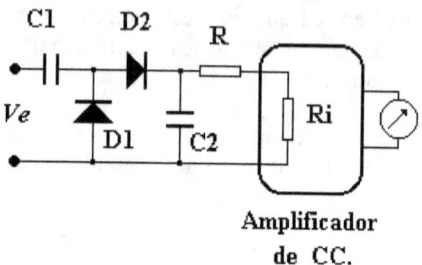

Figura 10-2. Detector de valor pico a pico

La principal diferencia entre los distintos tipos de puntas detectoras, es de tipo constructivo, de acuerdo al rango de frecuencias para la cual se vayan a utilizar.

Para frecuencias medias y altas, se pueden utilizar diodos semiconductores. Para VHF, es necesario utilizar diodos de baja capacidad entre catodo y ánodo, lo mismo que para microondas, con la salvedad que en estas ultimas, hace falta disponer de un montaje especial, ya que las microondas se conducen por guías de ondas; por lo que no hay un conductor propiamente dicho sobre el cual aplicar la punta, (en esta gama de frecuencias es donde mas se usa el termino sonda para designarlas).

10.2.2. Detectores para microondas

Los detectores usados para mediciones en el campo de las microondas (particularmente en los casos en que se usan guias de ondas) son en realidad dispositivos que detectan el campo eléctrico dentro de la guía.

Para microondas se utilizan los diodos tipo "bigote de gato" (ver figura). El bigote es de tungsteno, y se fabrica por procesos especiales que permiten obtener diámetros de la punta del orden de 12 microns. La oblea semiconductora es de silicio tipo "P" con impurezas de aluminio, la cual se somete a un procedimiento por el que forma una capa muy fina de óxido sobre una de las caras. El conjunto se ensambla en una cápsula cerámica con los terminales apropiados, y el proceso se termina ajustando la frecuencia de resonancia mecánica del conjunto con unos golpes aplicados al envase (razón por la cual es especialmente importante no someter a golpes innecesarios a estas puntas con el fin de evitar su rotura).

Una alternativa mas moderna es el diodo Schottky de metal-semiconductor, que aúna las ventajas de ser mas confiables y menos ruidosos que los de bigote de gato, por lo cual los van reemplazando paulatinamente.

Ambos diodos, exhiben una ley cuadrática, bajo condiciones de operación normal, por lo que la corriente de salida es proporcional al cuadrado del campo eléctrico que incide sobre el diodo.

$$I = A \cdot E^k$$

Donde A es una constante y k depende de las características del detector, (pero si se trabaja con niveles de potencia bajos se puede admitir sin demasiado error que $k = 2$), así la corriente de salida, permite hacer mediciones directas de potencia. En el caso de que se quieran comparar niveles de voltaje, se deben tomar las raíces cuadradas de las lecturas.

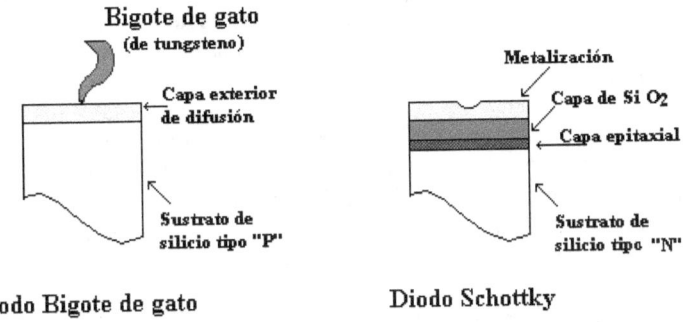

Figura 10-3

10.2.3. Montaje del detector

El diodo detector se puede montar sobre una línea coaxil, o una guía de ondas, dependiendo de donde se va a hacer la medición. En ambos casos se monta el mismo a través de la línea o guía, el otro extremo de la cual se pone en cortocircuito. La distancia entre el corto y el diodo, se varia para poder sintonizar el conjunto. A veces es necesario prepolarizar los diodos a los efectos de aumentar la sensibilidad del sistema.

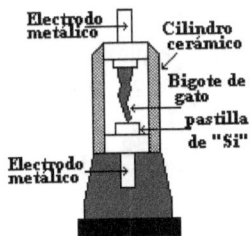

Figura 10-4. Capsula con diodo detector

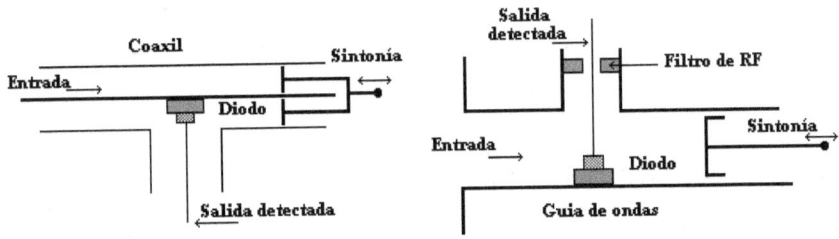

Figura 10-5 Montaje del diodo detector en lineas de transmisión y en guias de ondas

10.4. Atenuadores usados en las mediciones.

Muchos procesos de mediciones efectuados en el campo de las Radio Frecuencias hacen uso de atenuadores variables (que pueden ser calibrados o no). Las razones para que así ocurra (entre otras) son: por un lado el reducido rango dinámico de los instrumentos usados en esta gama de frecuencias; y por el otro, que generalmente suele ser mas útil efectuar medidas de relaciones de magnitudes que medidas de magnitudes absolutas. Por esto último, los atenuadores suelen estar calibrados en dB.

Para la parte mas baja del espectro de R.F, los atenuadores consisten en colecciones de resistores conmutables mediante llaves o pulsadores. A veces es necesario utilizar algún elemento de compensación (capacitores o inductores). En cambio a medida que se aumenta en frecuencia, las características constructivas varían substancialmente. A modo de ejemplo se describe a continuación como es un atenuador usado en la gama de microondas.

10.4.1. Atenuadores usados en microondas.

El tipo de atenuador que mas se usa en microondas consiste en un tramo de guía de ondas dentro de la cual se inserta mediante un tornillo, o algún otro mecanismo similar, una placa de material dieléctrico con pérdidas (generalmente un depósito de grafito en las caras de una placa de fibra de vidrio). En los atenuadores calibrados, el tornillo de ajuste tiene una cabeza con vernier o micrómetro graduado que permite, mediante una tabla o gráfica de contrastación, conocer con gran precisión la atenuación. La placa debe insertarse de manera de interceptar las líneas de campo eléctrico, este induce corrientes sobre el depósito resistivo que disipa potencia en forma de calor, es decir que el conjunto absorbe parte de la potencia que se transporta a lo largo de la guía.

Mediante el tornillo se puede hacer que la placa disipadora se ubique en las regiones de campo eléctrico reducido (para baja atenuación) o en las de campo eléctrico intenso (para elevada atenuación).

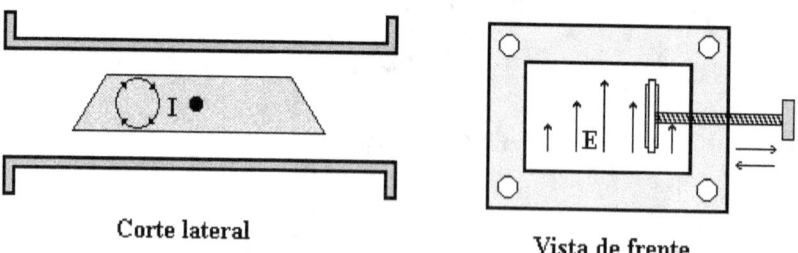

Corte lateral   Vista de frente

Figura 10-6. Guía de ondas con atenuador

10.4.2. Pérdidas por atenuación y Perdidas de inserción.

La perdida por atenuación de un atenuador se define como la relación entre la potencia que un generador podría entregar a una carga y la potencia que recibe la carga cuando se inserta el mismo entre el generador y la carga. Esta relación se expresa en decibeles mediante la ecuación:

$$A = 10 \cdot \log_{10} \frac{Po}{Pl}$$

donde **Po** es la potencia disipada en la carga sin la red y **Pl** es la potencia disipada cuando la red está insertada. Esta definición implica que la impedancia del generador y la de la carga estén adaptadas con la impedancia característica de la red, aunque no establece exigencia en cuanto al valor de la impedancia de la red. Así, la atenuación puede deberse también al efecto de las perdidas por reflexión, en el caso de que la red no esté adaptada a la **Zo** de la línea.

Un concepto similar que a veces se usa es el de "pérdida de inserción" de un cuadripolo (un atenuador es básicamente un cuadripolo). La pérdida de inserción toma en cuenta la relación entre la potencia entregada por el generador y la que se disipa en la carga, eliminando las exigencias de adaptación entre generador y carga. Su expresión en decibeles es:

$$A = 10 \cdot \log_{10} \frac{Pg}{Pl}$$

donde *Pg* es la potencia entregada por el generador y *Pl* es la potencia sobre la carga. Obviamente ambas expresiones son idénticas cuando las impedancias están adaptadas.

(Como el estudiante podrá comprobar mas adelante, el conceptos de "inserción" también se aplica al caso de la ganancia, y es posible también definir la "ganancia de inserción").

10.4.3. Guías de ondas ranuradas. (Ranuras radiantes y no radiantes)

Para poder efectuar mediciones de ondas estacionarias dentro de una guía de ondas es necesario introducir en la misma algún elemento de medición, es decir que se debe practicar algún tipo de abertura en las paredes de la guía. Las aberturas deben ser de la forma y el tamaño apropiadas para que su efecto sea mínimo en las propiedades de la guía.

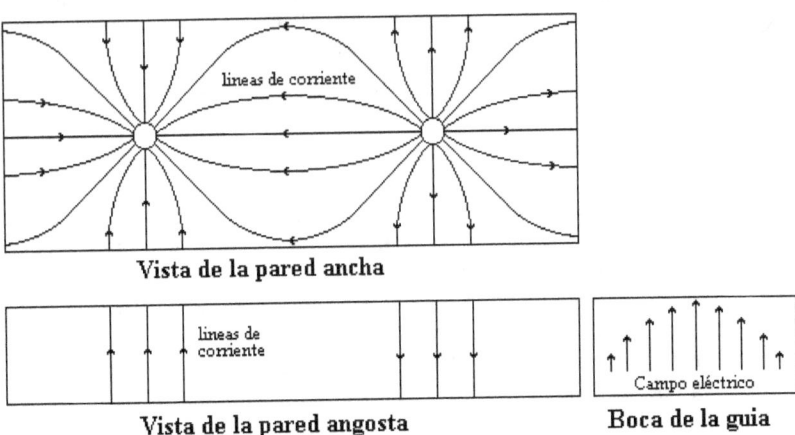

Figura 10-7 Representación de las direcciones de las corrientes en las paredes de una guía de ondas (modo TE_{10})

Generalmente es preferible la medición de campos eléctricos en vez de campos magnéticos, para ello se practica una ranura sobre una de las caras de la guía por la que se introduce una la punta de una sonda detectora en forma paralela a las líneas de campo eléctrico. La pared sobre la cual se practica dicha abertura, la forma y el tamaño de la ranura dependen del modo de propagación adoptado. La figura 7 muestra la distribución de las líneas de corriente y el campo eléctrico en la boca de una guía de ondas que adopta el modo de propagación TE_{10}.

Para una guía de ondas que usa el modo TE_{10} La ranura se ubica sobre el centro de la cara ancha de la guía y en forma paralela al eje de la misma. La razón por la cual la ranura se efectúa de este modo es que así se interfiere mínimamente en el flujo de corrientes a lo largo de las paredes de la guía, de manera que la presencia de la abertura no afecta mayormente las características de la guía.

Una ranura ubicada de esta forma se denomina "ranura no radiante", como contrapartida si la abertura intercepta líneas de corriente se trata de una "ranura radiante".

La sonda detectora del campo eléctrico va montada sobre un conjunto transportador que puede desplazarse sobre una regla graduada de manera que se puedan obtener muestras del campo en distintos puntos y determinar la posición de cada uno.

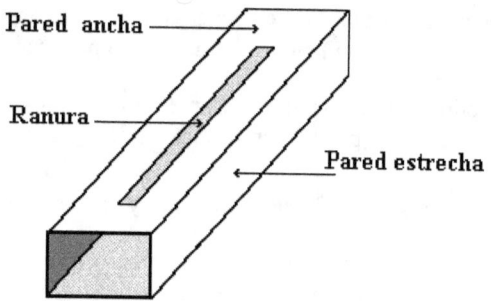

Figura 10-8 Guía de ondas ranurada.

La profundidad de penetración de la sonda en la ranura debe ser por un lado lo menor posible de manera de no producir reflexiones, y por el otro lado debe penetrar lo suficiente como para poder obtener una lectura apreciable de la intensidad del campo eléctrico. Se requiere una serie de ensayos de prueba y error hasta dar con una ubicación adecuada.

10.4.4. Medidas de frecuencia en microondas (ondámetros de absorción)

La medida de frecuencias en microondas se puede efectuar por medios analógicos mediante un ondámetro de absorción. El mismo consiste en un trozo de guía de ondas que se intercala en el sistema donde se pretende medir la frecuencia, en este trozo de guía se ha practicado una pequeña abertura radiante, sobre la cual se ubica una cavidad cilíndrica provista de un pistón que puede ser ajustado mediante un tornillo calibrado, La frecuencia de resonancia de la cavidad cilíndrica depende del tamaño de la misma y cuando esta se hace igual a la de la R.F. presente en la guía absorbe parte de la energía en ella presente, el efecto puede ser notado como un pozo (deep) en la lectura de un detector dispuesto en un punto ubicado entre el ondámetro y la carga.

La guía de ondas ranurada descripta en el punto anterior también puede usarse para medir frecuencias, ya que la distancia entre mínimos o máximos de una onda estacionaria es igual a $\lambda/2$; de manera que por cálculo puede obtenerse la frecuencia, claro que también intervienen las dimensiones físicas de la guía, así que la máxima exactitud del método puede estar alrededor del 1%. Con un ondámetro de absorción de buena calidad se pueden efectuar mediciones con exactitudes del orden del 0,1%

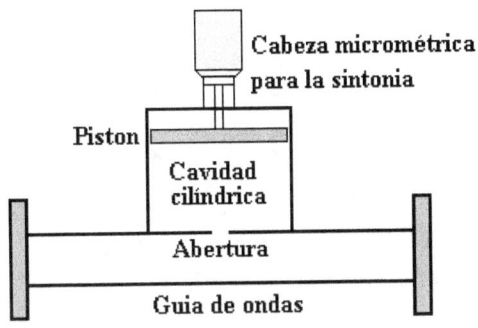

Figura 10-9 Ondámetro de absorción

10.5. Mediciones de Potencia en R.F

10.5.1. Generalidades

La importancia de las mediciones de potencia depende del orden de la frecuencia en la que se efectúa la medición; desde este punto de vista, podemos dividir las mismas en dos casos:

A) En el campo de las B.F. y en la parte baja de R.F. (Hasta unos 20 o 30 MHz.) es relativamente mas fácil y conveniente, medir tensiones, impedancias y corrientes que potencia.

B) En cambio a medida que se sube en el espectro de frecuencias (VHF y microondas) las mediciones de **V**, **I** y **Z** se tornan dificultosas y poco útiles porque estas magnitudes varían apreciablemente en relación con la geometría del sistema; lo que no sucede en cambio con la potencia.

Es habitual entonces que en el campo (A) sea mas común la determinación de la potencia en forma indirecta por medio de la medición de **V**, **I**, y **Z**; en tanto que en el campo (B) se han ideado instrumentos y métodos que permiten la lectura directa de la misma.

El método habitual para medir la potencia entregada por un circuito a una carga determinada consiste en determinar su resistencia interna y luego medir la tensión sobre la misma obteniéndose la potencia con la expresión,

$$W = \frac{V^2}{R}$$

Esta forma de medir es especialmente útil para determinar la potencia de salida de amplificadores y transmisores. Para ello se sustituye la carga real por un resistor especialmente diseñado de baja reactancia comúnmente denominado "Carga Fantasma"

10.5.2. Medición de potencia por el método bolométrico

En los métodos bolométricos, la potencia a medir, se aplica a un dispositivo de material resistivo llamado bolómetro especialmente construido que al disipar la energía de R.F. aumenta su temperatura; esta guarda cierta relación con la potencia disipada, la que puede determinarse midiendo la variación de la propia resistencia del bolómetro con un circuito puente adicional.

De esta manera es posible medir en forma directa, potencias de entre algunos microwat y fracciones de Watt; y en forma indirecta, usando acopladores, potencias mayores.

De acuerdo al grado de exactitud esperado en la medición, se usan "Métodos con puentes equilibrados" para las de gran exactitud, o "Métodos de puentes no equilibrados" cuando solo se necesita una aproximación, o si interesa mas la relación entre dos potencias (cuando se mide ROE), o si solo se trata de un instrumento usado para ajustar al máximo o al mínimo una determinada potencia.

10.5.3. Medición de potencia con un puente equilibrado

La figura 10 muestra la disposición de un aparato para la medición de potencia por el método bolométrico. El mismo consiste en:

- Un adaptador de impedancia formado por un tramo de línea coaxil que se ahusa en el extremo donde esta conectado el bolómetro; y que cumple la función de adaptar la impedancia de este ultimo a la del circuito al cual se le quiere medir la potencia.

- Un elemento bolométrico, donde se disipa la potencia a medir.

- Un capacitor de paso que cierra el circuito para R.F. pero mantiene aislado el bolómetro desde el punto de vista del circuito puente.

- Un circuito puente con una fuente de polarización de CC variable para polarizar el circuito.

- Un generador de baja frecuencia con un instrumento para indicar el nivel de salida del mismo.

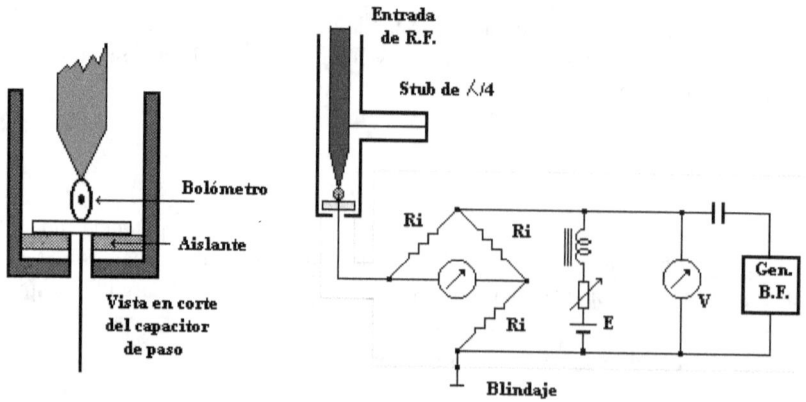

Figura 10-10

Para medir la potencia de RF se aplica simultáneamente con la misma una tensión proveniente del generador de B.F. (**V1**). A continuación, se ajusta la fuente de CC hasta que por efecto de la misma, mas la suma de las potencias RF y de BF, se equilibre el puente. (Es decir que la resistencia del bolómetro se haga igual a **R1**). Seguidamente se anula la señal de RF y en consecuencia el puente se desequilibrara al bajar la temperatura del bolómetro. Entonces para volver a equilibrar el puente es necesario aumentar el nivel de la señal de BF (**V2**). El aumento de potencia suministrada al bolómetro en esta fase de la medición, será numéricamente igual a la potencia de RF que se quiere medir; esta puede determinarse entonces con la siguiente expresión:

$$W = \frac{V2^2 - V1^2}{4R1}$$

Para obtener la mayor exactitud es necesario que la potencia de BF suministrada inicialmente al bolómetro no sea muy grande en comparación con la potencia de RF que se mide (en realidad convendría hacer **V1 = 0**). Se puede obtener un instrumento de lectura directa calibrando la indicación del voltímetro directamente en unidades de potencia.

El método puede ser manual o en algunos instrumentos modernos totalmente automatizado.

10.5.4. Medición de potencia con el puente no equilibrado

En algunas aplicaciones donde no se necesita una gran exactitud, es posible medir la potencia con el puente en condición de pequeño desequilibrio. El esquema de un instrumento de estas características es similar al de la figura 6 al que se le ha suprimido el generador de BF y en el cual la lectura de potencia se hace directamente sobre el instrumento "G1".

La principal desventaja de esta disposición es que la misma no es recomendable cuando se necesita mantener una adaptación de impedancias exacta, porque evidentemente al variar la potencia de RF varia la resistencia del elemento bolométrico y se altera en consecuencia la adaptación de impedancias.

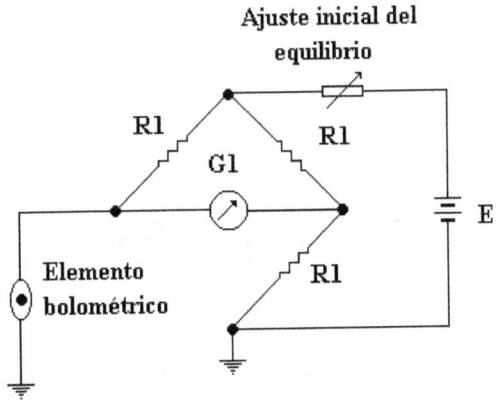

Figura 10-11

La condición de pequeño desequilibrio es una consecuencia de la desventaja anterior y además es necesaria para mantener una cierta linealidad entre los márgenes de potencias medibles y la tensión de desbalance que se produce.

10.6. Acopladores para R.F.

Un acoplador es un dispositivo que permite obtener una muestra de la señal de RF presente en una determinada parte de un circuito. La magnitud de la muestra guarda una relación con la señal principal, la que generalmente puede ajustarse con bastante exactitud teniendo en cuenta aspectos constructivos de la misma, o bien puede determinarse midiendo la potencia principal y la de la muestra. La relación entre ambas se llama grado de acoplamiento y este se expresa en dB. El acoplamiento puede hacerse muy pequeño como se desee. Esto trae dos ventajas; primero reduce al mínimo la influencia del acoplador sobre el circuito, y segundo permite la medición (o monitoreo) constante de potencias considerables con instrumentos relativamente sencillos.

Los acopladores mas difundidos son los "Acopladores direccionales". Estos dispositivos adosados a una línea de transmisión, permiten tomar muestras de las ondas que por la misma viajan con un sentido de propagación determinados no siendo afectados por las que viajan en sentido opuesto. Esto indica que su principal campo de aplicación es la medición de ondas estacionarias o el ajuste del ROE de una línea de transmisión o guía de ondas.

10.6.1. Acopladores Direccionales

La utilidad de un acoplador direccional en la medición de potencia se funda en el hecho de que toda onda progresiva en una línea de transmisión transmite potencia en el sentido de propagación, siendo la misma proporcional al cuadrado de la amplitud de la onda. Por lo tanto se puede usar la propiedad de los diodos usados como detectores que bajo condiciones normales de operación exhiben una ley cuadrática por lo cual se pueden implementar instrumentos que midan directamente la potencia.

10.6.2. Tipos de acopladores direccionales

Existen gran variedad de acopladores; sin embargo casi todos pueden asimilarse al montaje representado en la figura 12.

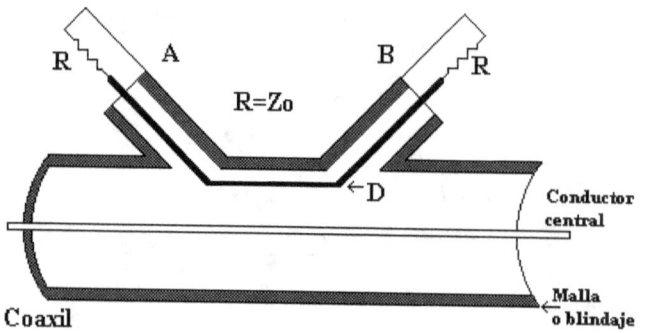

Figura 10-12

En el acoplador mostrado, el sistema primario es una línea coaxil y el sistema secundario consta de dos salidas coaxiles A y B conectadas por un lazo "D" que se introduce dentro de la línea primaria.

Sobre el lazo "D" se induce una tensión "E" por acoplamiento eléctrico; y una corriente "I" por acoplamiento magnético.

Si las dos salidas A y B se encuentran terminadas en sus respectivas impedancias características, sobre cada una de estas terminaciones aparecerán tensiones que serán proporcionales respectivamente a las ondas que viajan en cada uno de los dos sentidos.

En efecto, si se considera que el acoplamiento eléctrico inducirá corrientes que circularan hacia las respectivas terminaciones (como en 13 a) en tanto que el sentido de las corrientes inducidas por acoplamiento magnético dependerán del sentido de avance de la onda por la línea primaria (13 b y 13 c), si el grado de acoplamiento magnético y eléctrico es el mismo, las respectivas componentes se cancelaran entre si en cada uno de los extremos correspondientes al sentido de propagación de la onda en el sistema primario.

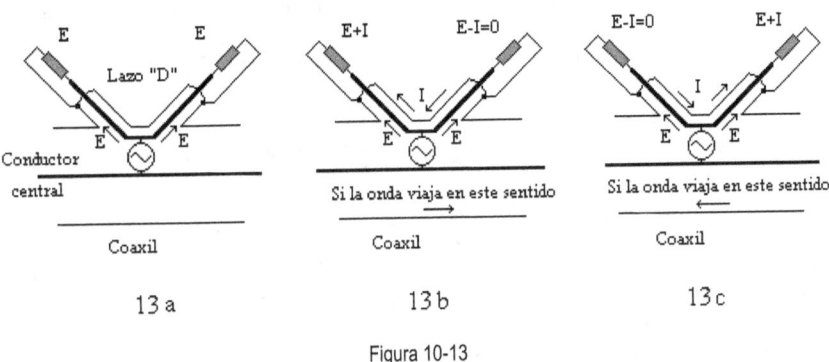

Figura 10-13

La magnitud de los acoplamientos pueden controlarse, teniendo en cuenta la frecuencia de la onda que se desplaza por el coaxil, ajustando la longitud, la sección y la forma del lazo "D". de manera que un determinado acoplador es útil solo para un margen de frecuencias determinadas. Es importante remarcar la necesidad de que las salidas A y B del dispositivo, se encuentren terminadas en sus respectivas impedancias características a fin de que las mismas no introduzcan a su vez reflexiones en el sistema que alteren las condiciones del ensayo.

10.7. Cuestionario y problemas

1) En que campo de las mediciones es útil un instrumento con detector de valor pico y porque?

2) Cuales son las diferencias, ventajas y desventajas de los detectores de valor pico acoplados en CC y en CA respectivamente?

3) Por que motivo es mas conveniente la medición de potencias que de tensiones y corrientes en las R.F.

4) Que es una carga fantasma?

5) Cuales son las características principales de una carga fantasma?

6) En un acoplador direccional, la medición de una tensión suele ser suficiente para la determinación de una potencia, como es esto posible?

7) Que es el grado de acoplamiento de un acoplador y en que unidades se lo expresa?

8) Cual es la principal desventaja de la medición efectuada con el método bolométrico con puente desbalanceado?

9) Que método o instrumento usaría Ud. si desea implementar un indicador continuo de potencia de salida de un TX de 500 W ?

10) Se tiene un voltímetro digital que usa la técnica de la doble rampa, cuya resistencia de entrada es 10 Mohms para todos los rangos de CC. Se desea implementar una punta detectora de valor pico con bloqueo de CC, para medir tensiones de radio frecuencias del orden de 0,3 a 30 MHz. que indique el valor eficaz. Cual será el valor de los componentes a usar y cual será la impedancia de entrada del conjunto formado por el voltímetro y la punta?.

11) Se ha dispuesto un acoplador direccional sobre una línea de transmisión para controlar el ROE de la misma, y medir la potencia emitida por un transmisor. El grado de acoplamiento del acoplador es de 50 dB y la resistencia de terminación del acoplador en cada una de sus salidas es de 100 ohms; si la tensión sobre esta resistencia se mide con un detector diodico siendo la lectura del mismo 100 mV en un sentido y 10 mV en el otro. Cual es la potencia que viaja en cada sentido?

11

Mediciones en amplificadores. Generadores de señales

- Consideraciones generales. Ganancia de un amplificador, definiciones. Reglas generales para la medición de ganancia en amplificadores

- Distorsión en los amplificadores. Distorsión de amplitud o alineal. Aprovechamiento de los efectos producidos por la alinealidad.

- Respuesta en frecuencia de los amplificadores. Distorsión de frecuencia y de fase en amplificadores. Análisis de la respuesta en frecuencia de amplificadores mediante el uso de ondas cuadradas.

- Medición de la potencia de salida de un amplificador. Medida de la distorsión por alinealidad en amplificadores.

- Clasificación de los generadores. Osciladores, selección de un oscilador.

- Generadores de barrido de frecuencia. Generadores de pulsos. Generadores de funciones.

- Apéndice: Mediciones en receptores. Medida de la Propagación del campo electromagnético.

Al completar esta unidad, Ud. será capaz de hacer lo siguiente:

- Seleccionar el método y los instrumentos, apropiados para cada caso, que se requieren para determinar las características y especificaciones de amplificadores.

- Distinguir entre los distintos tipos de generadores y elegir el apropiado para un determinado fin.

- Interpretar y hacer uso de las especificaciones de los generadores de señales, pulsos y funciones.

11.1. Consideraciones generales.

Las distintas clases de amplificadores que existen se diferencian entre sí por la tecnología empleada para su implementación, que difiere notablemente dependiendo de los márgenes de frecuencias y las aplicaciones para las cuales están destinados los mismos. Como consecuencia de esto también son diferentes las técnicas y los instrumentos que se deben emplear para la medición de determinadas características, como pueden ser, la ganancia, la respuesta en frecuencia, las impedancias de entrada y salida, la distorsión, etc...

Tomando el caso de la ganancia, es necesario saber cual es la naturaleza de la ganancia que se desea medir, por ejemplo, si se trata de ganancia de potencia o ganancia de voltaje, ya que aunque se puede pasar de uno a otro valor mediante cálculo, puede resultar más fácil optar por una forma u otra dependiendo de ciertas consideraciones que conviene estudiar previamente antes de entrar en el tema de los métodos a emplear.

Cuando el margen de frecuencias dentro del cual opera un amplificador es bajo (por ejemplo audiofrecuencias), es muy simple efectuar mediciones de tensiones, y los resultados obtenidos permiten determinar la ganancia de tensión y/o la ganancia de potencia (sí se conocen los valores de resistencia asociados).

En cambio, si las frecuencias son lo suficientemente elevadas para que las longitudes de onda que están en juego sean comparables a las longitudes físicas de los conductores usados para la conexión de los instrumentos de medida, las tensiones pueden variar notablemente debido a la aparición de ondas estacionarias. Entonces en estos casos es más conveniente efectuar mediciones de potencias en forma directa.

La regla practica es: Si las longitudes físicas de los conductores son menores que un octavo (1/8) de la longitud de onda puesta en juego, se pueden medir tensiones. Si se supera dicho valor, es conveniente medir potencias.

11.1.2. Ganancia de un amplificador, definiciones.

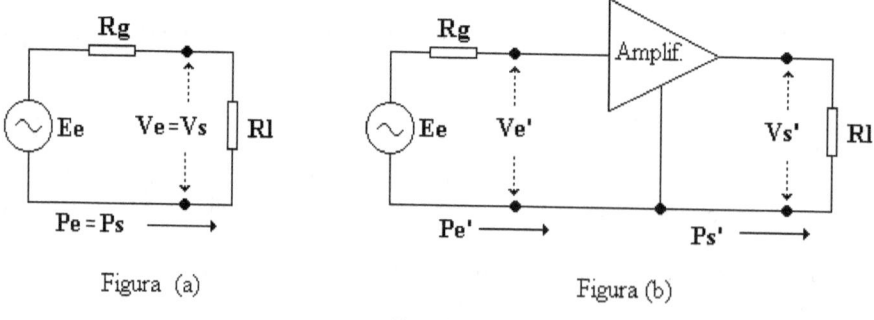

Figura (a)

Figura (b)

Figura 11-1

En los sistemas de comunicaciones, los amplificadores se usan, entre otras cosas, para aumentar el nivel de las señales que se transportan a fin de facilitar su detección. Para ello, el amplificador debe ser intercalado entre la fuente o generador de señal y la carga. El dibujo que sigue ilustra la situación.

El esquema (a) representa una fuente de señal conectada a una carga:. En el esquema (b) se ha intercalado un amplificador entre la fuente y la carga. Sobre la base de las diferentes situaciones que pueden darse en lo que respecta a impedancias de fuente, carga, entrada y salida del amplificador, se pueden dar las siguientes definiciones útiles:

11.1.1. Ganancia de inserción (Gi).

Esta forma de definir la ganancia, se utiliza en sistemas donde las impedancias de entrada y salida se mantienen, y los amplificadores (o atenuadores) pueden intercalarse o retirarse en cualquier parte del mismo con bastante libertad, por ejemplo en una red telefónica (donde la impedancia esta normalizada en 600 ohm), o en una red de televisión por cable (75 ohm). La ganancia de inserción (**Gi**) queda definida a partir de la relación entre el nivel de potencia o tensión sobre la carga con el amplificador intercalado y el nivel presente sin el amplificador.

$$Gi(potencia) = 10 \log \frac{Ps'}{Ps} \qquad \text{o bien,} \qquad Gi(tension) = 20 \log \frac{Vs'}{Vs}$$

Es evidente que la ganancia de inserción dependerá de los valores de impedancia de la fuente y de la carga, y eventualmente podría no corresponderse con la verdadera ganancia que se obtiene del amplificador, ni tampoco con el valor máximo de ganancia que pueda extraerse del mismo.

11.1.2. Ganancia de operación. (Gop.)

El verdadero valor de ganancia que el amplificador produce es la relación entre los niveles presentes a la salida y entrada del amplificador.

$$Gop(potencia) = 10 \log \frac{Ps'}{Pe'} \qquad ; \qquad Gop(tension) = 20 \log \frac{Vs'}{Ve'}$$

La ganancia de operación estará sujeta a las características del amplificador, y también al valor de la impedancia de carga, pero no depende de la impedancia de la fuente aplicada a la entrada

11.1.3. Ganancia de potencia de trasduccion (Gt)

$$Pdg = \left(\frac{Eg}{2}\right)^2 \cdot \frac{1}{Rg}$$

Se sabe que la potencia máxima disponible (**Pdg**) de la fuente aplicada a la entrada del amplificador es

$$Gt = 10 \log \frac{Ps'}{Pdg}$$

Que permite calcular la ganancia de potencia de trasduccion:

Es evidente que en este valor tendrá influencia, además de las características del amplificador, el valor de la impedancia de la fuente, y su valor será máximo cuando la fuente este adaptada a la entrada del amplificador..

11.1.4. Ganancia de potencia máxima disponible (Gd)

El valor máximo de ganancia de potencia que puede extraerse de un amplificador, se conseguirá cuando, además de la condición de máxima potencia transferida de la fuente a la entrada, también se cumpla que sobre la carga se disipa la máxima potencia disponible de salida (**Pds**), es decir:

$$Gd = 10 \log \frac{Pds}{Pdg}$$

Esta es la ganancia disponible que debe usarse en los cálculos y mediciones de ruido. Su valor es propio de las características del amplificador y aunque para su determinación es necesario adaptar al menos la salida del mismo, en realidad no depende de las impedancias de la fuente y de la carga.

En algunas circunstancias, también es posible definir un valor de "Ganancia de tensión máxima disponible", lo cual tiene sentido para el caso de amplificadores de tensión que habitualmente trabajan para una condición de carga próxima al circuito abierto, (que no se ajusta al modelo planteado inicialmente). En este caso, la ganancia disponible será:

$$Gd(tension) = 20 \cdot \log \frac{Vds(circuito\ abierto)}{Vdg}$$

Es importante destacar que los diferentes valores de ganancia de potencia definidos, son numéricamente equivalentes cuando se cumplen las condiciones de adaptación de impedancia a la entrada y salida del amplificador respectivamente.

11.1.5. Reglas generales para la medición de ganancia en amplificadores.

Para la mayor parte de los amplificadores lineales que se someten a ensayos o pruebas para determinar sus características, se deben seguir las siguientes reglas:

- Usar señales de entrada senoidales, sin distorsión, y cuya frecuencia sea representativa del uso a que esta destinado el amplificador. Si el mismo se usa en una "banda de frecuencias" que va desde f1 a f2, una regla práctica consiste en usar para el ensayo, una frecuencia igual a la media geométrica de la banda de paso, es decir:

$$F(ensayo) = \sqrt{f1 \cdot f2}$$

- En lo posible las condiciones del ensayo deben recrear las condiciones de uso, especialmente en lo que respecta a impedancias de carga y del generador. Este requisito debe ser especialmente tenido en cuenta en los amplificadores de RF.

- Los instrumentos de medición a utilizar no deben alterar, en lo posible, las magnitudes a medir. Por ejemplo la impedancia de entrada de los voltímetros debe ser lo mayor posible respecto de la que está presente en el punto del circuito sobre el que se va a medir. Esta condición es relativamente fácil de cumplir en amplificadores de audio y video, pero no en amplificadores de RF, sobre todo por las capacidades parásitas de las puntas de pruebas; en ese caso deberían tomarse las medidas pertinentes para resintonizar los circuitos antes de efectuar las mediciones.

- Se debe ajustar el nivel de la señal de entrada de tal forma que la salida tenga suficiente amplitud para que pueda ser medida con mínimos errores, y al mismo tiempo que este por encima de cualquier ruido o interferencia.

- Los generadores de señales a utilizar deben ser apropiados de acuerdo a los limites de frecuencia, forma de onda de salida, tipos de modulación (sí fuera necesario), e indicación del nivel de salida.

- La amplitud de la salida del amplificador debe estar lo suficientemente alejada de cualquier fenómeno de sobrecarga o saturación que pueda provocar distorsión y/o alteración de la ganancia.

En relación con el ultimo punto, es importante destacar que la medición de ganancia siempre se hace para una condición determinada de operación que garantice un determinado valor de distorsión, el cual debe poder medirse y expresarse en forma cuantitativa Por este motivo, se pasara a continuación, a tratar el tema general de la distorsión en amplificadores.

11.2. Distorsión en los amplificadores.

La distorsión en amplificadores lineales involucra, como concepto general, a todas las deformaciones que se producen sobre la forma de onda de salida respecto de la que se aplica a la entrada de los mismos. Estas deformaciones pueden ocurrir como consecuencia de varias causas, y en realidad se producen debido a que los amplificadores "lineales" siempre presentan algún grado de alinealidad, por una parte, y por la otra resulta que el ancho de banda esta necesariamente limitado a un valor finito. La medida de la distorsión en amplificadores se hace para poder expresar en forma cuantitativa la calidad de los mismos, y existen varias formas de hacerlo, en función de cual es el aspecto que interesa evaluar.

Para poder comprender exactamente las distintas formas de especificar la distorsión y aplicar los métodos correspondientes para su determinación, se hace necesario repasar brevemente algunos aspectos relativos a las causas que la producen.

11.2.1. Distorsión de amplitud o alineal

La distorsión de frecuencia y de fase que se presenta, por ejemplo, en amplificadores de audio, no es muy problemática dado que el oído humano no es sensible a la misma. Sí puede, ser causa de algunos inconvenientes en dispositivos y circuitos que trabajan en frecuencias mas elevadas, por ejemplo en moduladores de frecuencia y/o fase para RF. En cambio, la distorsión de amplitud o alineal suele generar problemas que se ubican en un lugar de especial consideración para los ingenieros que trabajan en el diseño o aplicación de dispositivos y/o circuitos.

Supóngase un dispositivo cuya función de transferencia es alineal (Piense el lector en, por ejemplo, la función de transferencia de un transistor).

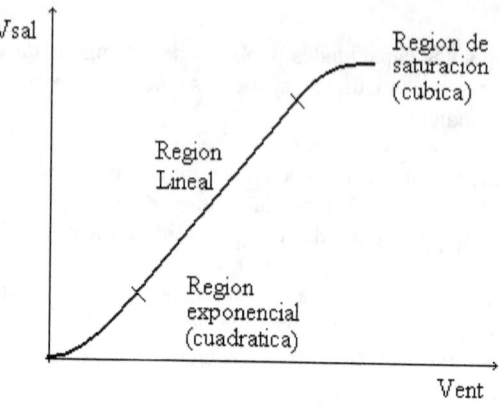

Figura 11-2

Una función de transferencia como la anterior puede aproximarse mediante una serie de términos exponenciales de orden creciente, con coeficientes que van decreciendo en valor a medida que aumenta el orden, tal como:

$$Vsal = A \cdot Ven + B \cdot Ven^2 + C \cdot Ven^3 + ... \quad ... + N \cdot Ven^n$$

Sea:

$$Ven = V_1 \cos \omega_1 t$$

y tomando solo hasta el termino cubico se tiene:

$$Vsal = A \cdot V_1 \cos \omega_1 t + B \cdot V_1^2 \cos^2 \omega_1 t + C \cdot V_1^3 \cos^3 \omega_1 t$$

Se sabe que:
$$\cos^2 \omega_1 t = \frac{1}{2}\left(1 - \cos 2\omega_1 t\right) \quad ;$$

y que:
$$\cos \omega_1 t \cdot \cos 2 \omega_1 t = \frac{1}{2}\left(\cos 3\omega_1 t + \cos \omega_1 t\right)$$

Por lo tanto:

$$Vsal = A \cdot V_1 \cos \omega_1 t + \frac{B \cdot V_1^2}{2}\left(1 - \cos 2\omega_1 t\right) + \frac{C \cdot V_1^3}{2} \cdot \cos \omega_1 t\left(1 - \cos 2\omega_1 t\right)$$

$$Vsal = A \cdot V_1 \cos \omega_1 t + \frac{B \cdot V_1^2}{2} - \frac{B \cdot V_1^2}{2}\cos 2\omega_1 t +$$

$$+ \frac{C \cdot V_1^3}{2} \cdot \cos \omega_1 t - \frac{C \cdot V_1^3}{4} \cdot \cos 3\omega_1 t - \frac{C \cdot V_1^3}{4} \cdot \cos \omega_1 t$$

Que agrupando por frecuencias:

$$Vsal = \frac{B \cdot V_1^2}{2} + \left(A \cdot V_1 - \frac{C \cdot V_1^3}{4}\right)\cos \omega_1 t - \frac{B \cdot V_1^2}{2}\cos 2\omega_1 t - \frac{C \cdot V_1^3}{4}\cos 3\omega_1 t$$

El primer término representa una componente de continua; el segundo término esta compuesto principalmente por el termino lineal ($A.V_1 \cos \omega_1 t$) pero cuya amplitud se vera comprimida o expandida en función del término cubico. En cuanto al resto de la expresión puede decirse que la amplificación no lineal de una señal de frecuencia única, resulta en la generación de múltiplos o armónicos de esta frecuencia.

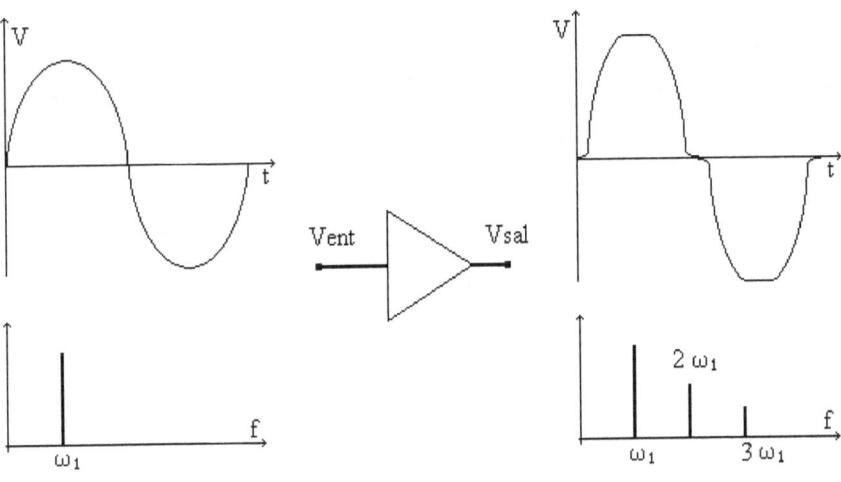

Figura 11-3

11.2.2. Amplificación no lineal de dos señales senoidales.

Si la señal que se aplica a la entrada del dispositivo alineal considerado, esta compuesta por la superposición de dos señales senoidales simples de distinta frecuencia, se tendrá:

$$Vent = V_1 \cos \omega_1 t + V_2 \cos \omega_2 t$$

$$Vsal = A\left(V_1 \cos \omega_1 t + V_2 \cos \omega_2 t\right) + B\left(V_1 \cos \omega_1 t + V_2 \cos \omega_2 t\right)^2 +$$

$$C\left(V_1 \cos \omega_1 t + V_2 \cos \omega_2 t\right)^3$$

Si se resuelve la expresión anterior, se llegara a los resultados que se sintetizan en la siguiente tabla:

Términos a la salida de un dispositivo alineal para dos señales de entrada

Componentes de 1er Orden	Comentarios
$A V_1 \cos \omega_1 t + A V_2 \cos \omega_2 t$	Amplificación lineal

Componentes de distorsión de 2do Orden	Comentarios

$$\frac{B \cdot V_1^2}{2} + \frac{B \cdot V_1^2}{2}$$ $$B\,V_1\,V_2\,\cos(\omega_2 - \omega_1)t + B\,V_1\,V_2\,\cos(\omega_2 + \omega_1)t$$ $$\frac{B \cdot V_1^2}{2}\cos 2\omega_1 t + \frac{B \cdot V_2^2}{2}\cos 2\omega_2 t$$	2 Componentes de continua. 2 Batidos suma y/o diferencia (IMD de segundo orden). 2 Segunda armónicas.

Componentes de distorsión de 3er Orden	Comentarios
$$\frac{C \cdot V_1^3}{4}\cos 3\omega_1 t + \frac{C \cdot V_2^3}{4}\cos 3\omega_2 t$$	2 Tercera armónicas
$$\frac{3C V_1^2 V_2}{4}\cos(2\omega_1 - \omega_2)t + \frac{3 C V_1^2 V_2}{4}\cos(2\omega_1 + \omega_2)t + ..$$ $$.. + \frac{3 C V_2^2 V_1}{4}\cos(2\omega_2 - \omega_1)t + \frac{3 C V_2^2 V_1}{4}\cos(2\omega_2 + \omega_1)t$$	4 Batidos de intermodulacion (IMD de tercer orden)
$$\frac{3 C V_1^3}{4}\cos\omega_1 t + \frac{3 C V_2^3}{4}\cos\omega_2 t$$	2 Autocompresiones (si C>0) Autoexpansiones (si C<0)
$$\frac{3 C V_1 V_2^2}{2}\cos\omega_1 t + \frac{3 C V_2 V_1^2}{2}\cos\omega_2 t$$	2 Compresión cruzadas (si C>0) Expansión cruzadas (si C<0)

- Los términos producidos por **A.Ven** representan la amplificación lineal del dispositivo.

- El termino cuadratico **B.Ven^2**, crea componentes de continua, segundas armónicas de las señales de entrada y componentes que tienen frecuencias suma y diferencia de las frecuencias de las señales de entrada. Como luego se vera, hay casos en los que la alinealidad es útil, y estos términos de segundo orden se usan en moduladores, mezcladores, conversores y detectores. Entonces, cuando estos componentes son deseados se los denomina componentes de modulación, mezcla, heterodinaje, detección, etc.. de acuerdo a la función; y cuando no son deseados se llaman "Productos de intermodulacion de segundo orden".

- El termino cúbico **C.Ven^3**, origina terceras armónicas de las señales de entrada, componentes que tienen las mismas frecuencias que las señales de entrada comprimiendo o expandiendo los términos lineales. Es también la causa de la aparición de componentes cuyas frecuencias son de la forma $2\omega_1 \pm \omega_2$ y $2\omega_2 \pm \omega_1$, siendo las frecuencias $2\omega_1 - \omega_2$ y $2\omega_2 - \omega_1$, las mas dañinas ya que son muy cercanas a las frecuencias de las señales de entrada; estas componentes se llaman "Productos de intermodulacion de tercer orden".

Gráficamente:

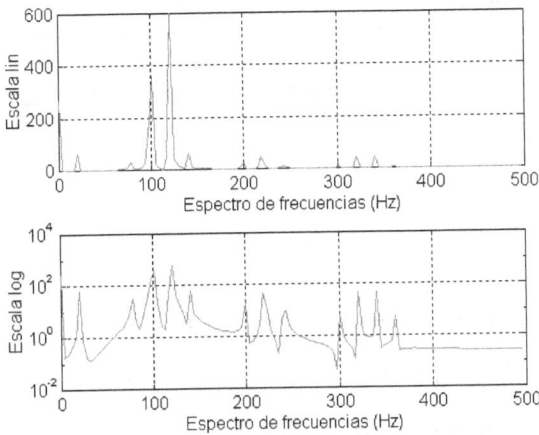

Figura 11-4

Las gráficas anteriores se trazaron mediante el empleo de una computadora y el software apropioado (archivo que se lista abajo), e ilustran las componentes generadas para el caso de dos señales de entrada cuyas frecuencias son 100Hz y 120 Hz, es decir que se trata de señales de frecuencias próximas. Los coeficientes A, B, y C son todos iguales a la unidad (El lector debe comprender que estos valores no son para nada representativos de lo que puede ser un caso real, y que aquí se los usa por razones didácticas). En el dibujo de arriba se ha usado una escala vertical lineal, en tanto que en el gráfico inferior se ha empleado escala logarítmica.

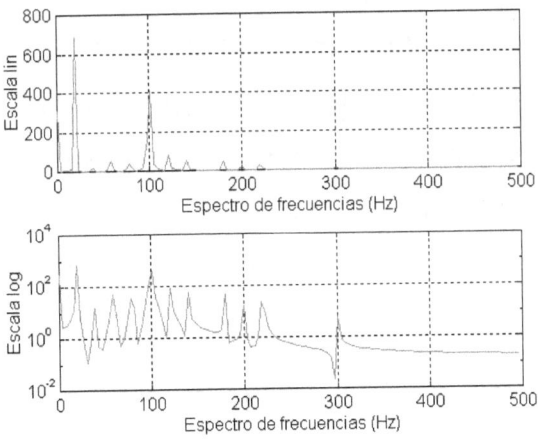

Figura 11-5

Resulta también interesante examinar el espectro generado por señales cuyas frecuencias no se encuentran tan próximas entre si. Para establecer una comparación con el caso anterior, se muestra a continuación los gráficos generados a partir de dos señales de frecuencias 100Hz y 20Hz. El lector podrá comprobar que se generan algunas componentes de las mismas frecuencias que en el caso anterior.

Para obtener, tanto estos gráficos como los anteriores, se ha usado una herramienta de calculo denominada "Transformada rápida de Fourier", que permite, como su nombre lo indica, obtener en forma rápida las componentes espectrales de una determinada señal. Sin embargo, estas componentes no aparecen en los gráficos como "rayas espectrales", sino mas bien como "lóbulos". Esto se debe a que el método empleado no considera a la función original como continua en el tiempo, sino que lo hace en forma discreta. En otras palabras, realiza el cálculo a partir de muestras de la función original.

```
clc,close,whitebg,

t = 0:.001:.5;

v1=input('Ingresar v1 --->'), v2=input('Ingresar v2 --->'),

f1=input('Ingresar f1 en Hz --->'), f2=input('Ingresar f2 en Hz --->'),

A=input('Ingresar el coeficiente del termino lineal A=--->')

B=input('Ingresar el coeficiente del termino cuadratico B= --->')

C=input('Ingresar el coeficiente del termino cubico C=--->')

Ve1=v1*cos(2*pi*f1*t);Ve2=v2*cos(2*pi*f2*t);

Ve=Ve1+Ve2; x=A*Ve+B*(Ve.^2)+C*(Ve.^3);

pause,close; y = x; x=[ ];t=[ ];

pause,close, Y = fft(y,256); Pyy = Y.*conj(Y)/256; Y=[ ];y=[ ];

f = 1000/256*(0:127); subplot(211),plot(f,Pyy(1:128)),grid on,

xlabel('Espectro de frecuencias (Hz)'),ylabel('Escala lin'),

subplot(212),semilogy(f,Pyy(1:128)),grid on,

xlabel('Espectro de frecuencias (Hz)'),ylabel('Escala log'),

pause,close,
```

11.2.3. Aprovechamiento de los efectos producidos por la alinealidad.

Hay casos en los que la alinealidad es útil. Por ejemplo, la que se origina a partir del termino cubico (o de orden superior) se usa en los circuitos llamados "Multiplicadores de frecuencia".

Las componentes que se generan a partir del termino de segundo orden, que consisten en frecuencias suma y/o resta de las de entrada ($f_1 \pm f_2$ o bien $f_2 \pm f_1$), se usa en circuitos donde se requiere efectuar un traslado de cierta información desde una a otra banda de frecuencias.

Los siguientes esquemas muestran algunos ejemplos de estas aplicaciones:

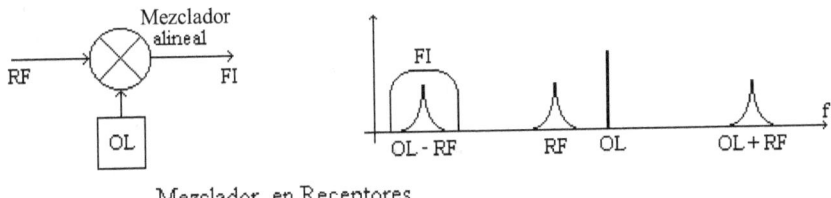

Mezclador en Receptores

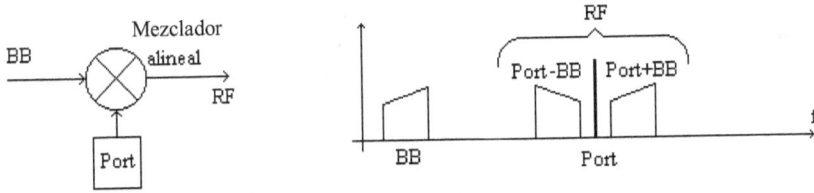

Modulador en Transmisores

Figura 11-6

11.2.4. Efectos espureos producidos por la alinealidad.

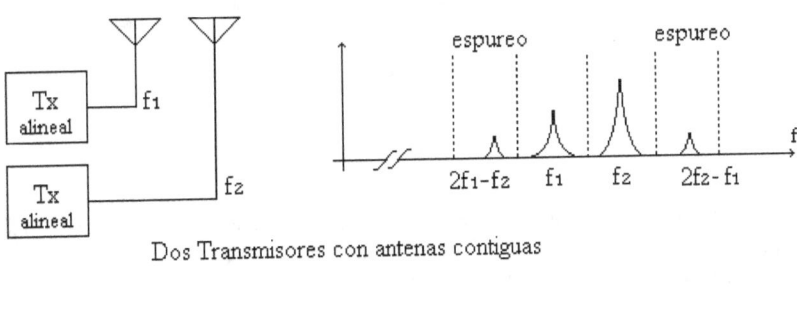

Dos Transmisores con antenas contiguas

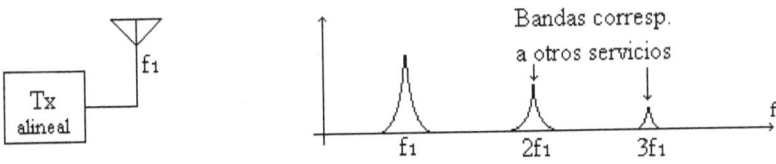

Un Tx que emite armonicas

Figura 11-7

11.3. Respuesta en frecuencia de los amplificadores.

La medición de la respuesta en frecuencia de un amplificador consiste básicamente en determinar como varia la ganancia del mismo en función de la frecuencia. Normalmente el resultado se expresa mediante el uso de una tabla o en forma gráfica en la cual se representan los valores de la tensión de salida, potencia de salida o simplemente la ganancia en dB, en función de la frecuencia de la señal usada para excitar la entrada del amplificador.

Al igual que la medida de la ganancia, la respuesta en frecuencia debe medirse para la condición de máximo nivel de la salida (para facilitar su medición) pero siempre cuidando de no superar el nivel de sobrecarga o saturación.

A partir de la gráfica o tabla obtenida, se puede determinar el ancho de banda del amplificador, que normalmente es la distancia en frecuencia entre los puntos de potencia mitad (es decir a -3dB respecto del máximo).

Para la medida de la respuesta en frecuencia pueden utilizarse básicamente los mismos instrumentos usados para la medida de ganancia. También un generador de barrido de frecuencias (cuyo funcionamiento se explicará un poco mas adelante), se puede usar para este fin.

Tomando el ejemplo de tres tipos distintos de amplificadores como pueden ser un amplificador de audio, uno de video y un amplificador pasabanda, los siguientes dibujos representan distintos tipos de curvas de respuesta en frecuencia y anchos de banda.

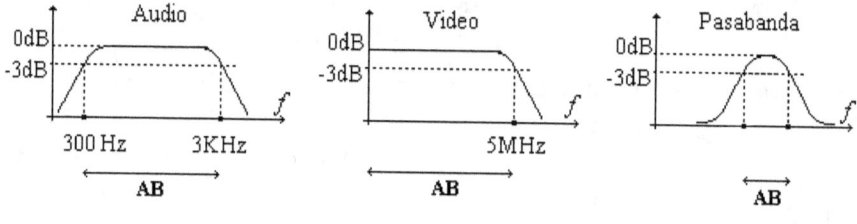

Figura 11-8

La gráfica correspondiente al amplificador de video no tiene frecuencia de corte inferior debido a que generalmente este tipo de dispositivos es acoplado en continua, por lo tanto el ancho de banda es directamente igual a la frecuencia de corte superior (por ejemplo, en el esquema 5MHz.).

En los dibujos que representan a la respuesta del amplificador de audio y al pasabanda cabe la definición dada arriba. Por ejemplo el ancho de banda del amplificador de audio seria:

AB = 3KHz - 300Hz = 2,7 KHz.

11.3.1. Distorsión de frecuencia y de fase en amplificadores.

Como se ha explicado previamente, se sabe que los amplificadores presentan en general variaciones de la ganancia con la frecuencia, aun dentro de la zona de la curva dentro de la cual la respuesta puede considérese plana (recuérdese que el ancho de banda se define entre los puntos de - 3dB).

Las señales que suelen aplicarse a la entrada de un amplificador raramente son senoidales puras. Sin embargo se sabe que cualquier onda periódica no sinusoidal puede ser descompuesta en una suma de señales sinusoidales simples. Desde luego, seria conveniente que todas las componentes sean amplificadas en igual proporción y que además no sufrieran corrimiento de fase, o por lo menos que la fase varíe por igual para todas las componentes. Si esto ocurriera, la señal amplificada, conservaría la forma original.

Se sabe sin embargo que esto no es posible y en general la señal de salida resulta deformada o distorsionada.

Una información completa de la respuesta en frecuencia de un amplificador, debe incluir además de la curva de variación de la amplitud, una curva de variación de la fase. A la fecha no existe un instrumento real que permita obtener la gráfica de variación de fase. Sin embargo esta disponible en forma virtual en algunos programas de simulación de circuitos electrónicos con el nombre "Bode Plotter".

11.3.1. Análisis de la respuesta en frecuencia de amplificadores mediante el uso de ondas cuadradas.

El análisis del comportamiento de los amplificadores con ondas cuadradas constituye un método simple, rápido y económico para determinar las características de respuesta en frecuencia de los amplificadores. Sin embargo hay que decir que en realidad se trata mas bien de métodos cualitativos antes que cuantitativos.

El alumno encontrará en la parte del texto dedicada a los analizadores de espectro, un estudio que trata en forma teórica cual es la deformación que sufre una onda cuadrada ideal al ser sometida sus componentes a una acción selectiva en frecuencia. En esta unidad se examinará el tema desde una perspectiva que atiende principalmente a la aplicación práctica.

11.3.2. Determinación del ancho de banda de un amplificador mediante una onda cuadrada.

El método que se describe a continuación se puede emplear si el amplificador que se va a ensayar es del tipo acoplado en continua, o la frecuencia de corte inferior esta próxima a cero (amplificadores de audio o de video).

Si la entrada de un amplificador se excita con una onda cuadrada cuya frecuencia este comprendida dentro de la banda pasante del mismo, puede determinarse el ancho de banda del amplificador mediante la medición del tiempo de crecimiento de la onda que se obtiene a la salida. Dicho tiempo de crecimiento se mide siguiendo la definición dada en esta misma lección en el apartado dedicado a los generadores de pulso.

El tiempo de crecimiento (tc) esta relacionado con el ancho de banda (AB) de un amplificador a través de la siguiente relación sencilla:

$$tc = \frac{k}{AB} \qquad \therefore \qquad AB = \frac{k}{tc}$$

El valor de la constante "k" depende del tipo de amplificador y de la forma de la caída de la curva de respuesta en frecuencia (Rolloff) en la zona de altas frecuencias. El Rolloff tiene efecto sobre una onda cuadrada en el transitorio que sigue al flanco. Los siguientes esquemas ilustran estos efectos.

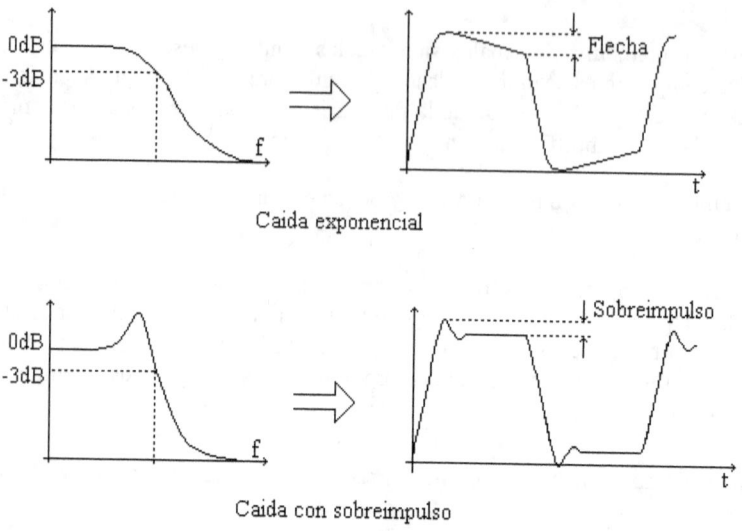

Figura 11-9

La respuesta que presenta caída con sobreimpulso es habitual en amplificadores de video. Si el sobreimpulso es menor al 5% de la amplitud, se toma k=0,35. Si en cambio el sobreimpulso excede el 5% se toma k=0,45.

En los amplificadores de Audio. normalmente suele haber caídas de tipo claramente exponenciales. En este caso, se suele tomar un valor de k=0,3

El método habitual para la determinación del tiempo de crecimiento de la señal consiste en medir el mismo con un osciloscopio. La elección de un osciloscopio apropiado se hace en base al valor del tiempo de crecimiento que se espera medir, pues se debe cuidar que el propio tiempo de crecimiento del osciloscopio este muy por debajo de aquel valor. Sin embargo para el caso que esto no sea posible, es importante saber que el tiempo de crecimiento del osciloscopio usado se suma geométricamente al de la señal que se mide, por lo tanto, el valor verdadero puede determinarse de la siguiente forma:

$$tc(amplif.) = \sqrt{\left[tc(medido)\right]^2 - \left[tc(osciloscopio)\right]^2}$$

11.3.3. Determinación de las frecuencias de corte.

El método explicado en el apartado anterior no es muy apropiado para determinar el ancho de banda de amplificadores pasabanda pues se requiere usar una onda cuadrada cuya frecuencia corresponda aproximadamente con la media geométrica. Es decir que se necesita conocer al menos aproximadamente, las frecuencias de corte superior e inferior. La onda cuadrada puede usarse para determinar dichos valores en forma aproximada.

Si la caída de la respuesta es de forma exponencial, la deformación que se produce sobre la onda cuadrada será distinta dependiendo de cual de las frecuencias de corte esta mas cercana a la de la onda cuadrada usada. Esto se representa en los siguientes gráficos:

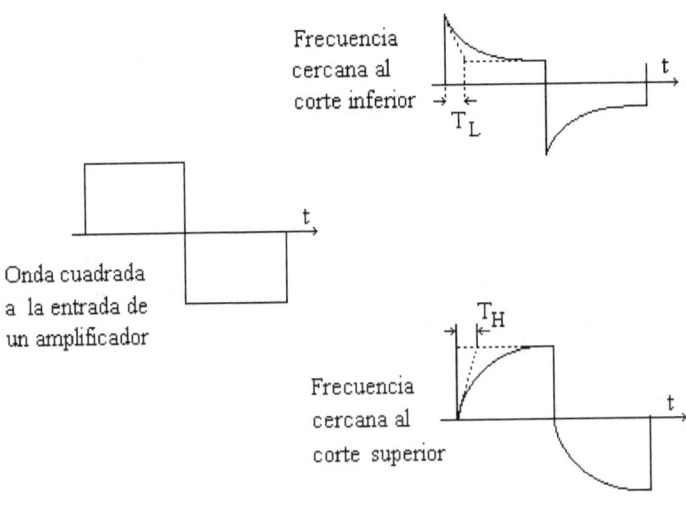

Figura 11-10

Para la determinación de los respectivos valores de frecuencia de corte es necesario medir en forma aproximada el tiempo que queda determinado por la pendiente inicial de la parte exponencial de la deformación que ocurre sobre el flanco de la onda cuadrada (ver dibujos). Una vez determinados los valores se puede obtener:

$$f(corte\, superior) = \frac{1}{2 \cdot \pi \cdot T_H} \qquad ; \qquad f(corte\, inferior) = \frac{1}{2 \cdot \pi \cdot T_L}$$

11.4. Medición de la potencia de salida de un amplificador.

La medición de la potencia de salida en amplificadores requiere técnicas e instrumentos radicalmente distintos dependiendo de los márgenes de frecuencias dentro del cual trabajan los mismos. No es lo mismo medir, por ejemplo, la potencia de salida de un amplificador de potencia de audio frecuencias, que la de un amplificador de potencia de RF (los que comúnmente se conocen como amplificadores lineales).

En este apartado, se tratarán las técnicas y métodos usados para la medición de potencias en amplificadores de audio frecuencias, y se dejarán para mas adelante las correspondientes a amplificadores de RF (específicamente al abordar el tema de las mediciones en Transmisores).

11.4.1. Potencia de salida de un amplificador de audio, condiciones y definiciones.

- Para efectuar la medición de potencia de un amplificador de audio, normalmente se debe sustituir la carga (el sistema de parlantes) por un resistor que sea capaz de disipar la potencia a medir, y cuyo valor coincida con la impedancia de la carga a la frecuencia de ensayo.

- Toda medición de potencia máxima de salida es incompleta si no se indica junto con el resultado las condiciones bajo las cuales se ha efectuado la misma; siendo una de las mas importantes, la distorsión de la señal. Por este motivo se requiere la utilización de generadores de señales que posean un nivel de distorsión propia muy reducido.

- **Potencia máxima eficaz (RMS):** Es la máxima potencia de salida que puede obtenerse con una excitación sinusoidal sin permitir que el amplificador entre dentro de la zona de saturación. Normalmente se usa un osciloscopio para verificar tal condición, entonces es posible medir el valor pico a pico de la salida (Vpp), y la potencia puede calcularse mediante la siguiente ecuación.

$$P_{RMS} = \frac{Vpp^2}{8 \cdot R_L}$$

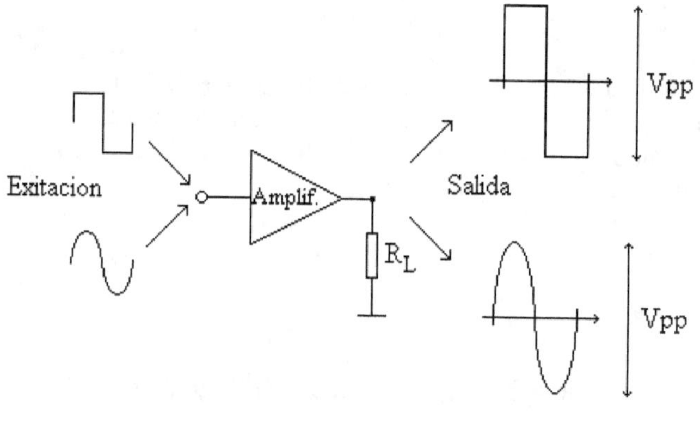

Figura 11-11

- **Potencia máxima de pico (Potencia musical):** La definición anterior es impecable desde el punto de vista técnico, sin embargo no corresponde con la máxima potencia que un amplificador esta en condiciones de entregar a la carga, ya que normalmente la señal que se utiliza para excitar la entrada de los mismos no suele ser sinusoidal pura, sino que se trata de señales mas complejas. Puede suceder por ejemplo, que las componentes se superpongan para dar una onda cuadrada, entonces la potencia podría llegar a ser:

$$P_{pico} = \frac{Vpp^2}{4 \cdot R_L}$$

Este valor puede llegar a ser el doble de la potencia eficaz si la fuente de alimentación del amplificador lo permite.

11.5. Medida de la distorsión por alinealidad en amplificadores.

Si bien la noción de la distorsión que se tiene como una deformación de la forma de la onda de la salida respecto de la que se aplica a la entrada de un amplificador, corresponde a un único efecto, lo cierto es que su origen obedece a varias causas. Por eso, a través del tiempo se han ideado varias formas de medirla. Por ejemplo, inicialmente las formas mas difundidas de medir la distorsión fueron, o bien a través de la determinación de la cantidad de armónicas presentes a la salida de un amplificador al aplicarle a la entrada una señal de frecuencia única, o bien midiendo los productos de intermodulacion que se generan al excitar el mismo con dos señales de frecuencia distinta. En el primer caso se tiene la "Distorsión armónica", y en el segundo la "Distorsión por intermodulacion". Mas recientemente y con el propósito de simplificar el procedimiento se han ideado métodos como el "SINAD", e instrumentos como el "Sinader" que se usan para su medición.

11.5.1. Distorsión Armónica

Tal como se ha estudiado en la primera parte de esta unidad, todo amplificador produce a la salida una cierta cantidad de señales espurias dentro de las cuales se encuentran principalmente las armónicas de la señal de entrada.

Se define como "Distorsión armónica total" (DAT) a la relación entre el valor eficaz del total de contenido armónico, respecto del valor eficaz de la señal fundamental. También esta relación suele expresarse en forma porcentual.

$$DAT(\%) = \frac{\sqrt{\left(V_2^2 + V_3^2 + V_4^2 + ...\right)}}{V_1}.100$$

Donde:

V_1 es el valor eficaz de la fundamental

V_2, V_3, V_4,..... son los valores eficaces de cada componente armónica

Para medir este tipo de distorsión se usa un filtro elimina banda muy agudo sintonizado a una determinada frecuencia, que por lo general suele ser 1 KHz. (Este tipo de filtros se conocen como "filtros notch").

Aunque la idea básica parece sencilla, para obtener el resultado final, se requiere efectuar un calculo, a fin de determinar los valores que se usan en la ecuación. Si el contenido armónico es pequeño, se suele efectuar el calculo directamente relacionando los dos valores obtenidos en el voltímetro colocado a la salida. Observe que esto no se ajusta totalmente a la definición, ya que si bien la medición obtenida luego del filtro es compatible con el valor del numerador de la expresión, en cambio la medición de la tensión de salida sobre Rl no corresponde solamente al valor eficaz del la componente fundamental sino que incluye también las armónicas.

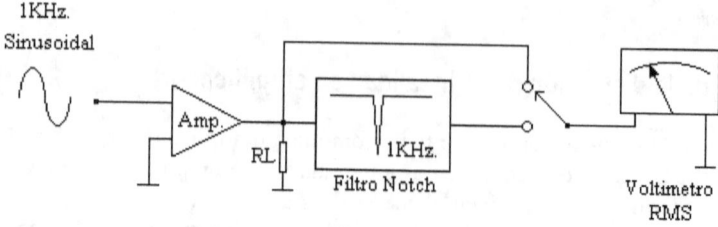

Figura 11-12

También puede suceder que el contenido armónico este dentro del orden del ruido presente, y por lo tanto se agrega otro factor que, si bien es cierto que también produce deformación de la señal, no esta contemplado en la definición original.

11.5.2. Medición de la distorsión mediante el método SINAD.

Para resolver los problemas que se mencionan en el punto anterior, se decidió en un determinado momento, y con buen criterio, redefinir el concepto de la distorsión teniendo en cuenta la presencia del ruido.

El método SINAD, sigla que es una abreviatura de Signal Noise and Distorsion (Señal + Ruido y Distorsión), incluye al efecto del ruido en el valor de la distorsión que se mide.

Los instrumentos que se utilizan para la medición se denominan "Sinader", y su diagrama en bloques se muestra a continuación.

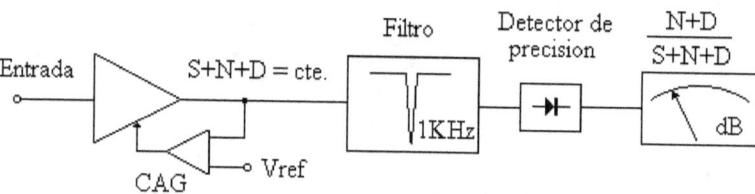

Figura 11-13

Un Sinader incluye además del filtro Notch, y el instrumento indicador dotado de un detector de precisión, un amplificador con CAG (control automático de ganancia). La ganancia del amplificador se ajusta, en cada caso particular, mediante una referencia de manera que la tensión de salida del mismo sea un valor constante prefijado (normalmente se ajusta mediante el mismo instrumento indicador que posee una marca de referencia), luego de lo cual puede leerse directamente el valor de la distorsión en la escala del indicador que se encuentra calibrado directamente en decibeles:

$$SINAD = 20 \log \frac{N+D}{S+N+D}$$

N+D: Voltaje eficaz de ruido mas contenido armónico

S+N+D: Voltaje eficaz de señal mas ruido mas contenido armónico

11.5.3. Distorsión armónica total en función de la frecuencia.

Como se ha mencionado indicado previamente, la medida de la distorsión armónica en amplificadores de audio, se hace normalmente para un valor de frecuencia de 1 Khz, que corresponde aproximadamente a la media geométrica de la mayoría de los amplificadores de audiofrecuencia. Sin embargo, como puede suceder que la distorsión sea diferente para otros valores de frecuencia, se suele describir dicho comportamiento mediante una curva de distorsión armónica total versus frecuencia usando como parámetro el nivel de potencia de salida (que suele ser un nivel cercano al máximo declarado por el fabricante).

11.5.4. Distorsión por intermodulacion.

Los métodos de medición de la distorsión explicados previamente, son mas apropiados para el ensayo y medición de amplificadores de audiofrecuencias que para amplificadores de RF, entre otras cosas porque se necesita el uso de un filtro elimina banda muy agudo, es decir con una banda de paso muy estrecha y perfectamente centrada. Este requerimiento que puede ser satisfecho en forma simple con la tecnología disponible hoy en día, no era algo fácil de conseguir en épocas pasadas.

En cambio, en los métodos de medición de la distorsión por efecto de la intermodulación que se genera debido a la alinealidad se usan, o un filtro pasabajos, o bien un filtro pasaaltos, ambos de fácil construcción. Además estos métodos se presentan como muy aptos para el ensayo de amplificadores que trabajan en altas frecuencias debido a que el procedimiento que se sigue consiste básicamente en la medición de las componentes de baja frecuencia que se generan como productos de la intermodulación de segundo y tercer orden (cuyos aspectos teóricos ya fueron estudiados previamente). Estos productos son fáciles de medir con voltímetros para baja frecuencia de respuesta al valor medio.

En amplificadores de audio, la distorsión por intermodulación se mide mediante el método normalizado SMPTE (siglas de: Society of Motion Picture and Televisión Engineers).

La distorsión por efecto de la intermodulacion también puede ser evaluada mediante el empleo de otros instrumentos y técnicas, entre las cuales se destacan las que tienen que ver con el uso de instrumentos que trabajan en el dominio de la frecuencia. Este tema será abordado mas adelante al considerar el tema de los analizadores de espectro.

A continuación, se sigue el estudio abordando el tema de los generadores de señales. Es posible que alguien pueda plantear objeciones sobre la conveniencia o no de considerar el tema general de los generadores en un curso de " Mediciones Electrónicas". En este sentido, es importante comprender que cualquiera a que sea la característica que se desea determinar, y el método empleado para la medición de la misma, siempre se requiere el empleo de generadores apropiados para cada caso, por lo cual parece estar ampliamente justificado presentar y tratar el tema al menos sintéticamente.

11.6. Clasificación de los Generadores de señales

Bajo el titulo "Generadores de señales" se encuadran una múltiple variedad de dispositivos e instrumentos cuya función es servir de fuentes de señales de C.A. en los circuitos de prueba y mediciones de electrónica y de otras áreas de la ingeniería y las ciencias en general. El titulo es bien amplio, por lo que corresponde intentar efectuar una clasificación que se hará en función del tipo de salida que pueden generar las distintas clases en particular. Las subcategorías de generadores que se examinaran en el presente estudio son:

> 1. Osciladores
> 2. Generadores de barrido de frecuencia
> 3. Generadores de pulsos.
> 4. Generadores de funciones.

La irrupción masiva de los microprocesadores de bajo costo y fácil uso ha posibilitado el diseño de muchos instrumentos con capacidad de aplicaciones múltiples, en lugar de una única función. Estos instrumentos reciben el nombre de "Sintetizadores de función"; y son capaces de entregar cualquiera de las formas de onda principales, a lo cual se debe agregar la posibilidad de automatizar las mediciones a través de la conexión con un bus normalizado localizado por lo general en la parte trasera del instrumento (P. ej. bus IEEE-488).

11.6.1. Osciladores.

Reciben este nombre, los instrumentos que generan señales de salida senoidales. Aunque hay otros instrumentos que producen distintos tipos de salida (y entre ellas las senoidales), se reserva él termino "Oscilador" para aquellos que están diseñados para producir solo ondas senoidales.

Los osciladores pueden, a su vez, clasificarse de acuerdo al margen de frecuencias que cubren (aunque existen también aquellos cuya salida es de frecuencia fija), y también de acuerdo con la técnica que usan.

Tipo de Oscilador	Rango aproximado de frecuencia
Puente de Wien (R.C.)	*1 Hz a 1 MHz.*
Corrimiento de fase (R.C.)	*1 Hz a 10 MHz.*
Hartley (L.C.)	*10 KHz a 100 MHz.*
Colpitts (L.C.)	*10 KHz a 100 MHz.*
De Resistencia Negativa	*> de 100 MHz*
A cristal (de frecuencia fija)	*100 KHz a 100 MHz*

Los osciladores del tipo RC, de los cuales los más comunes son el de puente de Wien y el de corrimiento de fase son los mas utilizados como fuentes de audiofrecuencias, ya sea para generadores destinados a este rango de frecuencias, o bien como modulador en los generadores de RF modulados. Son en general de diseño sencillo compacto y relativamente libres de distorsión de salida. Si el diseño es bueno y cuidadoso, Los del tipo puente de Wien son muy estables, en tanto que los de desplazamiento de fase son un poco menos estables pero permiten un rango de frecuencias algo más amplio.

Los osciladores que emplean circuitos de Inductancia-Capacidad (LC) como elementos de referencia son los mas difundidos como generadores de R.F. (radio frecuencias) y los tipos más usuales son el de Hartley y el de Colpitts. No existen diferencias entre ellos salvo la constructiva y sus rangos de frecuencia son virtualmente idénticos. Su uso en frecuencias bajas esta limitado solo al caso de generadores de frecuencias fijas ya que para un oscilador ajustable seria necesario disponer de elementos voluminosos y pesados.

Los osciladores a cristal emplean un cristal piezoelectrico para generar una señal senoidal de frecuencia constante. La frecuencia de salida es extremadamente estable y su exactitud puede controlarse en un alto grado. Su aplicación se circunscribe al uso como generador de referencia o patrón; al respecto es habitual que los generadores del tipo LC, incorporen internamente un oscilador controlado por cristal, el cual se utiliza para calibrar el dial del generador principal mediante el método del batido cero.

Los osciladores de resistencia negativa se emplean principalmente para producir señales de muy alta frecuencia.

11.6.2. Impedancia de salida de los osciladores

Desde el punto de vista del usuario, un generador típico puede representarse mediante un circuito equivalente que contiene una fuente de tensión alterna ideal en serie con una resistencia **Rg** (Fig. 13). El valor de esta resistencia viene dado por los circuitos internos del generador, se trata por lo general que no tenga componente reactiva de manera que su valor permanezca constante con la frecuencia y es la **impedancia de salida** del oscilador.

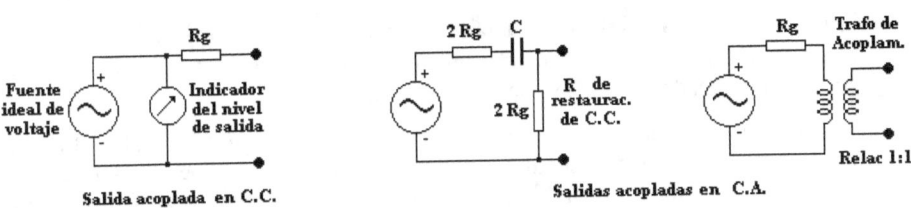

Figura 11-14 Circuitos equivalentes de generadores típicos.

En osciladores destinados al rango de las audiofrecuencias (AF) la impedancia de salida usada es de 600 ohms, mientras que en los generadores de radiofrecuencia (RF) (y en los generadores de pulsos y señales) el valor varía dependiendo del origen del instrumento; así en los generadores de origen europeo Rg suele ser de 75 ohms, en tanto que en los americanos y japoneses se usa 50 ohms. El valor de 600 ohms se emplea en los generadores de AF debido a que se ha normalizado la impedancia característica de los sistemas de comunicación en audiofrecuencias (por ej. Circuitos telefónicos). De igual manera el valor de 50 ohms o 75 ohms, se debe a que las señales de RF se transmiten a lo largo de cables coaxiles (cuando no se propagan por el espacio) cuyas impedancias características son típicamente estos valores.

El valor de la impedancia de salida de un generador debe ser tenido en cuenta especialmente al conectar el mismo a una determinada carga. Como regla general la impedancia de carga nunca debe ser menor que Rg y en lo posible debería estar adaptada (es decir deben ser iguales). La razón de esto es que una carga incorrectamente adaptada puede producir severas deformaciones en la señal entregada por el generador, y en el caso de generadores que poseen instrumentos indicadores del nivel de salida, los mismos están calibrados justamente para la condición de carga adaptada.

Es habitual que los osciladores de RF destinados a trabajar en comunicaciones puedan ser modulados interna o externamente y que el índice de modulación pueda ser ajustado por el operador.

11.6.3. Selección de un oscilador.

Cuando se debe elegir un oscilador para un determinado fin, se deben comparar las exigencias de la tarea a efectuar con las especificaciones del instrumento. El siguiente es un listado de los principales aspectos a tener en cuenta.

- **Rango de frecuencia.** Parece obvio pero se debe asegurar que el oscilador pueda suministrar una señal cuyos limites inferior y superior exceda los necesarios para la medición.

- **Potencia y/o nivel de salida.** El oscilador debe ser capaz de entregar un nivel que exceda lo suficiente el requerido para la medición en condición de impedancia de carga igual a la impedancia interna del mismo.

- **Exactitud y resolución del dial.** La exactitud de un oscilador especifica cuanto se aproxima la frecuencia de salida con la indicada por el dial, la resolución del dial indica cual es el mínimo porcentaje de la frecuencia de salida que se puede leer en el dial. De no cumplirse los requisitos exigidos, será necesario disponer de algún medio auxiliar (Frecuencimetro/periodimetro) para determinar la frecuencia de salida.

- **Estabilidad de la amplitud y de la frecuencia de salida.** La estabilidad, tanto de la amplitud, cuanto de la frecuencia es una medida de cuanto se aparta la señal de salida de lo especificado en un lapso de tiempo determinado.

- **Distorsión de la onda.** Esta cantidad indica cuanto se aparta la salida del oscilador de una forma de onda senoidal pura. Esta característica debe ser muy tenida en cuenta especialmente cuando se desea ensayar un amplificador y determinar la distorsión producida por el mismo; la distorsión propia del generador debe estar muy por debajo de la que se espera medir en el amplificador bajo pruebas.

- **Impedancia de salida** Los aspectos correspondientes a este punto se describieron en el párrafo anterior.

- **Posibilidad de modulación.** Para los osciladores usados en ensayo de equipos de comunicaciones es generalmente necesario que puedan modularse y que el índice de modulación sea ajustable por el operador.

11.6.4. Generadores de barrido de frecuencia

Este tipo de instrumentos producen una salida senoidal cuya frecuencia se hace variar automáticamente entre dos frecuencias seleccionadas. A un ciclo completo de variación de la frecuencia se lo denomina **un barrido**.

La forma en que se varia la frecuencia puede ser lineal o logarítmica, dependiendo del diseño del instrumento, además se trata por lo general que la amplitud de la señal de salida permanezca constante al variar su frecuencia. El barrido puede hacerse mediante un circuito interno propio del generador o con una fuente externa a través de un conector ubicado en el panel del instrumento. La velocidad de barrido es por lo general baja (se usa generalmente 50 o 100 Hz).

Los generadores de barrido se usan para medir la respuesta en frecuencia de amplificadores, filtros, y otros dispositivos eléctricos sobre una determinada banda de frecuencia en forma automática. Por ejemplo durante el diseño y prueba, o después de efectuar una reparación de un dispositivo determinado, suele ser necesario efectuar mediciones que si se debieran hacer con generadores sintonizados manualmente se tornarían sumamente engorrosas y complicadas. Empleando un generador de barrido juntamente con un graficador o un osciloscopio, usado como dispositivo de presentación X-Y, se puede obtener una gráfica directa de la respuesta en frecuencia del dispositivo bajo pruebas. Para calibrar el eje de las frecuencias los generadores de barrido suelen incorporar marcas de calibración fijas mediante un generador auxiliar interno llamado **Generador de marcas**.

Se muestra a continuación el diagrama en bloques de un generador de barrido y marcas típico usado para verificación y alineado de amplificadores de RF y su conexión con un osciloscopio para una medición típica.

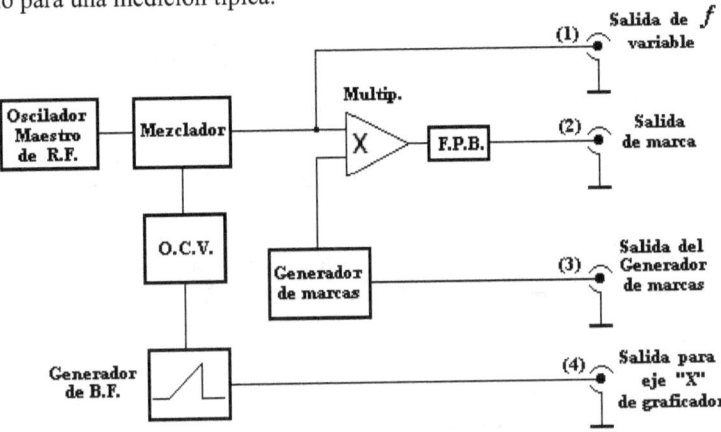

Figura 11-15 Diagrama en bloques de un generador de barrido y marcas.

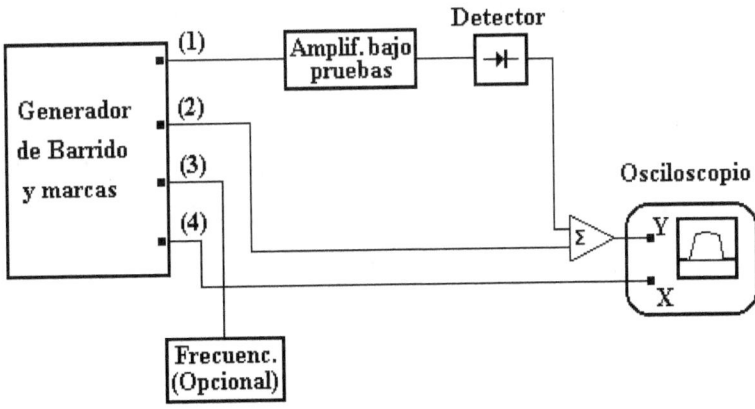

Figura 11-16 Conexionado de un generador de barrido y marcas para alinear un amplificador de RF

11.6.5. Generadores de pulsos

Los generadores de pulsos son instrumentos diseñados para producir un tren periódico de pulsos de igual amplitud (Fig. 5). En ellos, la duración o ancho del pulso puede ser independiente del tiempo entre pulsos. Para el caso particular de un tren de pulsos donde el ancho del pulso es igual a la mitad del tiempo entre pulsos se esta en presencia de una **onda cuadrada**. En ese sentido, se pueden considerar a los generadores de ondas cuadradas como una clase especial de generadores de pulso.

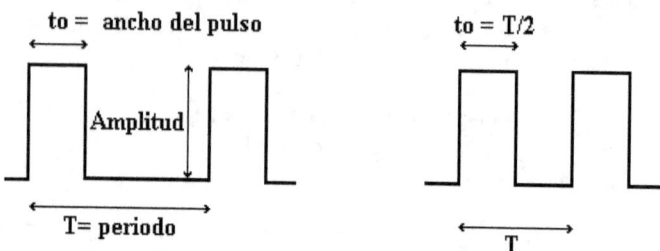

Figura 11-17. Tren de pulsos ideal y caso especial de onda cuadrada.

En realidad la salida de un generador de pulsos proporciona una forma de onda que solo se aproxima lo más posible a la ideal. Entonces para describir la salida de un generador se debe conocer la terminología asociada a los pulsos.

Existe un grupo de términos que pueden aplicarse por igual a trenes de pulsos ideales y reales, y una segunda clase que tiene sentido solo en el caso de pulsos reales. La Figura 17 y las definiciones que se dan aclaran este aspecto.

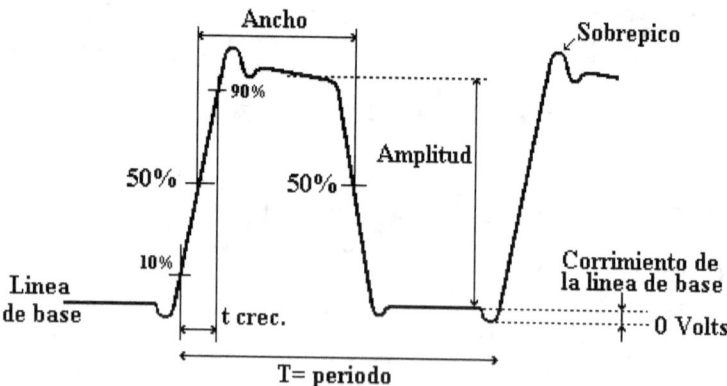

Figura 11-18 Nomenclatura de un pulso.

Dentro del primer grupo se tiene:

1) **Periodo**. Es el tiempo (en segundos) entre el inicio de un pulso y el inicio del siguiente; la frecuencia es la inversa del periodo.

2) **Amplitud**. Es el valor del voltaje pico y polaridad del pulso.

3) **Ancho del pulso**. Es la duración del pulso en segundos.

4) **Ciclo de trabajo.** Es la relación entre el ancho del pulso y el periodo (también se suele expresar en por ciento del periodo). Las ondas cuadradas tienen un ciclo de trabajo del 50%.

En lo que respecta al segundo grupo de especificaciones tenemos:

1) **Tiempo de subida** (o tiempo de crecimiento). Es el tiempo que transcurre para que el pulso pase del 10 % al 90 % de su amplitud.

2) **Tiempo de caída.** Es el tiempo que transcurre para que el pulso pase del 90 % al 10 % de su amplitud.

3) **Sobrepico.** Es el grado (en porcentaje) en que el pulso sobrepasa el valor correcto durante el flanco de subida.

4) **Oscilación.** Es la oscilación que tiene lugar (en porcentaje de la amplitud del pulso) como resultado del sobrepico.

5) **Decaimiento.** Cualquier disminución (en porcentaje de la amplitud) que sucede durante la duración del pulso.

6) **Variación del periodo.** Especifica la variación en periodo de un ciclo respecto del siguiente (en porcentaje del periodo).

7) **Línea de base.** Es el nivel de CC en el cual empieza el pulso.

8) **Tiempo de asentamiento.** Es el tiempo necesario para que cese el transitorio de la oscilación.

Los generadores de pulsos se emplean para ensayos de respuesta temporal de dispositivos y equipos electrónicos (particularmente en la técnica de los radares), y otros elementos como pueden ser líneas de transmisión y cables coaxiles. La impedancia de salida de los generadores de pulsos es típicamente 50 ohms y al utilizarlos se debe tener especial cuidado en la correcta adaptación a la carga a que vayan conectados ya que de lo contrario se corre el riesgo de que se produzcan reflexiones que alteren la forma y amplitud del pulso de salida.

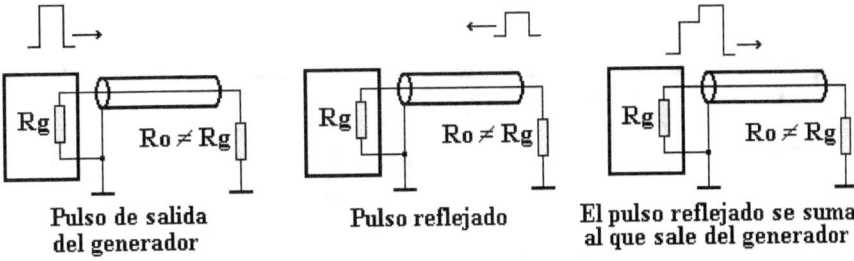

Figura 11-19 Efecto de la desadaptacion de la impedancia de carga

Algunos generadores de pulsos permiten modos de disparo **manual** (mediante un pulsador al efecto en el tablero), disparo de **dobles pulsos**; y disparo de **ráfagas de pulsos** (en cantidad y forma preestablecidas). Además es habitual que los pulsos puedan dispararse externamente y que medie un retardo (ajustable desde el panel por el operador).

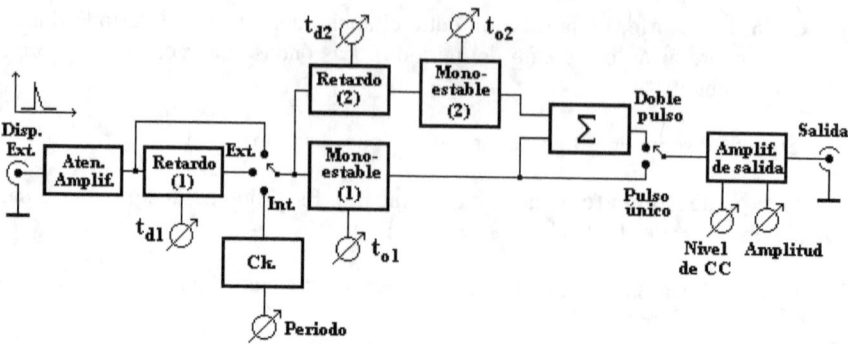

Figura 11-20 Diagrama en bloques de un generador de pulsos típico.

11.7. Generadores de funciones

Se llaman generadores de funciones a la familia de instrumentos que pueden entregar varios tipos de formas de ondas, siendo las más comunes; ondas senoidales, cuadradas, y triangulares, en un rango de frecuencia bastante amplio que suele extenderse entre algunas fracciones de Hz. Hasta el orden del MHz.

La mayoría posee un control de nivel de CC superpuesta a la salida (denominado OFF-SET) y una salida extra compatible con niveles de lógica TTL. Algunos tienen posibilidad de ajustar el ciclo de trabajo de la onda cuadrada. Otros incluyen un conector accesible desde el panel que posibilita la variación de la frecuencia de la salida mediante la aplicación de una tensión de control, lo cual permite trabajar al instrumento como un generador de barrido.

Originalmente, los generadores de funciones no fueron concebidos como generadores de laboratorio, sino más bien como instrumentos de uso múltiple para aplicaciones industriales y de taller, sin embargo y debido a la variedad de formas de ondas de salida disponibles y al continuo perfeccionamiento de estos instrumentos por parte de los fabricantes, los generadores de funciones son cada vez más versátiles y su uso en laboratorios es múltiple.

Se muestra a continuación el panel de controles de un generador de funciones clásico, y se explicarán la función de cada uno de los mandos.

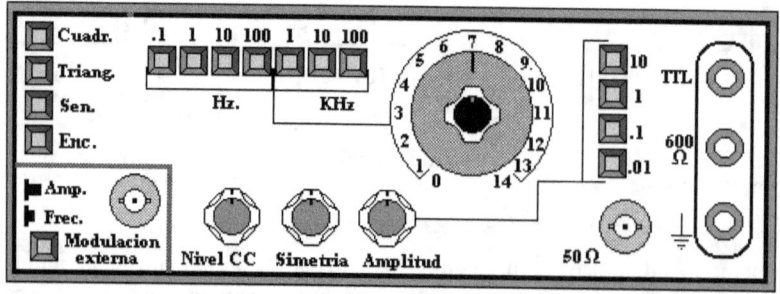

Figura 11-22 Panel de controles de un generador de funciones típico

La bornera de salida típica de un generador de funciones incluye una salida de 600Ω (valor normalizado) así como una salida compatible con los niveles TTL en la cual se encuentra presente siempre una onda rectangular independientemente del tipo de forma de onda que se haya seleccionada mediante la llave selectora que hay al efecto.

Muchos modelos incluyen una salida extra de 50 Ω, generalmente con un conector del tipo BNC.

La amplitud, forma, y nivel de CC de la salida pueden controlarse por separado mediante los controles de "Amplitud", "Nivel de CC" y "Simetría". Este último control es útil para ajustar el ciclo de trabajo cuando se elige la salida rectangular, y lograr formas de ondas en diente de sierra con pendientes de subida y bajada distintas, en muchos instrumentos este control tiene una posición de fijación donde el ciclo de trabajo queda automáticamente ajustado al 50 %. El nivel de CC puede ser positivo o negativo. También suele haber un atenuador por pasos que actúa sobre la salida (Modifica la amplitud y el nivel de CC simultáneamente).

Los generadores de funciones por lo general pueden entregar una salida cuyos niveles pueden variarse en un amplio rango. Un valor máximo típicamente puede ser de ± 10 V (incluyendo el nivel de CC y la amplitud pico a pico máxima de la componente de alterna).

En el instrumento cuyo panel se muestra, la frecuencia de la salida puede ajustarse entre 0,1 Hz y 1,4 MHz aproximadamente (Casi siempre la frecuencia es aproximadamente la indicada por el dial sí se ha ajustado la simetría para tener un ciclo de trabajo de 0,5 para onda cuadrada o su equivalente en triangular o sinusoidal).

La entrada para modulación suele estar ubicada por lo general la parte trasera del gabinete, aunque en algunos modelos se encuentra en el panel frontal. Junto con el correspondiente conector hay una llave o tecla que cambia de modulación en amplitud a modulación en frecuencia.

Algunos modelos de generadores permiten obtener simultáneamente dos o más formas de ondas, en ese caso, los controles de niveles deben estar reproducidos tantas veces como salidas tenga el instrumento.

11.7.1. Aplicaciones de los generadores de funciones.

En los párrafos precedentes se dieron ejemplos sobre la aplicación de los osciladores, estos mismos son validos para la salida senoidal de un generador de funciones con una salvedad; por regla general, y debido a la técnica usada para la generación de la misma, la salida senoidal de un generador de funciones tiene un contenido armónico que la hace inapropiada para medición de distorsión en amplificadores.

La señal de onda cuadrada puede usarse para probar amplificadores electrónicos y respuesta transitoria de otros circuitos. Como los flancos de una onda cuadrada son ricos en contenido armónico el ensayo de un amplificador con esta forma de onda proporciona la misma información que se obtendría haciendo la prueba con varias señales senoidales de frecuencia distinta.

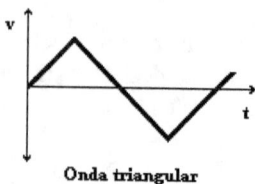

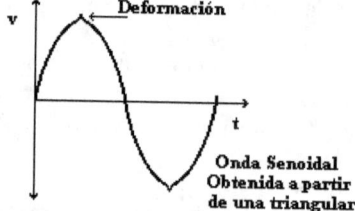

Figura 11-22 Forma típica de la salida senoidal de un generador de funciones (Se aprecia la deformación en el pico de la función)

Las formas de ondas triangulares y dientes de sierra se usan en general cuando se necesita una forma de onda que varíe linealmente con el tiempo. Como ya se ha dicho, algunos generadores permiten obtener simultáneamente dos o más formas de ondas distintas, en este caso una si se tiene una sinusoide cuyos puntos de cruce por cero coinciden con los de una onda triangular, esta ultima proporciona una tensión que representa la variación de fase de la primera.

A11

Mediciones en receptores

A11.1. Generalidades

En una simplificación que tal vez pueda parecer algo exagerada, puede decirse que el ensayo y medición de receptores es en esencia conceptualmente equivalente al ensayo y medición de amplificadores. La principal diferencia es de carácter técnico y se origina en el hecho que un receptor es, en realidad, un amplificador sintonizado que posee internamente un circuito detector (o demodulador). Por lo tanto debe ser excitado a la entrada con una señal modulada. La frecuencia de la portadora, su amplitud, y el tipo e índice de modulación que deben emplearse dependerá, obviamente, del tipo de receptor.

Otra diferencia fundamental, es que los niveles de señal que normalmente se debe aplicar a la entrada de un receptor son muy pequeños, y por lo tanto para la determinación de la ganancia o sensibilidad se requiere el uso de generadores que dispongan de atenuadores calibrados, o en su defecto se necesita un atenuador externo.

También hay que tener en cuenta que la entrada de un receptor es en realidad un sistema de antenas, y muchas veces las mediciones se hacen incluyendo a dicha antena como parte del receptor. Esto es así, por ejemplo, en receptores portátiles que utilizan las denominadas "Antenas de Cuadro". En ese caso, no existen bornes o terminales de entrada, y se requiere el uso de un circuito de acoplamiento especial denominado "Antena Fantasma".

A11.1.1. Ensayos sobre receptores de A.M.

La mayor parte de las principales especificaciones y características de los receptores de amplitud modulada se pueden determinar empleando la misma disposición e instrumentos de medición que se utilizan para la medición de la sensibilidad del mismo. El montaje básico para este ensayo se muestra en el esquema siguiente:

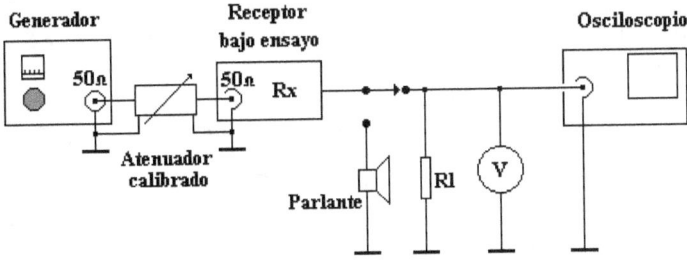

Figura A11-23 Disposición para la medida de sensibilidad.

En esta disposición, se desconecta la carga (el sistema de parlantes) y se lo reemplaza por una carga resistiva de valor igual a la impedancia de la misma. La conexión directa entre el generador y la entrada de antena del receptor será posible cuando las impedancias de salida y entrada respectivamente, sean iguales, (por ejemplo 50 ohms), de no ser así se necesitará utilizar algún dispositivo adaptador de impedancias.

A11.1.2. Características del generador a emplear.

El generador a utilizar consiste normalmente en un oscilador que además tiene que cumplir las siguientes características:

- Debe ser modulado en amplitud y en lo posible se tiene que poder ajustar el índice de modulación, el cual debe poder leerse en un dial o indicador al efecto. Si es de modulación fija esta debe ser del 30%.

- Como frecuencia modulante se suele emplear 400 Hz o 1000 Hz. Es conveniente que el generador disponga de las dos posibilidades. También es bueno que pueda ser modulado con una señal externa

- El nivel de salida debe poder conocerse con exactitud. Es bueno que posea un instrumento para indicar el nivel del mismo. También es aconsejable que posea un atenuador calibrado en decibeles incorporado.

- Es conveniente que el generador también pueda ser modulado en frecuencia. Esta posibilidad sirve para determinar una característica denominada "Rechazo de modulación residual en FM"

A.11.1.3. Medición de la Sensibilidad. Definiciones.

La sensibilidad de un receptor se define como la tensión de portadora de entrada con modulación normal (400 Hz o 1000 Hz. al 30 %), que debe aplicarse por medio de un generador de señales para obtener la potencia normal de salida (Por ejemplo: 1 W para el caso de un receptor de automóvil), con el control de volumen al máximo, o en la posición que asegure una relación señal ruido de al menos 6 dB al anular la modulación del generador.

Hay que tener en cuenta que en un receptor, la potencia de salida no depende linealmente de la amplitud e índice de modulación de la señal aplicada. Esto es así porque todo receptor posee un control automático de sensibilidad (CAS) que sirve justamente para que el nivel de salida permanezca mas o menos constante aun cuando varíe el nivel de la señal de entrada. Existen varias variantes de sistemas de CAS. Algunos toman como referencia solo el nivel de la portadora, otros el de la modulante, y los mas elaborados hacen el control en función del promedio entre la portadora y la modulante. Una curva típica de CAS podría ser la de la figura A11-24.

Como puede observarse, entre los puntos A y B, es decir para pequeñas señales de entrada, el control automático de ganancia no actúa, y por lo tanto hay máximo rendimiento de amplificación en el receptor. A partir del punto B, el CAS comienza a funcionar y se limita la salida. Normalmente el diseño del circuito de CAS se hace para que la potencia máxima disponible de salida se obtenga en las cercanías del punto B. Esto debe ser tenido en cuenta al proceder a hacer una medición para determinar la sensibilidad, pues hay que asegurarse que la acción del CAS no interfiera en el procedimiento y conduzca a la obtención de resultados erróneos. Una forma de salvar el problema consiste, cuando es técnicamente posible, en anular el voltaje de control de CAS y conectar en su lugar una tensión de valor fijo.

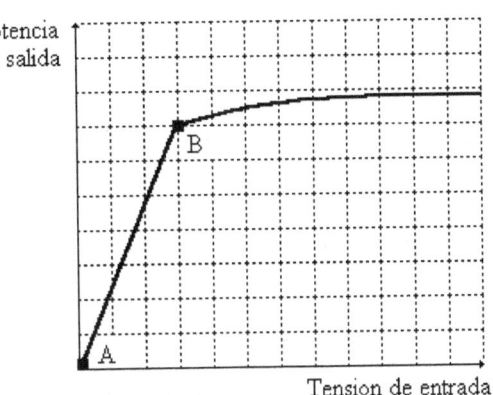

Figura A11-24 Curva típica de Control Automático de Sensibilidad.

Obviamente la sensibilidad de un receptor no es igual para todo el margen de frecuencias que el mismo cubre, por lo que para obtener una información precisa, deberían realizarse medidas para varias frecuencias dentro de la banda. Una opción válida suele ser efectuar una única medida para una frecuencia que corresponda a la media de la banda cubierta.

A11.1.4. Procedimiento a seguir.

De acuerdo con la definición anterior, y teniendo en cuenta las consideraciones efectuadas, el procedimiento a seguir seria el siguiente:

1) Se debe ajustar primeramente la frecuencia de sintonía del receptor, y la el generador de señales, al valor al que se desea efectuar la medición.

2) Ajustar el control de volumen al máximo. Si el receptor posee controles de tono, estos deben estar en posición normal, (es decir sin refuerzo o atenuación de frecuencias).

3) Seguidamente se debe disponer el generador en la posición de modulación interna de 400Hz o 1000Hz, y ajustar la profundidad de modulación al 30 %. Si el CAS ha sido anulado, se debe variar el nivel de salida hasta obtener en el voltímetro, la lectura de tensión que corresponda a la potencia normal de salida. Si el CAS permanece conectado igualmente se debe variar la salida del generador, pero comenzando desde un nivel cero para asegurase de no entrar en la zona de limitación.

4) A continuación se anula la modulación del generador, y se verifica si el nivel del ruido presente, esta al menos 6 dB por debajo de la potencia normal de salida, de no ser así se debe reducir el control de volumen para obtener lo requerido y realizar nuevamente el paso anterior.

Una vez obtenida la relación señal ruido correcta, se toma como sensibilidad del receptor el valor de tensión de salida del generador indicado por el instrumento del mismo. El valor puede expresarse en μV, dBμ o dBm indistintamente.

A11.1.5. Medición de la selectividad. Definiciones

Todo receptor debe ""seleccionar" la señal deseada, y rechazar las demás. La *selectividad*, se expresa por medio de una curva que da la magnitud de la portadora con modulación normal que se necesita para producir la potencia de salida normal de ensaya como función de la frecuencia de la señal, manteniendo fija la frecuencia de sintonía del receptor.

El procedimiento para obtener esta curva es el siguiente:

1) Se parte del último paso descripto en el punto anterior (medición de la sensibilidad).

2) Se varía luego la frecuencia de la portadora por encima y por debajo de la frecuencia de sintonía debiéndose en cada caso retocar el nivel de salida del generador para restituir la potencia normal de salida del receptor. El incremento del nivel de señal para cada valor de frecuencia se toma en dB directamente del instrumento indicador de la salida del generador y se tabula.

3) Finalmente se llevan los resultados obtenidos a un gráfico de selectividad (Como el siguiente).

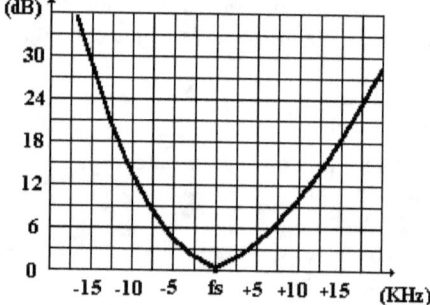

(dB)	Δfs (KHz)
28	-15
13	-10
4	-5
0	0
4	5
10	10
24	15

Figura A11-25 Curva típica de Selectividad de un receptor de A.M.

A11.1.6. Medición de la selectividad mediante el método de los dos generadores.

La determinación de la selectividad por el método descripto previamente puede conducir a resultados erróneos si no se toman las medidas para controlar la acción del CAS. Además, algunos receptores incluyen también un circuito denominado Control Automático de Frecuencia (CAF), debido al cual, si se varia la frecuencia del generador, el receptor tratará de seguir dicha variación. En general, para hacer la medida de selectividad, el CAF debe ser desconectado, pero aun así puede aparecer, en forma espontanea, un efecto de "arrastre" de la frecuencia de sintonía al variar la frecuencia del generador. Una opción para poder obtener resultados seguros, consiste en el empleo de dos generadores cuyas salidas se aplican simultáneamente a la entrada del receptor. Para esto se requiere el uso de una red lineal adaptadora, lineal que sirve para superponer las señales y para adaptar impedancias.

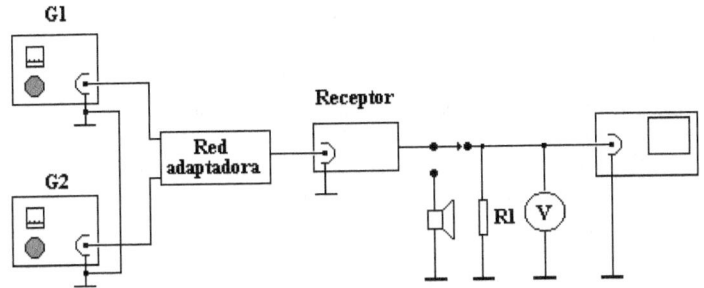

Figura A11-26 Método de los dos generadores.

Para efectuar la medida se comienza con uno de los generadores pasivado (por ej: G1). El restante (G2) se dispone con modulación normal y su nivel de salida se ajusta para obtener la potencia normal de salida. Se toma nota del nivel de la señal aplicada, y se corta la modulación. Seguidamente se calibra la salida de G1 al valor anotado y se ajusta su frecuencia para que coincida con la de sintonía del receptor. De aquí en mas se sigue con el procedimiento descripto en el punto anterior, es decir que van variando la frecuencia y el nivel de G1.

Como el lector habrá notado, la única función del generador G2 es mantener la tensión de control del CAS del receptor en un valor fijo.

A11.1.7. Medición del rechazo de frecuencia imagen

En un receptor superheterodino, el oscilador local trabaja en una frecuencia igual a la suma de la frecuencia de sintonía mas el valor de la frecuencia intermedia (F.I), de manera que al producirse el batido en la etapa conversora se obtenga como frecuencia diferencia precisamente la Frecuencia intermedia. (En receptores de AM se suele emplear una F.I. de 455 KHz). Ahora bien, como el coversor produce, como consecuencia del batido, además de la diferencia entre la frecuencia del oscilador local y la de sintonía, otras componentes, entre las cuales esta la suma; resulta que hay otro valor de frecuencia que puede estar presente en la entrada de antena del receptor que va a producir la F.I. Esta señal recibe el nombre de frecuencia imagen:

$$\text{Frec. Imagen} = F \text{ sintonía} + 2 \text{ F.I.} \qquad (*)$$

La habilidad del receptor para rechazar este tipo de interferencias se denomina precisamente Rechazo de frecuencia imagen, y el procedimiento para determinarla es el siguiente:

1) Se parte del último paso del ensayo de sensibilidad.

2) Se varia la frecuencia de salida del generador hasta el valor de frecuencia imagen correspondiente (expresión *)

3) Se varia el nivel de salida del generador hasta que se obtiene nuevamente la potencia normal de salida del receptor.

4) Se toma como rechazo de frecuencia imagen, la diferencia de intensidades de la señal de entrada entre el paso 1 y el paso 3 expresada en dB (valor que puede obtenerse directamente del atenuador calibrado y del indicador de nivel de salida del generador)

A11.1.8. Medida de la Propagación del campo electromagnético.

Como se ha explicado inicialmente, en ocasiones, se requiere utilizar algún tipo de antena fantasma para acoplar un generador a la entrada de un receptor, y para que la misma se pueda emplear en forma adecuada, es necesario manejar algunos conceptos básicos, los cuales se presentan a continuación.

Si se conocen las características de una determinada antena, es posible predecir en forma teórica, el valor de la intensidad del campo que debe haber en un punto definido del espacio que rodea a la misma. Esta predicción se hace siempre en la suposición de que el medio tiene características homogéneas y es isotrópico.

Desde el punto de vista del especialista interesado en establecer las características de la propagación, el problema consiste por lo general, en verificar el valor del campo en un lugar para luego poder determinar las mismas mediante la comparación con el valor teórico.

Un ensayo típico, consiste en medir la intensidad del campo electromagnético en varios puntos fijados en el espacio que rodea a la antena emisora objeto del estudio. Los valores obtenidos se llevan a un gráfico denominado "Diagrama de propagación", que básicamente consiste en un dibujo trazado sobre un sistema de coordenadas polares, en el cual están representadas las características de la propagación mediante líneas o curvas que unen los distintos puntos donde el campo tiene el mismo valor.

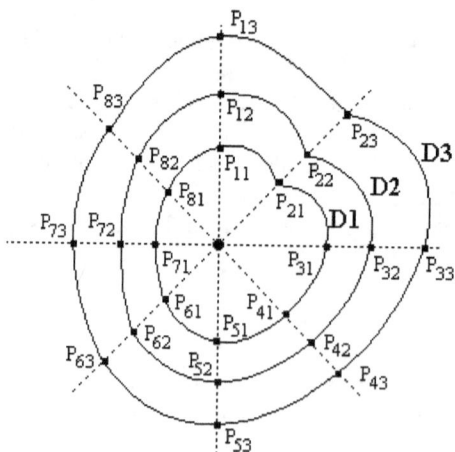

Figura A11-27 Diagrama de propagación típico.

Desde el punto central del esquema (que corresponde a la ubicación de la antena emisora) se trazan radios que forma ángulos de 45° sobre los cuales se representa la distancia respecto del origen. Los valores de intensidad de campo a lo largo de cada radio (P_{11}, P_{12}, P_{13}..... Pnn), se llevan a un conjunto de ocho gráficos de "Propagación radial" que luego se pueden contrastar frente a las curvas patrones de antenas similares.

De la comparación efectuada pueden obtenerse las características buscadas. Por ejemplo si se esta ensayando una antena que trabaja en longitudes de onda donde la propagación es "terrestre", puede determinarse el coeficiente de conductibilidad del terreno.

La interpretación de los diagramas de propagación en sus distintas formas, proporciona la información necesaria para que el ingeniero especialista pueda efectuar las modificaciones que sean necesarias en el sistema de antenas a fin de cubrir, en condiciones previamente fijadas de distribución del campo electromagnético, una zona con un determinado servicio. Estas modificaciones pueden consistir por ejemplo, en la utilización de antenas direccionales, el aumento de la potencia emitida, o el cambio a otra banda de frecuencias que este permitida y en la cual las condiciones de propagación sean mejores.

Si bien el procedimiento que se ha explicado, sugiere que el mismo se aplica desde el punto de vista del emisor (es decir considerando como origen a una antena que esta conectada a la salida de un transmisor), es obvio que los gráficos y curvas obtenidas son igualmente validas para el caso de considerar al origen como el punto de ubicación de antenas receptoras.

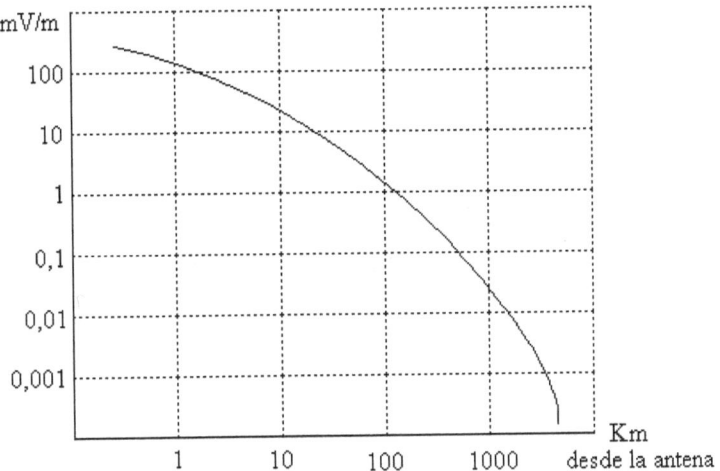

Figura A11-28 Diagrama de propagación radial de una antena típica.

A11.1. 9. Medida de la intensidad de campo electromagnético en un punto.

La operación fundamental de todo el proceso seguido para la obtención de los gráficos y curvas de radiación y propagación consiste en la medición de la intensidad del campo electromagnético en un punto del espacio.

Aunque el campo radiado por una antena es electromagnético, (es decir que tiene una componente eléctrica y otra magnética), normalmente se mide y se caracteriza al mismo por el valor de la componente eléctrica. La unidad de medida del campo eléctrico es el volt por metro (V/m), pero habitualmente se usan el mV/m, o el µV/m.

También es practica extendida, (aunque no formalmente correcta), expresar el valor del campo directamente en mV o µV sobre un valor determinado de impedancia de antena (por ejemplo 50Ω), e incluso también en dBµ.

En el método de medición habitual se emplea un medidor de intensidad de campo, que es básicamente un receptor sintonizable dotado de un instrumento indicador del nivel y de una antena cuya "altura efectiva" es exacta y fácilmente determinable en función de sus dimensiones y de la longitud de onda que se recibe.

El receptor debe poseer un rango dinámico bastante amplio, ya que los valores de intensidad de campo pueden variar sensiblemente de un punto a otro, y obviamente no posee control automático de ganancia. El tipo de antena que se utiliza depende del margen de frecuencia (o longitud de onda) dentro del cual se efectúa la medición.

A11.1.10. Antenas de cuadro y antenas dipolo usadas en medidores de campo.

Si la longitud de onda considerada es mayor de 5m, se suele utilizar una "Antena de cuadro". La misma consiste en una bobina en forma de rectángulo o cuadrado, sobre la cual se induce una f.e.m. que depende de la intensidad del campo, de las dimensiones del cuadro, y de la orientación del mismo respecto del sentido de propagación de la onda.

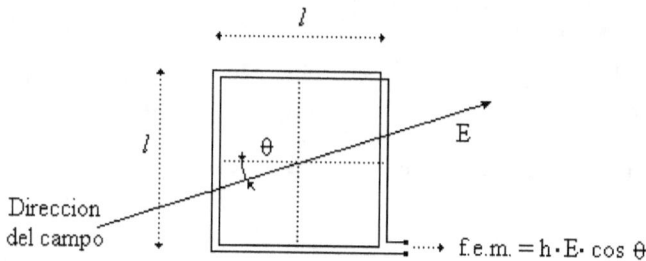

Figura A11-29

La altura efectiva **h** del cuadro vale casi exactamente:

$$h = \frac{2 \cdot \pi \cdot n \cdot S}{\lambda}$$

Donde:

      n: Numero de espiras del cuadro
      S: área del cuadro (en este caso l^2).
      λ: longitud de onda.

La determinación del ángulo θ se ve facilitada por el hecho de que para $\theta=90°$ la f.e.m inducida se reduce a cero (o bien un valor mínimo), lo que permite fijar la posición relativa del cuadro respecto de la dirección de propagación para cualquier ángulo de giro del plano de la antena.

El valor de la altura efectiva calculado de esta forma es mas exacto a medida que la dimensión del cuadro es mas pequeña respecto de la longitud de onda, lo cual es mas o menos razonable si la longitud de onda es mayor a 5m. En realidad podría emplearse una antena de cuadro para longitudes de onda menores, pero sucede que el cuadro debería ser de sección tan pequeña que el valor de la f.em. inducida se hace muy pequeño. Por esta razón cuando la longitud de onda es reducida, se recurre a la utilización de antenas dipolos.

Por ejemplo, si la antena empleada es un dipolo vertical de λ/4 (antena Marconi), la altura efectiva es:

$$h = \frac{2 \cdot l}{\pi}$$

O bien:

$$h = \frac{\lambda}{2 \cdot \pi}$$

Desde luego, al utilizar antenas dipolos, se pierde en gran medida la propiedad de direccionalidad del cuadro, (que puede ser muy útil en algunas circunstancias).

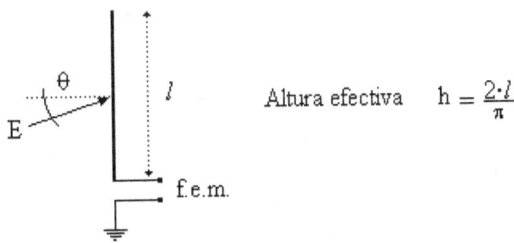

Figura A11-30

Por otro lado es obvio que un determinado tipo de antena será útil solo para la medición en una banda muy estrecha de frecuencias.

Para resolver estos inconvenientes, algunos modelos de medidores de campo emplean otro tipo de antenas, algunas de las cuales son de banda ancha, y otras de tipo direccional (por ejemplo antenas Yagui).

A11.1.11. Diagrama de irradiación de una antena.

Un gráfico parecido al presentado inicialmente, es el que muestra de que forma se distribuye el campo electromagnético alrededor de una antena. En realidad, el procedimiento a seguir para la obtención de tal gráfico utiliza básicamente los mismos elementos, instrumentos y técnicas que se usan para el caso descripto previamente. Sin embargo, el diagrama de radiación de una antena, conceptualmente representa una cosa distinta.

Muchos tipos de antenas se diseña para que la distribución del campo alrededor de la misma, no sea el mismo en todas direcciones, sino que se concentre sobre una zona o área de interés. (En realidad hasta el tipo mas simple de antena, por ejemplo un radiador elemental de λ/4, es en cierta forma direccional). Entonces resulta sumamente útil para el ingeniero o especialista en telecomunicaciones, disponer de información a cerca de la "directividad" de un determinado tipo de antena.

La forma mas practica de presentar esta información es mediante un gráfico polar sobre el cual se llevan los distintos valores de intensidad de campo radiado en decibeles respecto de una cierta referencia fija, que puede ser por ejemplo, una hipotética antena omnidireccional.

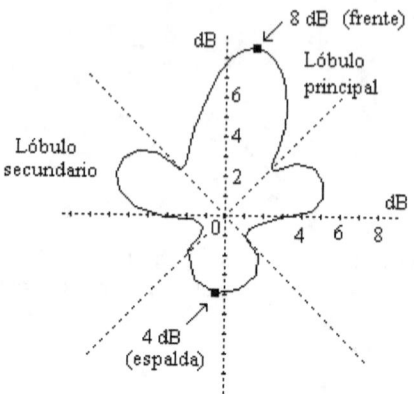

Figura A11-31 Diagrama de irradiación de una antena direccional típica.

Desde luego este tipo de gráfico es solo una representación en un plano, de una distribución que en realidad es tridimensional. El plano que se elige representar depende indudablemente, del uso a que esta destinada la antena. Por ejemplo, si se trata de una antena que trabaja en frecuencias donde la propagación es en línea recta (o visual), se usa habitualmente el plano paralelo a la superficie terrestre.

Las deformaciones que presenta el gráfico respecto de lo que sería el diagrama de radiación de una antena omnidireccional ideal, se denominan Lóbulos.

En la practica, los diagramas de radiación pueden obtenerse, midiendo la intensidad del campo en un circulo situado alrededor de la antena que se ensaya, y cuyo radio debe ser varias veces mayor que la longitud de onda en juego.

Cuando es posible, conviene situarse a una distancia fija, y proceder a rotar la antena, en lugar de girar al rededor de la misma. De esta manera pueden obtenerse mejores resultados, ya que se evitan las posibles variaciones de las condiciones de propagación que pueden ocurrir por irregularidades del terreno, o la presencia de obstáculos.

A partir de los valores obtenidos, pueden determinarse algunos parámetros de interés de la antena, como por ejemplo la ganancia de la misma, o bien su relación frente espalda. En el dibujo de la Figura 30 tales valores serian:

Ganancia: 8 dB

Rel. frente/espalda: 8 dB - 4 dB = 4 dB

Dado que el diagrama presenta cierta deformación, podría discutirse si los puntos usados para los cálculos son formalmente los correctos. Aquí se ha usado, básicamente, un criterio practico.

12

Análisis Espectral (Instrumentos que trabajan en el dominio de la frecuencia)

- Análisis espectral, generalidades. Clasificación y campo de aplicaciones de los instrumentos que trabajan en el dominio de la frecuencia.

- Analizadores de espectro.

- Analizadores de Fourier.

- Analizadores de onda y analizadores de distorsión

- Apéndice. Fundamentos matemáticos. Mediciones con Analizadores de espectro

Al finalizar el estudio de esta unidad, Ud. será capaz de hacer lo siguiente:

- Describir el principio de funcionamiento de los instrumentos que permiten efectuar el análisis espectral de una señal.

- Elegir el método o instrumento adecuado para efectuar el análisis espectral de una señal de acuerdo al rango de frecuencias y requerimientos de la tarea a efectuar.

- Con la ayuda del manual de uso de un instrumento que trabaja en el dominio de la frecuencia, interpretar las especificaciones y efectuar mediciones con el mismo.

12.1. Análisis espectral, generalidades

El análisis de una determinada señal mediante su visualización en una pantalla (TRC o Visor de estado sólido), puede hacerse básicamente de dos maneras distintas. Una de ellas es la que se usa en los osciloscopios, donde la imagen obtenida representa las variaciones de amplitud de la señal en función del tiempo. La otra forma, que se emplea en los analizadores de espectro, proporciona una representación de la amplitud en el dominio de la frecuencia.

En realidad los analizadores de espectro son solo un grupo de instrumentos que forman parte de una familia más amplia que incluye además; los "Analizadores de Fourier", Los "Analizadores de Ondas" y los "Analizadores de distorsión". Todos estos instrumentos se basan en los desarrollos matemáticos efectuados a fines del siglo pasado por J. B. J. Fourier conocidos como "Series de Fourier" que permiten descomponer cualquier señal periódica en una serie de componentes armónicas simples de orden creciente. O a la inversa, reconstruir una determinada señal a partir de la suma de dichas componentes

El desarrollo de los instrumentos que efectúan el análisis espectral cobró gran impulso durante la segunda guerra mundial junto con el perfeccionamiento del Radar. En esta época se los utilizaba, por ejemplo, para el control del espectro de RF. Lo que se buscaba era localizar rápidamente las emisiones clandestinas del enemigo, particularmente las efectuadas desde el territorio propio. Piense el lector que inicialmente esta tarea se ejecutaba recorriendo el espectro manualmente; lo que, desde luego, resultaba sumamente dificultoso. (Paradójicamente siempre que el hombre se embarca en alguna de estas empresas de auto aniquilación masiva la tecnología recibe impulsos impensados en tiempos de paz).

La necesidad de contar con instrumentos que puedan de alguna manera explorar un espectro determinado se impone cuando en ese espectro hay un conjunto de señales superpuestas y se necesita obtener información de una, o todas ellas, por separado. Esto es muy difícil de lograr con instrumentos, tales como los osciloscopios, que trabaja en el dominio del tiempo, particularmente cuando la amplitud de la señal de interés es pequeña en relación con el resto de las componentes del espectro. El análisis del espectro de una determinada señal se hace importante también, cuando dicha señal contiene una cantidad apreciable de ruido, pues dado que el ruido es de naturaleza aleatoria, puede llegar a enmascarar por completo cualquier señal que se intente estudiar en el dominio del tiempo.

El análisis espectral es más "natural" de lo que parece; La combinación oído-cerebro del ser humano funciona como un excelente analizador de espectros en la gama de audiofrecuencias. Los médicos especialistas en cardiología se sirven del oído (ayudados por un estetoscopio) para discriminar de entre todos los sonidos que escuchan al auscultar a un paciente, aquellos que les puedan dar indicios de alguna dolencia. Un mecánico avispado puede detectar una falla en un motor solo con escuchar los ruidos provenientes del mismo apoyando un destornillador en el bloque y el oído en el otro extremo.

El cuadro de la figura 12-1, es un intento de clasificar las diversas familias de instrumentos mencionados, teniendo en cuenta los márgenes de frecuencias que cubren y los usos y aplicaciones de cada grupo.

Las familias de instrumentos (a) y (b) utilizan como elemento de presentación una pantalla, aunque funcionan siguiendo ideas conceptualmente distintas (Como se verá luego los primeros son instrumentos básicamente analógicos, en tanto que los Analizadores de Fourier deberían clasificarse dentro del género de los instrumentos digitales). En cambio los Analizadores de onda y de distorsión usan como elemento indicador un voltímetro.

Familia de instrumentos	Margen o Rango de frecuencias cubiertos (Para el estado actual de la técnica)	Comentarios - Usos y aplicaciones
a) Analizadores de Espectro	5/10 Hz a 50 GHz (o más)	• Utilizan el principio del receptor superheterodino. Son básicamente instrumentos analógicos. • Verificación y control del espectro. • Homologación de equipos de comunicaciones • Desarrollo, diseño y mantenimiento de radares.
b) Analizadores de Fourier	CC a 1 GHz. (o más)	• Utilizan un algoritmo (Transformada rápida de Fourier). Son instrumentos digitales. • Verificación y control del espectro (dentro de los márgenes indicados). • Aplicaciones industriales (Medición de ruidos, Interferencias, etc.)
c) Analizadores de onda	5/10 Hz a 100 MHz	• La misma técnica de los Analizadores de espectro pero el espectro se explora manualmente.
d) Analizadores de distorsión	BF (Audio frecuencias)	• Básicamente son filtros muy selectivos en frecuencia que se emplean para la medición de distorsión armónica en amplificadores de BF.

Figura 12-1 Cuadro comparativo de las aplicaciones y usos de los instrumentos que trabajan en el dominio de la frecuencia.

Cronológicamente los analizadores de espectro aparecieron antes que los analizadores de Fourier debido a que la tecnología existente a la fecha de originarse la idea no permitía la realización práctica de estos últimos; sin embargo, recientemente se ha producido un dramático vuelco como resultado del avance tecnológico, acompañado de una continua reducción de los precios, por lo que la situación ha cambiado radicalmente y es de esperar que en el futuro se produzca un gran avance en ese sentido.

Se analiza a continuación el principio de funcionamiento de las distintas familias de instrumentos.

12.2. Analizadores de espectro.

El circuito de entrada de un analizador de espectros clásico, funciona de manera análoga a un receptor Superheterodino en el cual se efectúa un barrido de la frecuencia de sintonía en forma automática mediante un generador que a la vez se utiliza para producir el desplazamiento sobre el eje horizontal del haz de un TRC. El conjunto se comporta como si fuese un filtro cuya frecuencia central se va variando en consonancia con el movimiento del haz sobre el eje horizontal que puede entonces graduarse en valores de frecuencia. Las Placas verticales del TRC se excitan con la tensión que se obtiene mediante un circuito detector de envolvente (detector de amplitud) de la salida del filtro. En la siguiente figura se ha representado una onda rectangular en el dominio del tiempo y la misma señal en el dominio de la frecuencia.

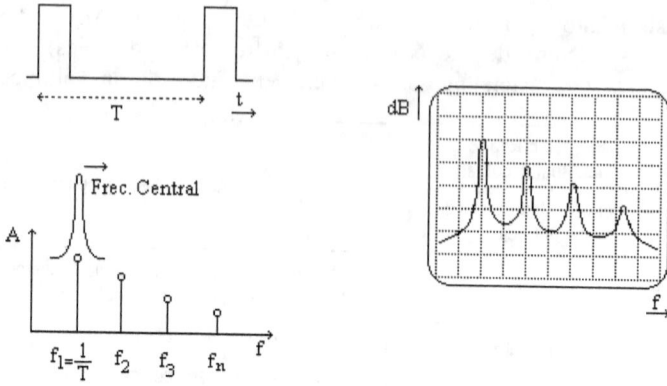

Figura 12-2 Filtro que se desplaza e imagen obtenida

Si esta forma de onda se aplica a un circuito que funcione según el principio expuesto, cada vez que la frecuencia central del filtro, se iguala con la frecuencia de una de las componentes de la señal, el detector de envolvente proporciona una salida que produce la correspondiente desviación sobre la pantalla del TRC. Se obtiene así la representación buscada de amplitud en función de la frecuencia.

Nótese que si bien el verdadero espectro esta compuesto de "Rayas" espectrales, la representación obtenida muestra cada componente del mismo como un "lóbulo". Esta es justamente la forma de la respuesta en frecuencia del filtro que al desplazarse sobre cada componente, copia su forma en el tiempo. Este defecto, que esta siempre presente en alguna medida, en todo instrumento que hace el análisis en el dominio de la frecuencia puede ser tolerado y pasado por alto en la mayoría de las aplicaciones practicas.

A continuación se muestra el diagrama en bloques de un analizador de espectros por frecuencia intermedia elemental y se describe el funcionamiento de cada etapa.

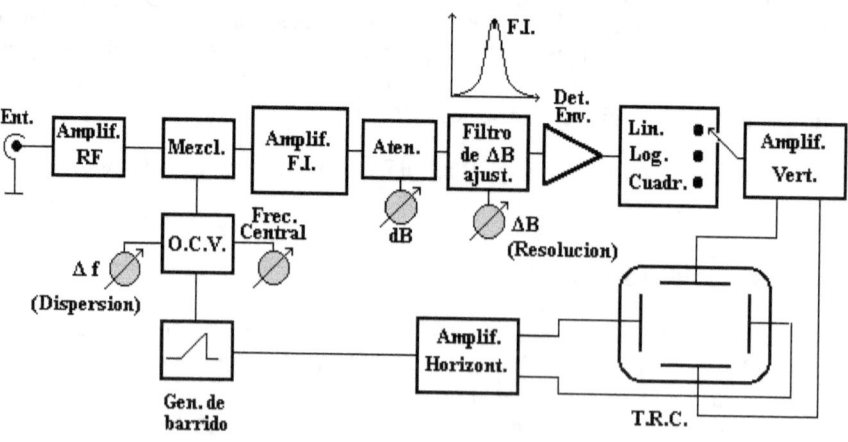

Figura 12-3 Diagrama en bloques de un analizador de espectros

El amplificador de entrada es de banda ancha, es decir con una respuesta plana dentro de los límites del espectro que el analizador es capaz de mostrar, y en algunos tipos de instrumentos, suele poseer un atenuador extra que permite mejorar el rango dinámico. El atenuador calibrado se ubica por lo general, en el amplificador de FI, y es accesible desde el panel de manera similar a lo que ocurre con un osciloscopio, (pero con la salvedad que los correspondientes rangos están indicados en dB en lugar de volts por división). La combinación de la atenuación con la ganancia del amplificador de F.I permite variar el nivel de referencia dentro de un amplio margen, lo cual posibilita establecer comparaciones entre las distintas componentes espectrales de una determinada señal, (por ejemplo portadora y bandas laterales de una señal modulada en amplitud o frecuencia).

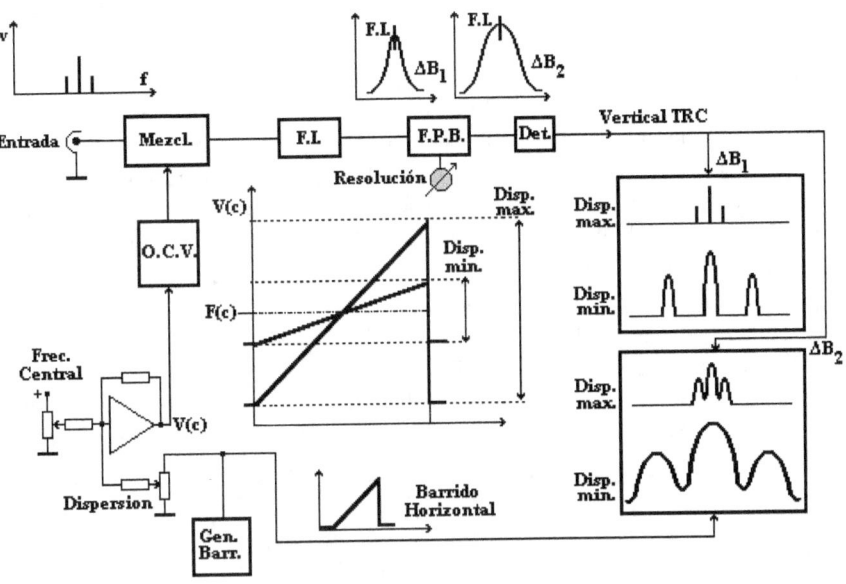

Figura 12-4 Desarrollo de la presentación en pantalla de un Analizador de espectros.

El diagrama de la figura 4, es una simplificación (tal vez un poco exagerada) que muestra como se genera la representación en función de la frecuencia, y cuales son los controles que afectan a la misma y que están disponibles en el panel de controles de un instrumento típico. La frecuencia central del espectro mostrado en la pantalla depende de la frecuencia central (Fc) del Oscilador controlado por voltaje (O.C.V) y del valor de la frecuencia intermedia (F.I.). El rango de frecuencias cubierto por la presentación en la pantalla es función del rango de variación de frecuencia del O.C.V. Por ejemplo: si el OCV variase entre 100KHz y 200KHz y la F.I estuviera sintonizada en 10 KHz, el margen de frecuencias que se visualizaría seria el comprendido entre 90 KHz y 190 KHz, aunque también podría ocurrir lo propio con el espectro que va de 110 KHz a 210 KHz. Este efecto se conoce como el de la "Frecuencia imagen", y obliga, en un instrumento real, a realizar al menos dos conversiones, la primera de ellas con un O.C.V, y la restante con un oscilador de frecuencia fija. En aquellos analizadores aptos para un margen de frecuencia grande es habitual, además, el agregado de una etapa conversora de entrada de ajuste manual mediante un control o dial situado en el panel del instrumento que va seleccionando el rango de trabajo entre límites a modo de una "Banda de frecuencias" (de esta manera puede haber hasta una triple conversión). En este caso la frecuencia central mostrada en pantalla se puede modificar con el control de "Banda de frecuencias" o de "Frecuencia Central" indistintamente o con ambos a la vez.

Generalmente existe un control en el panel del instrumento que permite modificar el ancho de banda del FPB, que lleva el nombre de **"Resolución"**, o **"Ancho de banda de resolución"** (**R**esolution **B**and **W**idth). Este último debe ser cambiado en concordancia con el rango de frecuencias del OCV (lo cual corresponde al cambio de los márgenes de frecuencia que se visualizan), que se cambia mediante el control denominado **"Dispersión"** o **"Dispersión de frecuencia"** (Frequency Span). En el ejemplo considerado anteriormente, un valor apropiado para el **ancho de banda de resolución** podría ser 1KHz, en cambio si el rango de frecuencias cubierto fuera de 100 MHz. A 200 MHz, el ancho de banda de resolución podría pasar, por ejemplo, a 1 MHz. Lo que nunca puede suceder es que el ancho de banda de resolución sea mayor que la dispersión, por este motivo ambos controles suelen estar vinculados entre sí de manera que el ajuste de uno "arrastre" al otro dentro de un cierto margen.

La elección de un valor apropiado de resolución, permite que el operador pueda distinguir, en la presentación obtenida, entre dos señales de frecuencias próximas. Si se desea discernir entre dos señales senoidales simples que estén separadas entre sí por un determinado Δf, se requerirá como mínimo ajustar el filtro de **RBW** para que su ancho de banda (cuyas frecuencias de corte se definen a -3dB) coincida con dicho Δf. De esta manera, la imagen obtenida presentara una hendidura de -3dB entre las dos componentes (figura 5-a).

Si en cambio, una de las señales tiene menor amplitud que la otra, puede suceder que quede "escondida" bajo la falda de la curva del filtro (figura 5-b). Para que este efecto sea mínimo, se requerirá que los flancos de la curva de respuesta del filtro caigan en forma lo más abrupta posible. Esta característica deseable del filtro se evalúa mediante el "Factor de forma" del mismo, que es la relación entre el ancho de banda a -60 dB y -6 dB. (La figura 5-c muestra, en forma comparativa, las curvas de respuesta de dos filtros con distinto factor de forma)

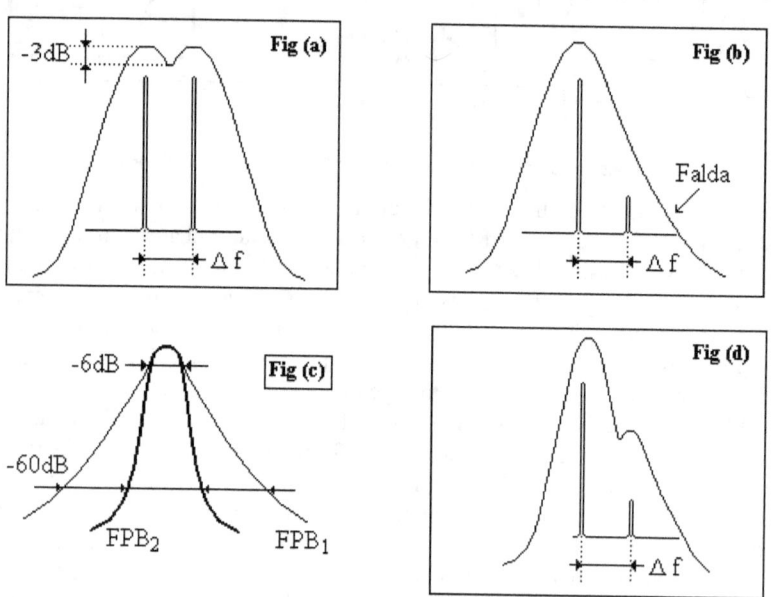

Figura 12-5

Podría parecer que lo ideal es un filtro con ancho de banda mínimo, y en lo posible con una banda de paso rectangular. Sin embargo tales características son difíciles de conseguir sin pagar un precio por ello. Lo que termina sucediendo es que el un filtro de tales características suele tener un comportamiento inestable tendiendo a la auto oscilación, y además requiere un tiempo considerable para que sus elementos reactivos alcancen a almacenar la energía suficiente, debido a lo cual su tiempo de respuesta es lento.

La velocidad o frecuencia del barrido horizontal (es decir la pendiente del diente de sierra que controla el OCV) se mantiene lo mas baja posible en concordancia con los valores de Dispersión y de Resolución, con el fin de reducir al mínimo la influencia del tiempo de establecimiento del FPB y del OCV, ya que de lo contrario se producirían errores, tanto de amplitud como de fase. La mayor parte de los analizadores de espectro utilizan un tipo especial de filtro denominado "Gausiano", y en ese caso la "Velocidad máxima de barrido permisible" es proporcional al del ancho de banda del filtro (RBW). Una relación simple para estimar la velocidad de barrido recomendada por algunos fabricantes es la siguiente:

$$\text{Velocidad max. de barrido} = 2,3 \, (RBW)^2 \, [Hz./s]$$

En algunas circunstancias puede suceder que la velocidad de barrido que se requiera sea tan lenta que se hace necesario el empleo de algún sistema de memorización del trazo, (en instrumentos de hace algunos años se empleaban pantallas de almacenamiento analógico, en tanto que hoy en día, la mayoría de los fabricantes utilizan memorias digitales). Sin embargo, hay que pensar también que una baja velocidad puede producir como contrapartida, que se pierda información de alguna de las componentes espectrales si esta varía muy rápidamente. Para resolver este problema, los instrumentos modernos, incorporan un sistema de memoria, que utilizan para registrar los valores obtenidos en sucesivas pasadas, y luego los procesa; pudiéndose obtener, por ejemplo, una representación con los valores promedio, y/o una con los valores máximos.

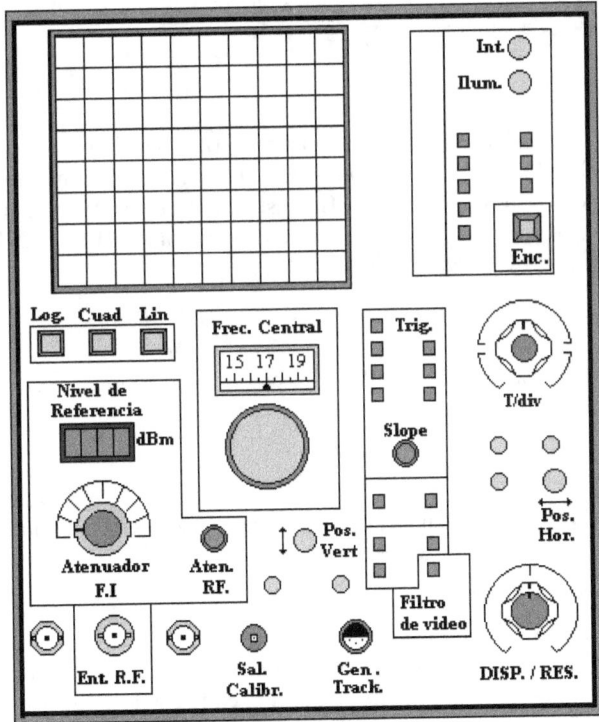

Figura 12-6. Aspecto del panel de un analizador de espectros.

Casi todos los modelos de instrumentos incluyen un generador de base de tiempos que permite modificar la frecuencia del barrido; esta posibilidad es útil ya que al llevar el control de Dispersión al mínimo (prácticamente cero), el analizador de espectro se convierte en un receptor de banda corrida (es decir con una frecuencia fija) y puede ser utilizado, por ejemplo, para obtener una representación en función del tiempo de la modulante de una señal modulada en amplitud.

12.2.1. Función de cada control del panel de un analizador de espectros clásico

Solo se mencionan los controles que específicamente corresponden a este tipo de instrumentos, dejando de lado el resto (por ejemplo los de la base de tiempos y disparo que funcionan de manera análoga a los de un osciloscopio convencional). Los valores numéricos que se apuntan a continuación corresponden a un analizador de espectros comercial típico cuyo panel de controles podría ser el que se muestra en la Figura 6.

DISPERSIÓN (Frec. Span.)

Selecciona la dispersión (Ancho de frecuencia) del visor (Pantalla). Es habitual que la Dispersión pueda variarse en una secuencia 1-2-5 mas una posición de dispersión 0. El rango podría ser, por ejemplo, entre 100 MHz/div a 200Hz/div.

Cuando el selector de Dispersión esta en la posición 0, el analizador funciona como un receptor sintonizable, lo que permite usar el instrumento para obtener una representación de la modulación de una portadora en el dominio del tiempo, dentro de las posibilidades del ancho de banda de resolución del analizador.

RESOLUCIÓN (RBW)

(Con acoplamiento mecánico al control de dispersión). Selecciona el "ancho de banda de resolución". En analizadores de espectro de buena calidad, la selección puede efectuarse, por ejemplo, en rangos que van desde varios MHz hasta menos de 100 Hz. La resolución optima para una determinada dispersión se obtiene cuando el control de RESOLUCIÓN se encuentra acoplado al selector de DISPERSIÓN.

NIVEL DE REFERENCIA

Cuando se utiliza la escala vertical en dB, es necesario conocer cual es el nivel de referencia empleado, sobre todo si se desean efectuar medidas absolutas.

ATENUADOR DE F.I. en dB

Generalmente permite variar la atenuación de la FI por pasos dentro de un amplio rango. Por ejemplo de 0 dB a 80 dB, en saltos de 10 dB.

ATENUADOR DE RF

Es un control variable en forma continua de la ganancia de RF. Suele tener una posición de "calibrado" para que sea válido el valor de atenuación en forma absoluta.

FILTRO DE VIDEO

Cuando este control esta activado, se disminuye el ancho de banda del amplificador vertical (que a veces tambien se denomina de video) a fin de reducir las componentes de alta frecuencia del video tales como ruido, y reduce el batido de cero cuando la señal visualizada esta cerca de la mínima resolución.

ESCALA VERTICAL

Selecciona la escala vertical entre las opciones LINEAL, LOGARÍTMICA, y CUADRATICA. El rango dinámico para cada posición es distinto y podría ser respectivamente: En la posición LOG. Al menos 40 dB; en la posición LIN al menos 26 dB; y en la posición CUADRATICA al menos 13 dB.

FRECUENCIA CENTRAL DE RF

Este control permite variar la frecuencia de sintonía de R.F. Cuando el control de Dispersión se encuentra en cero, indica la frecuencia de sintonía del receptor de banda corrida.

SALIDA DE MARCADOR – (Salida de calibración)

Es un conector en el que se encuentra disponible una señal de marca (la misma que se usa como referencia interna) de, por ejemplo 50 MHz, que permite calibrar la dispersión. También tiene una amplitud determinada que permite calibrar el eje vertical.

SALIDA DEL GENERADOR DE BARRIDO (Track. Gen.)

Es una salida donde se encuentra disponible la señal que se usa para el barrido horizontal (Rampa). Puede ser usada en algunas circunstancias para controlar la frecuencia de salida de un generador de RF externo. Lo cual tiene utilidad en ciertos tipos de ensayos que se estudiaran mas adelante.

12.3. Analizadores de Fourier

Durante mucho tiempo, los fabricantes de instrumentos intentaron encontrar una solución para resolver el principal problema que tienen los analizadores de espectro superheterodinos, que no pueden explorar todo el espectro en forma simultanea ya que van efectuando un barrido del mismo y la velocidad empleada debe ser forzosamente más lenta a medida que el espectro es más amplio. En un analizador de Fourier convencional el problema se resuelve haciendo pasar la señal a analizar simultáneamente por un gran numero de filtros cuyas frecuencias centrales y anchos de banda se ubican de modo tal de cubrir todo el espectro de interés. Estos filtros se conmutan digitalmente mediante un sistema de llaves electrónicas gobernadas por un contador, el que a su vez comanda un generador de rampa escalera que se usa como generador de barrido.

Ya que el análisis de la señal de interés se hace de modo simultáneo y en paralelo, el espectro de frecuencias de la misma puede mostrarse muy rápido y sin las pérdidas de información que suceden en un analizador de espectros, puesto que la figura mostrada por un analizador de Fourier se puede generar en forma completa en el mismo tiempo que le lleva a un analizador de espectros convencional analizar la componente de menor frecuencia de la señal (ya que la velocidad de barrido puede hacerse muy alta).

La idea que sustenta el funcionamiento de un instrumento como el que se describe solo ha podido llevarse a la práctica gracias al avance de la técnica. Sin embargo, un analizador de Fourier como el que se muestra, es un instrumento extremadamente complicado y caro.

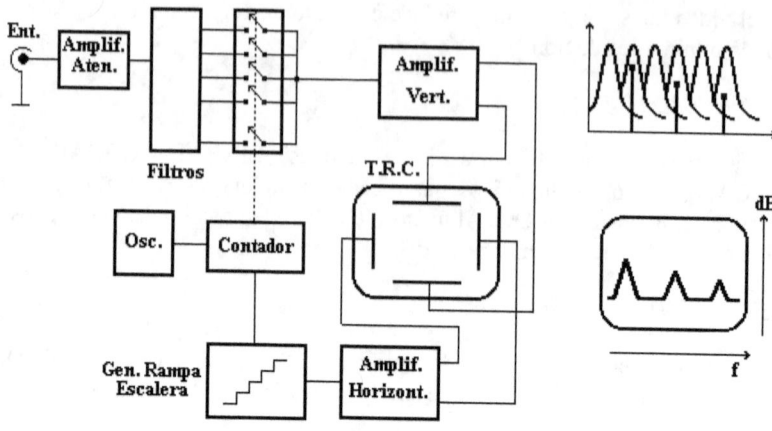

Figura 12-7 Esquema en bloques de un analizador de Fourier.

Otra de las ventajas de un instrumento de este tipo es que permiten obtener información sobre la fase relativa de las componentes espectrales, cosa que es imposible en un analizador de espectros convencional.

Como ventaja adicional, el espectro puede estudiarse bastante bien en las bajas frecuencias; de hecho se puede arrancar prácticamente desde CC (o sea para frec. = 0). La presentación puede hacerse en el clásico TRC o bien en algunos casos el instrumento puede utilizar una pantalla de estado sólido. La principal desventaja de estos instrumentos es que, comparativamente, el rango dinámico de los mismos es reducido, no excediendo casi nunca los 100/200 KHz como frecuencia máxima.

12.4. Analizadores de Fourier digitales (Que emplean la transformada rápida de Fourier)

La solución al problema del alto costo se ha dado recientemente mediante la masificación de los instrumentos digitales. Esto ha permitido la implementación de Analizadores de Fourier en los cuales se emplean filtros digitales, que en realidad no son dispositivos circuitales sino algoritmos. Mediante el uso de un circuito de adquisición que contiene un conversor A/D, una señal se transforma en un conjunto de datos digitales que representen la variación de la amplitud de la misma en función del tiempo. Luego se pasa al dominio de la frecuencia por medio de cálculo matemático. Dicho cálculo se efectúa generalmente mediante el empleo de un programa de computadora que habitualmente usa un algoritmo con base en la Transformada Rápida de Fourier (FFT).

El instrumento es en realidad una computadora dotada de los suficientes recursos de memoria y cálculo cuya entrada es un circuito de adquisición de datos que durante un periodo especifico de tiempo **T**, denominado "**Ventana**", toma muestras de la señal que se desea analizar en cantidad suficiente para cumplir con el "Teorema del muestreo" de Nyquist. Este teorema establece que, para que una señal pueda ser reconstruida a partir de muestras discretas de la misma, dichas muestras deben ser tomadas separadas entre sin por un tiempo **to** tal que la frecuencia de muestreo sea por lo menos igual al doble de la frecuencia de la componente de frecuencia mas alta de la señal.

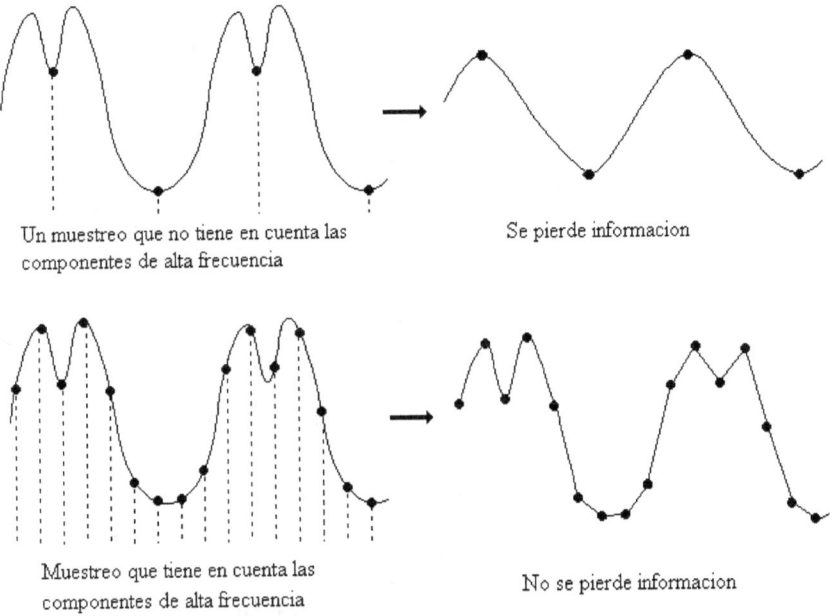

Figura 12-8 Muestreo de una señal y reconstrucción a partir de las muestras.

Como se puede apreciar en el dibujo precedente, una frecuencia de muestreo que cumpla exactamente con el teorema de Nyquis, asegura que se disponga de la información necesaria para reconstruir la señal y por lo tanto efectuar el cálculo de las componentes espectrales. Sin embargo también hay que considerar que eventualmente pueden aparecer errores de amplitud.

La figura 12-9 ejemplifican el muestreo de una señal senoidal simple. Los dos dibujos superiores corresponden a casos en los que la toma de muestras se efectúa a la misma frecuencia, pero con ligeras diferencias de fase, lo que produce distintos valores de amplitud en el calculo del espectro. La ultima figura ilustra el caso del empleo de una frecuencia de muestreo demasiado baja. La conclusión que puede sacarse es que siempre que sea posible es conveniente recurrir a un a suerte de "sobremuestreo" para reducir los errores de amplitud.

Respecto a la duración de la ventana **T,** esta queda determinada por la componente mas baja de frecuencia de la señal que se deba estudiar, ya que el algoritmo usado considera a la señal que va a analizarse como periódica, es decir que la señal contenida dentro de la ventana se repite indefinidamente. Por lo tanto la mayor resolución de frecuencia (**fr**) posible será una función inversa de **T**.

$$fr = \frac{1}{T}$$

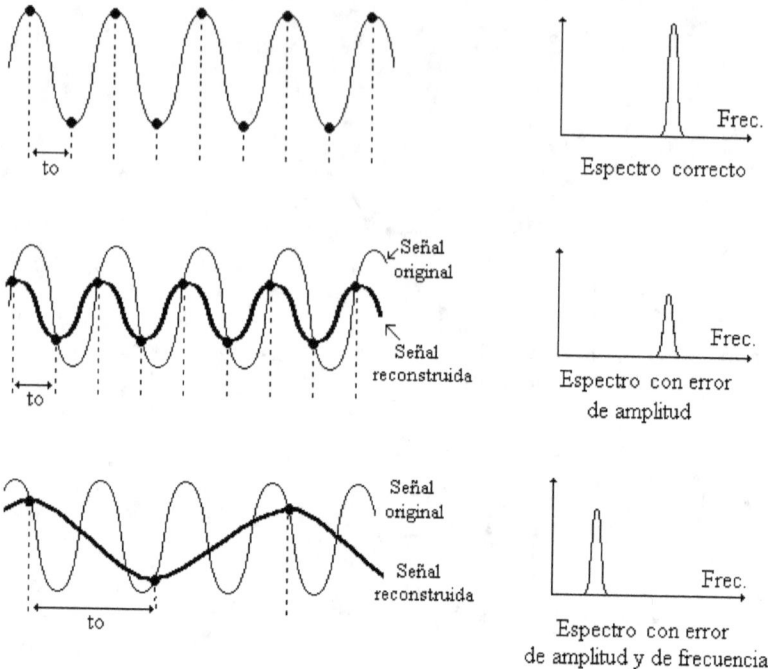

Figura 12-9 Efectos producidos en el espectro presentado

En cuanto al rango de frecuencia (es decir el equivalente de la dispersión en un Analizador de espectro), este dependerá de la cantidad de muestras que se toman dentro de la ventana. Por ejemplo: Si durante un tiempo **T=1s**, se toma **1000** muestras de una señal (es decir a una velocidad de **1KHz**), el espectro de la misma podría mostrase en un rango de **1 a 500 Hz**, con un punto espectral exhibido cada **1 Hz**.

En un analizador de Fourier, es necesario emplear un filtro a la entrada del circuito de adquisición de datos. Esto se debe hacer, ya que debido a la naturaleza discontinua del muestreo que se efectúa, y para evitar la generación de componentes espurias llamadas "alias", hay que limitar el rango de la frecuencia de entrada a no más de la mitad de la frecuencia de muestreo, de ahí que la elección del ancho de banda del filtro, debe concordar lo mas que se pueda con el espectro que se desea estudiar. (No debe emplearse mas ancho de banda que el que sea estrictamente necesario).

12.4.1. Tipos de Ventanas

La "forma" de la ventana, también tiene importancia en el comportamiento del Analizador. El tipo de ventana más simple se llama Rectangular, y se obtiene mediante un interruptor que tiene dos estados (abierto/cerrado). Esto significa, el interruptor se cierra, la señal se muestrea y se digitaliza y luego el interruptor se abre. El cierre y la apertura repentina de un interruptor pueden causar transitorios que producen, en algunas circunstancias, degradaciones inaceptables del espectro calculado. Por ejemplo, si para muestrear una señal periódica simple, de periodo **To**, se emplea un tiempo de ventana cuya duración no coincide con dicho periodo, o con un múltplo del mismo, puede suceder que el algoritmo interprete a la señal como si en realidad el periodo fuese otro y además con la presencia de un flanco abrupto (propio de una forma de onda de pulsos). En las siguientes figuras que ilustran gráficamente el ejemplo se puede ver el al repetir una ventana a continuación de la otra, se obtiene una señal cuyo periodo aparente es mayor al original. El espectro calculado contiene un pico bien definido correspondiente a la raya espectral de la señal senoidal simple mas las "Faldas" que se generan a partir de los flancos. En algunas circunstancia incluso pueden aparecer, además, una componente espectral mas baja y una serie de componentes armónicas superiores que son inexistentes en la señal original.

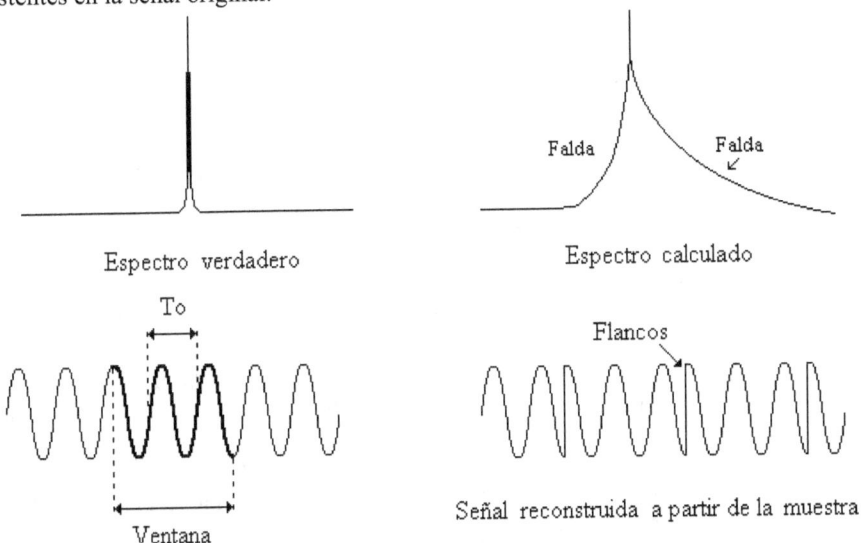

Figura 12-10 Efecto producido por el uso de una ventana rectangular.

En cierto sentido, el empleo del filtro de entrada que limita el ancho de banda del analizador, reduce bastante el problema, pero esto solo se puede hacer cuando el operador tiene una idea bastante exacta de cual es el espectro que espera encontrar. De no ser así, la alternativa al empleo de la ventana rectangular, se obtiene mediante el uso de una "Válvula" que abre y cierra la ventana en forma a gradual. En lugar de un interruptor, se utiliza un atenuador variable que hace las veces de válvula de control.

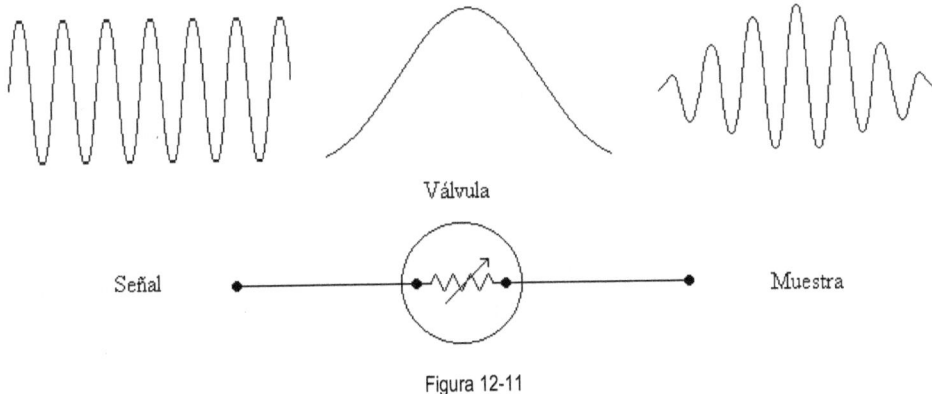

Figura 12-11

La muestra obtenida carece por completo de flancos abruptos y por lo tanto resuelve el problema de las armónicas. Sin embargo, la presentación de las componentes espectrales en pantalla adquieren la forma de un "lóbulo" en lugar de una "raya espectral", en parte dado que una señal de frecuencia única puede ser interpretada como una portadora modulada en amplitud por un tono único. Este efecto se muestra en la figura siguiente.

Señal reconstruida a partir de la muestra   Espectro calculado con forma de lobulo

Figura 12-12

Afortunadamente, el ancho del lóbulo se relaciona con la inversa de la duración de la ventana, lo cual como ya se ha dicho, fija la resolución del espectro presentado. Por otro lado, un lóbulo facilita la medición del valor de amplitud de la componente visualizada. De todos modos, hay que decir que si lo que se desea es determinar el valor de la frecuencia de la señal estudiada, el pico que se obtiene con la ventana rectangular es mas adecuado que el lóbulo.

Se utilizan varias funciones matemáticas para controlar la apertura de la válvula y minimizar la distorsión de cierto tipo de señales. La figura siguiente muestra algunas de las ventanas más comunes con su forma aproximada.

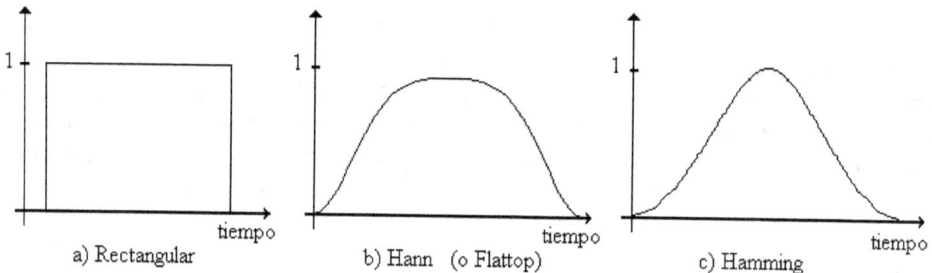

Figura 12-13 Función de ventanas más comunes. a) Rectangular. b)Hann. c)Hamming.

La diferencia entre la ventana Hamming y la Hann, es muy sutil, siendo esta ultima ligeramente mas plana en la parte superior, por lo cual también se la suele denominar "Flattop".

- La ventana rectangular o uniforme, se recomienda cuando la señal que se va a analizar, contiene transitorios y/o una cantidad apreciable de armónicos, porque se facilita una mejor identificación de los mismos, aunque pueden haber ligeros errores de amplitud que serán mas importantes a medida que dicha amplitud es menor.

- Para ondas senoidales y funciones periódicas sin muchas armónicas se puede emplear las ventanas Hamming o de Hann que producen menores errores de amplitud. La ventana de Hann tiene ciertas ventajas en la determinación de la frecuencia de componentes espectrales de baja amplitud.

De todos modos, si bien conviene seguir estas recomendaciones, hay que decir que sea cual fuera el tipo de ventana empleada, los errores que se generan pueden reducirse notablemente, introduciendo los correspondientes factores de corrección en el calculo realizado por la computadora. En la mayoría de los analizadores bien diseñados y construidos, las diferencias que se pueden apreciar cuando se emplean diferentes ventanas, son mínimas y muy sutiles.

12.5. Analizadores de Onda y Analizadores de Distorsión

Los analizadores de ondas y distorsión son instrumentos en los que la separación de las componentes se efectúan mediante filtros sintonizados cuya frecuencia central se ajusta manualmente y la medición se lleva a cabo con un voltímetro de CA.

Una clase de analizadores de ondas funcionan de manera semejante a un analizador de espectros, (es decir por el método de la Frecuencia intermedia), con la salvedad mencionada en el párrafo anterior. La ventana de frecuencia se ajusta mediante un dial calibrado de modo que las amplitudes de las varias armónicas componentes de la señal se pueden comparar con gran exactitud. El filtro pasa banda posee por lo general una frecuencia central mas bien baja (tanto como 100 Hz.) de manera que la salida del mismo pueda excitar directamente un voltímetro de CA.

En la práctica, se necesita saber de antemano la ubicación aproximada de los armónicas que se esperan encontrar (de lo contrario el trabajo puede tornanse engorroso), pero como ventaja adicional, una vez elegida la ventana correspondiente, se puede hacer un análisis exhaustivo de la misma no perdiéndose información.

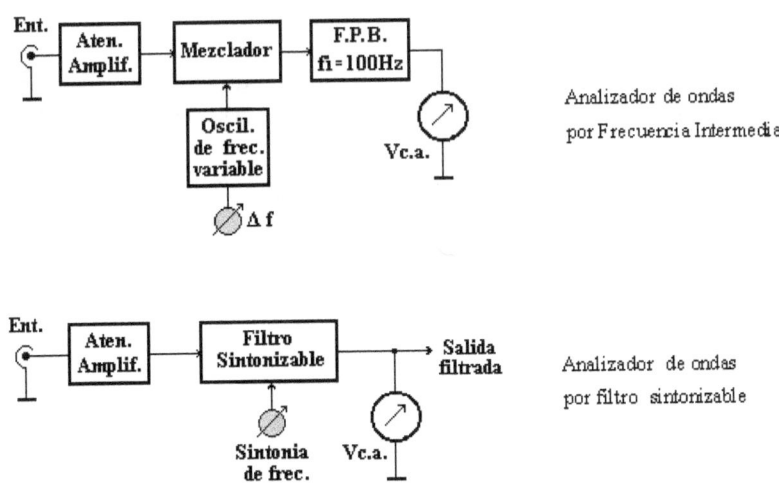

Figura 12-14 Dos tipos de analizadores de onda.

Una segunda variante de analizador de ondas emplea directamente un filtro activo sintonizado que separa las componente espectrales manteniendo la frecuencia original de las mismas. de esta manera las componentes pueden ser estudiadas inclusive con un osciloscopio si el instrumento tiene acceso externo a la salida del filtro.

El análisis de espectros con analizadores de ondas es practico desde frecuencias tan bajas como 10 Hz y si no hay demasiadas componentes y/o si las mismas no se extienden mas allá de los 20 o 30 Mhz.

El tema general de la medición de distorsión en amplificadores ya ha sido tratado previamente. Los analizadores de distorsión se usan principalmente en el campo de las audiofrecuencias para el ensayo y medición de la distorsión armónica total de audioamplificadores, y para determinación y verificación de la pureza de onda (que sean perfectamente sinusoidales) de generadores de señales.

Un analizador de distorsión consiste básicamente en un filtro elimina banda que suprime la señal a la frecuencia de la fundamental, y permite el paso del resto de las componentes cuyo valor se mide directamente con un voltímetro de CA.

El filtro puede ser sintonizable, o mas comúnmente con frecuencia fija (ya que generalmente el ensayo de distorsión armónica total se efectúa a una frecuencia fija determinada por normas).

En resumen: los analizadores de distorsión se emplean para determinaciones rápidas y cuantitativas de la distorsión total de una onda. Los analizadores de ondas dan información detallada acerca de cada componente armónico de una onda bajo pruebas.

Fundamentos Matemáticos

A12.1. Fundamentos Matemáticos

En el año 1826, el físico francés Jean Baptiste Fourier concibió la idea de que toda forma de onda periódica, puede aproximarse mediante la suma de componentes armónicas simples (senos y o cosenos). La herramienta matemática que desarrolló se conoce hoy en día como "Serie de Fourier".

$$f(t) = Ao + A_1 \cdot \cos \omega_0 t + B_1 \cdot \text{sen } \omega_0 t + A_2 \cdot \cos 2\omega_0 t + B_2 \cdot \text{sen } 2\omega_0 t + \ldots\ldots$$
$$\ldots + A_n \cdot \cos n \, \omega_0 t + B_2 \cdot \text{sen } n \, \omega_0 t$$

Los coeficientes pueden calcularse mediante las siguientes expresiones:

$$Ao = \frac{1}{T} \int_{-T/2}^{T/2} f(t) \cdot dt$$

$$An = \frac{2}{T} \int_{-T/2}^{T/2} f(t) \cos\left(n \, \omega_0 t\right) \cdot dt$$

$$Bn = \frac{2}{T} \int_{-T/2}^{T/2} f(t) \, \text{sen}\left(n \, \omega_0 t\right) \cdot dt$$

para $n = 1 \rightarrow$ n=∞

Aquí, la pulsación es: $\omega_0 = 2\pi/T$; siendo **T**, el periodo de f(t); en tanto que **n** es el orden de la componente armónica.

Según el tipo de forma de onda, y ubicando adecuadamente el punto que se considera como origen temporal (es decir t=0), se puede simplificar considerablemente el cálculo de los coeficientes. A continuación se resumen algunas pautas básicas.

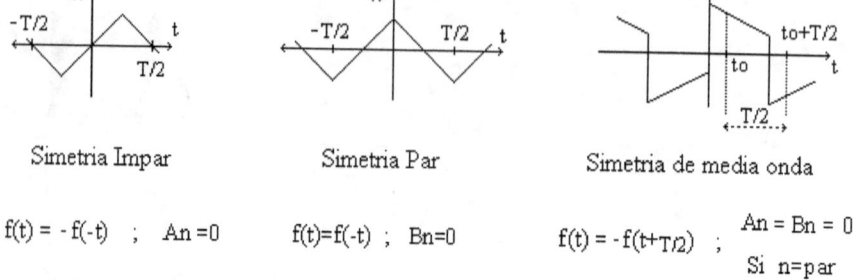

Simetria Impar

Simetria Par

Simetria de media onda

$$f(t) = -f(-t) \quad ; \quad An = 0 \qquad f(t) = f(-t) \ ; \ Bn = 0 \qquad f(t) = -f(t + T/2) \quad ; \quad \begin{array}{l} An = Bn = 0 \\ Si \ n = par \end{array}$$

Figura A12-1

A12.1.1. Ejemplo del desarrollo en serie de Fourier de una forma de onda.

Sea la siguiente forma de onda:

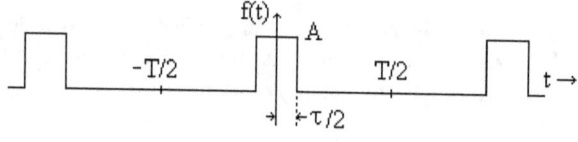

Figura A12-2

La figura representa una forma de onda presente en muchas circunstancias que se conoce como "Tren de pulsos", su periodo es "T", y el ancho del pulso es "τ". La línea de base coincide con el cero, (es decir que tiene componente de continua).

De acuerdo con lo expuesto previamente se trata de una forma de onda con simetría par, y por lo tanto los coeficientes **Bn** serán nulos. Entonces:

$$A_o = \frac{1}{T} \int_{-\frac{T}{2}}^{\frac{T}{2}} f(t) \cdot dt = \frac{2}{T} \int_{0}^{\frac{\tau}{2}} A \cdot dt \qquad = \qquad \frac{2}{T} \cdot A \cdot \frac{\tau}{2} = \frac{A \cdot \tau}{T}$$

$$An = \frac{2}{T} \int_{-\frac{T}{2}}^{\frac{T}{2}} f(t) \cdot \cos(n \frac{2\pi}{T} \cdot t) dt \qquad = \qquad \frac{4}{T} \int_{0}^{\frac{\tau}{2}} A \cdot \cos\left(n \frac{2 \cdot \pi}{T} \cdot t\right) dt$$

$$An = \frac{2 \cdot A}{n \cdot \pi} \left[sen\left(n \frac{2 \cdot \pi}{T} \cdot t\right) \right]_{0}^{\frac{\tau}{2}} \qquad = \qquad \frac{2 \cdot A \cdot \tau}{T} \cdot \frac{sen\left(\frac{n \cdot \pi \cdot \tau}{T}\right)}{\left(\frac{n \cdot \pi \cdot \tau}{T}\right)}$$

Luego el tren de pulsos de la figura puede obtenerse a partir de la superposición de las componentes de la siguiente serie:

$$f(t) = A \frac{\tau}{T} + \frac{2 \cdot A \cdot \tau}{T} \sum_{n=1}^{n=\infty} \frac{sen\left(\frac{n \cdot \pi \cdot \tau}{T}\right)}{\left(\frac{n \cdot \pi \cdot \tau}{T}\right)} \cdot \cos n \cdot \omega_o \cdot t$$

El primer termino de la serie es la componente de continua, en tanto que el resto corresponden a las armónicas.

Resulta interesante representar como varían las amplitudes de las componentes armónicas en función del orden (**n**) de las mismas, y dado que el orden implica un incremento de la frecuencia, resulta que el eje horizontal de un gráfico tal podría también estar graduado en valores de frecuencia, y en ese caso dicha representación suele denominarse "Espectro", o "Gráfica en el dominio de la frecuencia" de f(t).

Mediante el empleo de una computadora y el software apropiado, pueden calcularse los coeficientes y realizar el gráfico. El listado de instrucciones (*) correspondiente se lista a continuación:

```
% Programa para el cálculo de los coeficientes de la serie de
Fourier para un
% tren de pulsos cuya línea de base coincide con cero.
N=input('Ingresar el numero de armónicas (n) ---->');
n=(1:1:N);
T=input('Ingresar el valor de T ---->');
ta=input('Ingresar el valor de tau (las mismas unidades que T) ---
>');
A=input('Ingresar la amplitud del pulso --->');
d=ta/T; x=n*d; Ao=A*d; An=2*A*d*sinc(x); Am=abs(An);whitebg('w');
subplot(211),stem(n,An),grid on, xlabel('Orden de la armónica
(n)'), ylabel('Amplitud'),
subplot(212),stem(n,Am),grid on,
xlabel('Orden de la armónica (n)'), ylabel('Amplitud (módulo)'),
pause,whitebg,close;
```

Para valores de τ y **T** tales que su relación **d=τ / T= 0,2**, se obtiene:

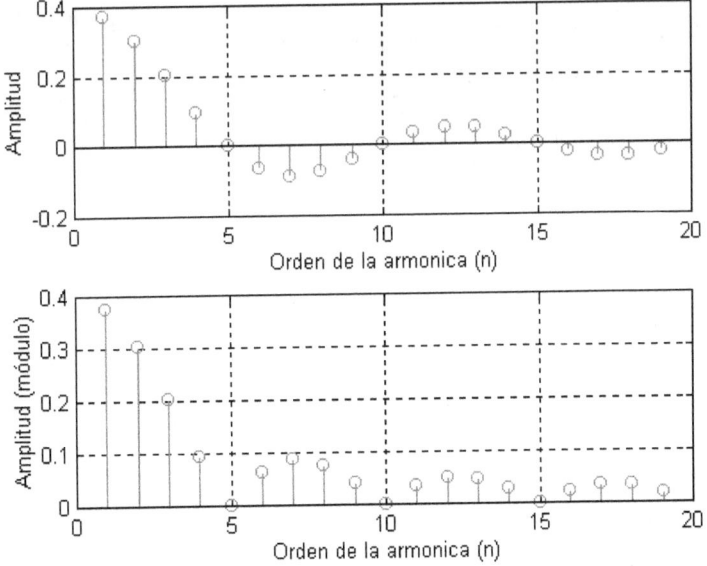

Figura A12-3

Por las razones que ya se han expuesto, los analizadores de espectro no son capaces de determinar el signo de los coeficientes y solo representan el módulo de los mismos. También es habitual que en este tipo de representaciones, se agregue la componente de "Frecuencia cero", es decir la componente de continua, pero en este ocasión se ha preferido no hacerlo.

A12.1.2. Efecto de la limitación del ancho de banda sobre la forma de onda de una señal.

El ejemplo que se desarrollo en el punto anterior sirve para abordar el siguiente planteo.

Considérese el caso de un tren de pulsos en el cual el ancho del pulso es igual a la mitad del periodo, es decir $\tau=T/2$ (lo cual significa que el ciclo de trabajo es $d=0,5$), y que además su valor medio sea nulo, es decir que no tenga componente de continua.

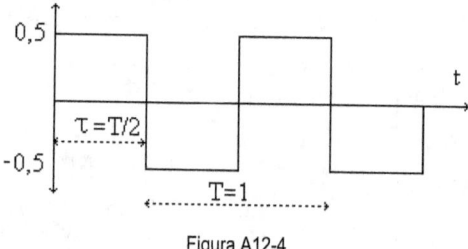

Figura A12-4

Una forma de onda como esta se conoce como "Onda cuadrada", y el calculo de los coeficientes dará para este caso, y para simplificar tomando en cuenta solo hasta **n=11**, los siguientes valores:

n	1	2	3	4	5	6	67	8	9	10	11
coefic.	0,636	0	-0,212	0	0,127	0	-0.090	0	0.070	0	-0,059

Siendo el espectro correspondiente:

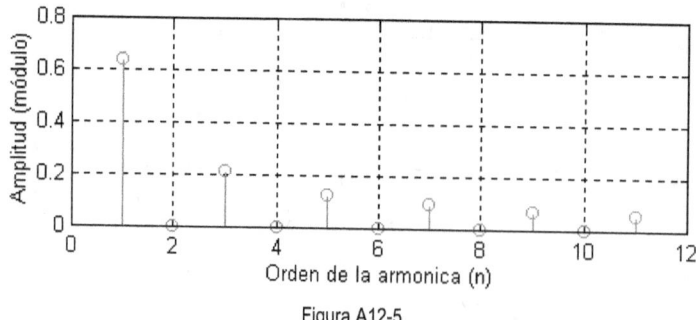

Figura A12-5

Como puede observarse, en este caso solo quedan las armónicas impares.

Si una señal con forma onda cuadrada como la estudiada, se aplica a la entrada de un dispositivo de dos puertos (amplificador, red pasiva, o una combinación de ambos), y si dicho dispositivo tiene un ancho de banda limitado, es de suponer que no todas las componentes espectrales podrán ser reproducidas a la salida del mismo. Como consecuencia del ancho de banda finito, podrían ocurrir distintas deformaciones que dependerán de la frecuencia de corte del dispositivo, tales como las que se muestran a continuación.

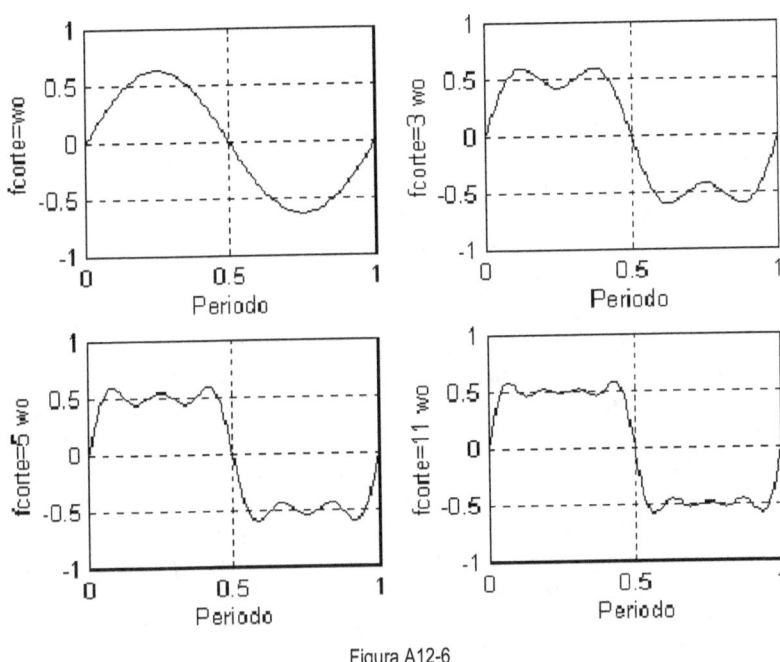

Figura A12-6

Este efecto que se produce sobre una señal determinada es un tipo de distorsión que se denomina específicamente " Distorsión de frecuencia", pero como se vera a continuación, no es el único tipo de imperfección que se puede originar.

A12.2. Distorsión

Por mas elaborado que sea su diseño y construcción, todo dispositivo de dos puertos producirá, como mínimo, un pequeño retardo entre la entrada y la salida, amen de diferentes valores de ganancias en función de la frecuencia. El retardo de tiempo se traduce en un corrimiento de fase que obviamente será diferente para distintos valores de frecuencia.

Otros efectos que se pueden producir se derivan de la alinealidad de la función de transferencia de los dispositivos activos, lo cual hace que la ganancia o atenuación del mismo dependa, en cierta manera, de la amplitud de la señal de entrada.

En problema de la distorsión es particularmente importante en los llamados "Amplificadores lineales" (Desde luego este es un nombre que solo expresa un deseo, ya que en realidad solo se trata de Amplificadores cuyo punto de funcionamiento se busca ubicar dentro de la zona lineal de los dispositivos con los cuales se los implementa).

Una clasificación de los distintos tipos de distorsión puede ser la siguiente:

- **Distorsión de frecuencia**: Cuando un amplificador amplifica o atenúa unas frecuencias mas que otras.

- **Distorsión de fase**: Cuando un amplificador retarda o adelanta unas frecuencias mas que otras.

- **Distorsión de amplitud o alineal**: Cuando la ganancia o atenuación de un amplificador depende de la amplitud de la señal de entrada.

- **Distorsión por intermodulacion**: Cuando dos o mas señales senoidales puras se aplican a un amplificador alineal, se obtienen a la salida del mismo los "productos de intermodulacion", es decir componentes sumas y/o diferencias de las originales.

A12.2.1. Distorsión de frecuencia y de fase.

El método obvio para determinar si un amplificador tiene distorsión de frecuencia y o de fase, consiste en aplicar en su entrada, y mediante un generador apropiado, una señal senoidal de frecuencia, fase y amplitud conocida, y luego observar las diferencias que la señal disponible a la salida guarda con la de entrada del mismo. Sin embargo, el ensayo de un amplificador lineal, mediante una señal de entrada con forma de onda cuadrada, y la observación de la deformación que se produce en la salida, proporciona un método cualitativo bastante eficaz para obtener rápidamente información a cerca de la respuesta en frecuencia del mismo. El efecto de un ancho de banda limitado puede verse de manera clara en los gráficos de la pagina anterior pero la distorsión de frecuencia también tiene que ver con la atenuación o realce de distintas frecuencias. Normalmente un amplificador posee una banda pasante y las correspondientes frecuencias de corte no se alcanzan de manera abrupta sino en forma suave. Los gráficos siguientes muestran los efectos producidos.

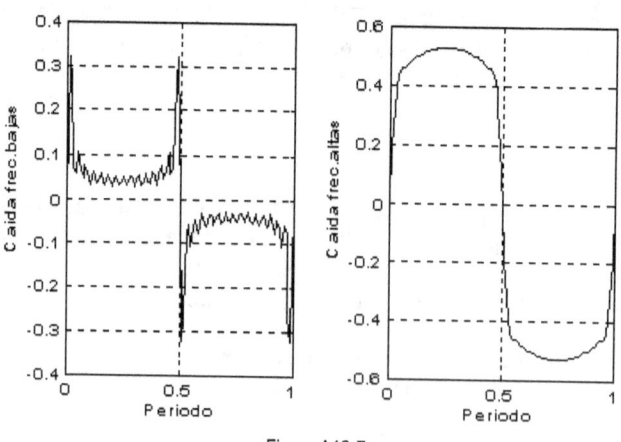

Figura A12-7

Una forma de onda con flancos abruptos (bordes filosos y con sobrepaso) implica exceso de respuesta en altas frecuencias o pobre respuesta en bajas frecuencias.

Los bordes redondeados y los flancos pobres significan una baja respuesta en frecuencias altas o bien un exceso de ganancia en bajas frecuencias.

En cuanto a la distorsión de fase (o giro de fase), el efecto que se produce ser muestra a continuación.

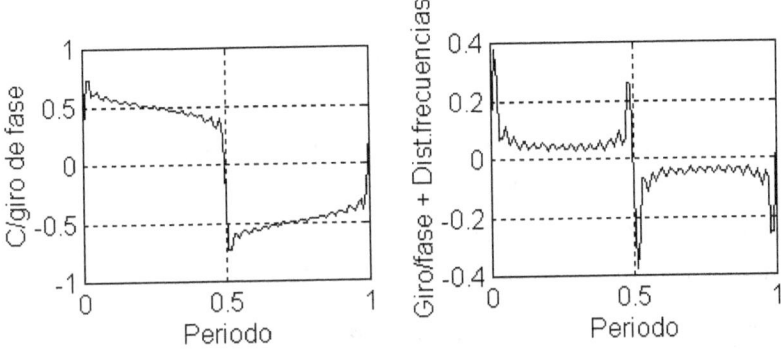

Figura A12-8

Ambos gráficos corresponden a casos en los cuales hay adelanto de fase de frecuencias bajas. El dibujo de la derecha incluye también distorsión de frecuencia, ya que en la practica las distorsiones de fase y de frecuencia se suelen presentar simultáneamente.

Para el caso de atraso de fase en frecuencias bajas, los efectos se muestran en los dibujos siguientes.

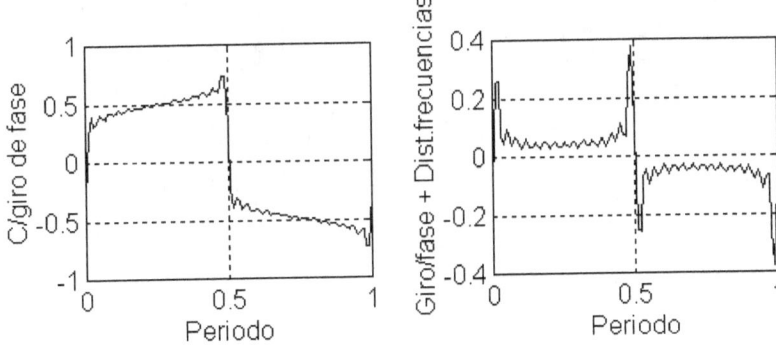

Figura A12-9

Aunque la idea de un atraso de fase parece razonable si se considera que el mismo se origina en los retardos de tiempo, no parece igualmente razonable que puedan producirse adelantos de fase a causa de los retardos de tiempo. En realidad la fase siempre se atrasa, lo que sucede es que si el atraso es mayor que π, el efecto que se produce es idéntico al de un adelanto igual al margen que excede a π.

A12.3. Mediciones con analizadores de espectro.

Para quien nunca a usado un analizador de espectros, puede resultar difícil, en una primera instancia, interpretar la información que se presenta en la pantalla de un instrumento de esta naturaleza. Para comenzar conviene estudiar primeramente el espectro de algunas formas de ondas básicas tales como:

a) Señal senoidal pura sin modulación ni distorsión.

b) Señal modulada en amplitud por un tono único

c) Señal modulada en frecuencia por un tono único.

d) Señal modulada que presenta espectro asimétrico.

e) Señal con forma de onda de Pulso.

f) Señal modulada por pulsos.

g) Señal con distorsión armónica.

Los diagramas mostrados a continuación corresponden a representaciones en las cuales el eje vertical del instrumento es logarítmico, es decir que esta calibrado en dB.

a) Senoidal pura sin modulación ni distorsión: Esta señal se caracteriza por presentar una sola línea espectral. El termino línea espectral es teórico, en realidad todo analizador de espectros presenta una curva como la mostrada en el dibujo (a) que corresponde a la curva de respuesta en frecuencia del amplificador de FI del instrumento, y puede hacerse mas o menos ahusada con el control de resolución.

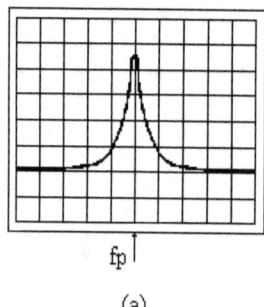

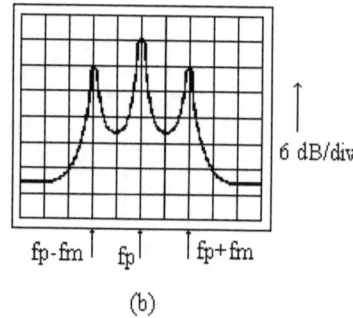

6 dB/div

fp

fp-fm   fp   fp+fm

(a)

(b)

Figura A12-10

b) Señal modulada en amplitud por un tono único: Cuando una portadora de frecuencia **fp** se modula con un tono único **fm,** se generan dos bandas laterales, una por debajo y una por encima de la portadora. La presentación obtenida (figura b) permite determinar: las frecuencias de portadora y modulante, las amplitudes (en dB) de las líneas espectrales, y el índice de modulación **m.**

$$m_{(dB)} = P_{portadora} - P_{B.lateral} + 6dB \qquad \therefore \qquad m = 10^{\frac{m(dB)}{10}}$$

Para el caso que se ejemplifica, la portadora tiene un nivel de 33 dB, y cada banda lateral esta a -6 dB de la portadora, esto corresponde a una modulación de amplitud al 100 %. (Cada banda lateral tiene un cuarto de la potencia de la portadora).

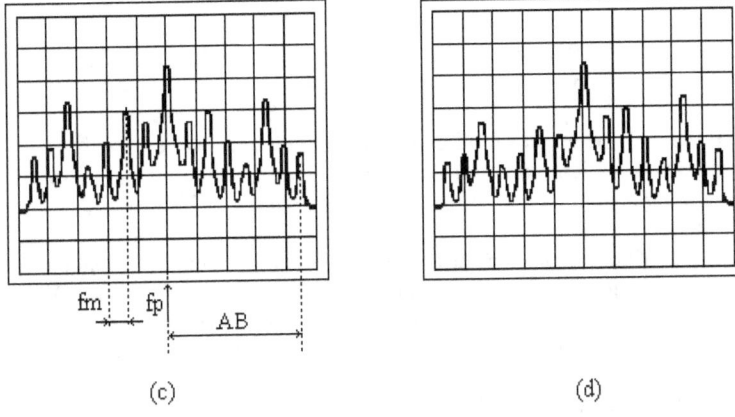

(c)　　　　　　　　　　　　　　(d)

Figura A12-11

c) Señal modulada en frecuencia por un tono único: La modulación en frecuencia de una portadora produce bandas laterales que se centran alrededor de la portadora como en el caso de la modulación de amplitud; sin embargo, a diferencia de esta, se generan mas de dos bandas laterales en numero y amplitudes determinadas por las funciones de Bessel. Las bandas laterales son múltiplos de la frecuencia de modulación, y la amplitud de la portadora resulta afectada en relación con el índice de modulación aplicado. El índice de modulación para F.M. vale:

$$m = \frac{\Delta fp}{fm} \tag{1}$$

Donde Δfp es la desviación de frecuencia de la portadora, y *fm* es la frecuencia de la señal.

A medida que el índice de modulación aumenta, la amplitud de la línea espectral correspondiente a la portadora va disminuyendo, la tabla siguiente muestra algunos valores típicos.

Pares de bandas laterales (%)

Índice de modul.	Portadora (%)	1er	2da	3ra
0,00	100	-	-	-
0,5	94	24	3	-
1,0	77	44	11	2
1,5	51	56	23	6
2,4	**0**	**52**	**43**	**19**
3,0	-5	34	49	31

Como puede verse, un índice de modulación de 2,4 anula por completo la línea espectral correspondiente a la portadora. En la ultima fila de la tabla precedente se observa que para un índice de modulación de 3,0, el porcentaje de portadora es de -5%, esto significa simplemente que la fase de la misma se ha invertido.

Una forma simple de determinar el índice de modulación consiste en medir la amplitud de la línea espectral correspondiente a la portadora, primero con la modulación suprimida, y luego con la modulación aplicada, para después calcular la relación entre ambos valores.

Otra manera de averiguar el índice de modulación requiere conocer el ancho de banda del espectro correspondiente. En teoría el ancho de banda es infinito, sin embargo una buena aproximación consiste en tomar solo las componentes espectrales más importantes. La expresión para el ancho de banda es:

$$AB = 2 \, \Delta fp + fm \qquad\qquad (2)$$

Combinando esta expresión con (1) se puede determinar el valor buscado.

d) Señal modulada que presenta espectro asimétrico: La generación de un espectro que no es simétrico cerca de la portadora implica que la portadora esta modulada en frecuencia y en amplitud simultáneamente. Una medida más fina permite incluso determinar el porcentaje de modulación residual para cada caso.

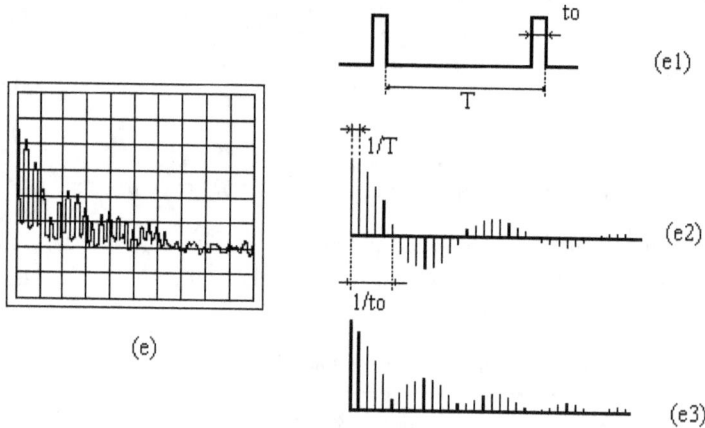

Figura A12-13

e) Señal con forma de onda de Pulso: Un pulso repetitivo tal como el que se muestra en (e1), tiene componentes espectrales tales como las que se muestran en (e2). Las líneas espectrales pueden ser positivas o negativas, esto es debido a que las componentes espectrales varían su amplitud a medida que aumenta el orden de las mismas, pero también cambian su fase relativa.

Los analizadores de espectros no pueden determinar la fase relativa de las componentes, por lo tanto el espectro mostrado se parecerá al de la figura (e3). La envolvente del espectro es una función que depende del ancho del pulso, el cual puede calcularse si se determinan los puntos de cruce por cero de esta función como se muestra en (e2)

La figura (e) muestra como es la presentación típica del espectro de un tren de pulsos real que además contiene un cierto porcentaje de ruido, (el ruido enmascara las componentes espectrales de orden superior).

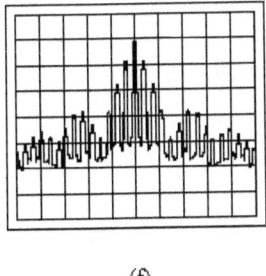

(f)

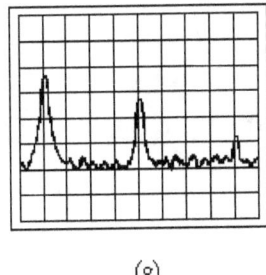

(g)

Figura A12-14

f) Señal modulada por pulsos: Si una portadora de RF se modula en amplitud con un tren de pulsos repetitivos, el espectro que aparece será similar al de una señal modulada en amplitud pero con la diferencia que en lugar de una línea espectral a cada lado de la portadora aparecerá el espectro del correspondiente tren de pulsos. La frecuencia del tren de pulsos puede determinarse midiendo la distancia entre dos líneas espectrales adyacentes, en tanto que el ancho del pulso, será la reciproca de la distancia entre la portadora y el primer punto de cruce por cero de la envolvente del espectro.

g) Señal con distorsión armónica: Las armónicas aparecen como señales adicionales en la pantalla del analizador de espectros frecuencias múltiplos de la frecuencia portadora, si el eje vertical esta calibrado en dB, resulta muy fácil determinar el porcentaje de contenido armónico parcial (de cada componente) y total.

13

Mediciones de frecuencia e Intervalos de Tiempo

- Frecuencímetros y contadores, función y tipos.

- Medición de periodos y tiempos.

- Circuitos de entrada de los frecuencímetros/periodímetros.

- Especificaciones de los frecuencímetros/periodímetros.

- Errores de los frecuencímetros/periodímetros.

Al finalizar el estudio de esta unidad, Ud. será capaz de hacer lo siguiente:

- Interpretar las especificaciones del manual de uso de un frecuencímetro/periodímetro típico y operar el mismo para efectuar mediciones.

13.1. Frecuencímetros Digitales

13.1.1. Frecuencímetros y Contadores

La medición de tiempos y frecuencias, es un campo donde se aplicaron los métodos digitales mucho antes del desarrollo de los transistores y circuitos integrados, obteniéndose ya exactitudes y precisiones muy elevadas. La evolución, se ha traducido en el desarrollo de instrumentos mucho mas pequeños y fáciles de utilizar además de incorporar mayor numero de funciones. Recientemente con el agregado de los microprocesadores, se han logrado diseñar instrumentos que pueden efectuar cálculos con los datos recogidos y presentar el resultado en forma mas cómoda y útil.

13.1.2. Función y Tipos

Un CONTADOR, es un instrumento que cuenta el número de eventos producidos entre un instante inicial y un instante final, elegidos a voluntad, y presenta el resultado en forma numérica.

Un FRECUENCÍMETRO, es un "Contador" que mide el número de ciclos de una señal repetitiva que tienen lugar en la unidad de tiempo. La unidad de tiempo, también llamada "Tiempo de Compuerta", queda determinada por un circuito interno llamado "Base de tiempos" o "Reloj" (Clock) y la exactitud en la medición de una determinada frecuencia depende entre otras cosas principalmente de la exactitud de dicho tiempo.

Como la frecuencia y el tiempo están muy relacionadas entre si, hay frecuencímetros que además de trabajar como contadores, pueden efectuar la medición de periodos (de señales repetitivas), intervalos de tiempo, y anchura de pulsos. Los mas complicados permiten, además, hacer promediados, cálculos y comparaciones.

La clasificación de estos instrumentos puede obedecer a criterios muy diversos. Por su función y alcance de medida, se distinguen entre los que solo son frecuencímetros (Frecuency Counters) y los que además miden periodos (Frecuency counters/timers).

El número de dígitos determina la resolución, y hay modelos de seis a doce dígitos. El rango de frecuencias que se puede medir viene determinado por la relación entre el número de dígitos y el tiempo de compuerta según se verá mas adelante.

La precisión de la medición depende de la estabilidad de la base de tiempos, y la misma se suele especificar como "Corrimiento" o "Deriva" en partes por unidad de tiempo (Ej: 10 ppm./día)

13.1.2. Diagrama en bloques básico de un Frecuencímetro/Medidor de Periodos clásico.

Como puede apreciarse en el diagrama de la figura 13-1, el instrumento consta básicamente de tres bloques.

A) **El contador decimal**; que es básicamente un dispositivo que simplemente cuenta el numero de pulsos que se aplican a la entrada y que mediante una señal al efecto puede transferir la cuenta acumulada hasta un determinado instante a un visor, y mediante otra señal (Reset) puede reponerse a cero.

La tecnología usada por esta parte del circuito limita el máximo valor de frecuencia a medir con el instrumento, debiendo ser mas veloces a medida que mayor es la misma.

B) **El circuito de base de tiempos**, que puede generar ya sea una señal de compuerta de una longitud igual a la unidad de tiempo (Cuando se lo usa como frecuencímetro), o entregar tantos pulsos por unidad de tiempo como resolución se desee (Cuando se lo usa como medidor de periodos).

C) **El circuito de entrada**; que acondiciona el nivel y la forma de la señal de entrada de modo de entregar al contador una señal de la misma frecuencia pero de forma rectangular (o pulsos).

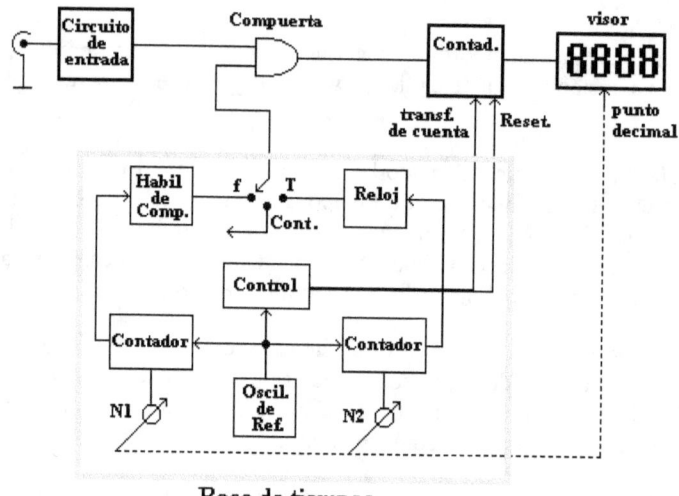

Base de tiempos

Figura 13-1 Frecuencímetro/Medidor de periodos

Las mediciones de frecuencia y/o período son equivalentes entre si, ya que una es la recíproca de la otra. Como regla general se prefiere determinar el periodo cuando la frecuencia de la señal a medir es baja, y la frecuencia en el caso contrario. La razón como se verá mas adelante, es que de esta manera se disminuyen los errores. En los instrumentos primitivos o en los actuales de bajo costo, el operador debe efectuar el cálculo para pasar de periodo a frecuencia o viceversa. En cambio, en los instrumentos modernos se utiliza la capacidad de cálculo de los microprocesadores para presentar el resultado en la forma deseada, (aunque internamente el instrumento sigue la regla enunciada al comenzar el párrafo).

Se describen a continuación los circuitos de base de tiempo y de entrada.

13.1.3. El circuito de base de tiempos

El circuito de base de tiempos esta gobernado por un oscilador de precisión, generalmente controlado por un cristal de cuarzo, con el propósito de asegurar su exactitud en frecuencia y su estabilidad con el tiempo. Para aclarar su funcionamiento, vamos a dar ejemplos numéricos.

- Supongamos que el contador decimal del instrumento puede contar hasta 1000000, (lo que corresponde a una indicación máxima de 999999, es decir se trata de un instrumento de 6 dígitos).

- Supongamos que el oscilador controlado por cristal trabaja a una frecuencia de 100 KHz, es decir que entrega un pulso cada 0,01 ms.

13.1.4. Funcionamiento como frecuencímetro

El Contador N1 cuenta tantos pulsos de reloj como se programen desde el control "Tiempo de muestra" (que habitualmente se encuentra en el panel frontal del instrumento), fijando así un tiempo determinado que luego se usa como periodo de muestras (o longitud de compuerta). Si por ejemplo N1 = 100000, la longitud de compuerta será de: 1 s; es decir que la cuenta total del contador decimal del instrumento corresponderá al valor de la frecuencia de entrada en Hz. En otras palabras la resolución de la medición será de 1 Hz; y puesto que el instrumento es de seis dígitos, la máxima frecuencia que podrá medirse será 999999 Hz (o redondeando 1 MHz).

Si en cambio N1 = 100, la longitud de compuerta será 1 ms; y la indicación del visor, dará el valor de la frecuencia de entrada con una resolución de 1 KHz; y la máxima frecuencia que podrá medirse será de 999999 KHz, es decir 1000 MHz (en valores redondos).

Vemos entonces que el tiempo de compuerta, incide directamente en la resolución de la medición. Lógicamente puede aumentarse la resolución tanto como se quiera (es habitual valores de hasta 10 s o mas) pero ello implica una demora en el tiempo de medición.

Por otro lado, la ubicación en el visor del punto decimal y el valor del exponente (en aquellos instrumentos que usan la notación exponencial) se suele cambiar en concordancia con el tiempo de compuerta y de acuerdo al rango de frecuencias a medir.

Casi todos los instrumentos incluyen en el panel frontal, un control que modifica el tiempo de presentación de la lectura en el mismo, que no debe ser confundido con el de longitud de compuerta. Este control modifica el tiempo que transcurre desde que finaliza un período de muestra hasta que comienza el siguiente manteniéndose durante el mismo la indicación correspondiente a la última medición. (La función del mismo es simplemente permitir una lectura mas cómoda, imagine Ud. si seria posible efectuar la lectura de presentaciones cuando se usan tiempos de compuertas de 0,1 s). Generalmente la perrilla que regula este tiempo tiene una posición de descanso en la cual queda retenida indefinidamente la última lectura hasta que no se actúa manualmente sobre un botón o tecla de restablecimiento. Suele haber también un indicador luminoso (diodo LED, o lamparita) a modo de indicador que se enciende cada vez que se produce el periodo de muestra (apertura y cierre de la compuerta).

13.1.5. Funcionamiento como medidor de periodos

Cuando se dispone el instrumento para medir periodos, simplemente se pasa a utilizar como longitud de compuerta el periodo de la señal que se desea medir. El Contador N2 divide la frecuencia del oscilador y proporciona pulsos separados entre si tanto como se desee la resolución de la lectura. Por ejemplo, si se desea medir el periodo con una resolución de 1ms, deberemos tener N2 = 100. El máximo valor de periodo que se puede medir en estas condiciones con un instrumento de 6 dígitos será 999999 ms (o sea 1000 s).

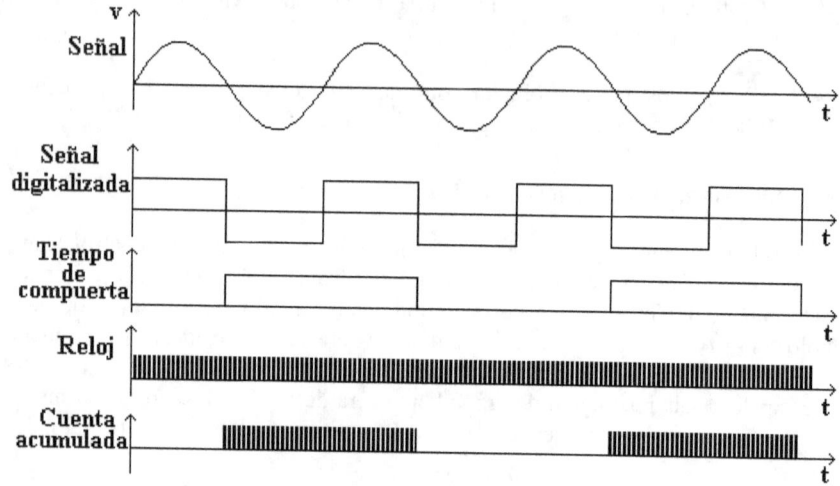

Figura 13-2 Medición de periodos (Diagramas de tiempo)

Eventualmente algunos Frecuencímetros/Contadores pueden ser usados solo como contador; en ese caso el instrumento debe tener accesibles desde el panel algún control que permita iniciar y detener manualmente la cuenta y/o la posibilidad de entrar con una señal externa que inicie la cuenta y otra que la detenga.

13.1.6. El Circuito de entrada

Ya que la señales que internamente maneja un frecuencímetro son digitales (Ceros y unos que típicamente corresponden a niveles de tensión de 0 y 5 V) toda forma de onda que desee medirse, debe primero llevarse a estos niveles. Precisamente, la función de los circuitos de entrada es convertir las señales de entrada en señales de dos niveles fijos compatibles con los circuitos lógicos siguientes. Algunos instrumentos poseen un circuito de entrada previo denominado de "PREESCALADO", que en su forma mas sencilla es simplemente un divisor de frecuencia digital (generalmente de tipo asincrónico). Este circuito aumenta el alcance del instrumento pero lógicamente disminuye su resolución. El preescalado se efectúa siempre en factores multiplos de 10 para facilitar la conversión directa de la lectura.El esquema en bloques de un circuito de entrada típico se muestra a continuación.

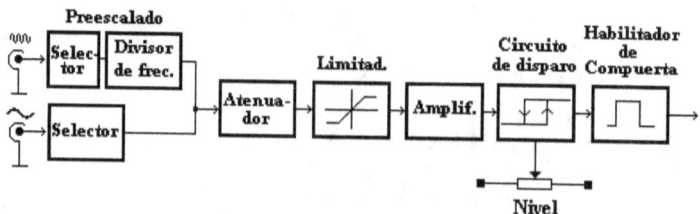

Figura 13-3 Circuito de entrada de un frecuencímetro típico

El selector es un conmutador que acopla la señal de entrada en continua o en alterna. En continua, la misma pasa directamente al atenuador, en alterna, el acoplamiento se hace a través de un condensador; en este caso se elimina el nivel de continua de la señal, por lo que no hay problemas de derivas térmicas internas. Es la posición ideal para medir senoides y/o señales mas o menos simétricas.

El acoplamiento en continua es necesario para mediciones en baja frecuencia, y para la medición de periodos.

La impedancia de entrada suele ser típicamente de 1 MΩ en paralelo con una capacidad e no mas de 20 o 30 pF para la entrada directa, y de 50 Ω en la entrada con preescalado, (ya que generalmente esta última es apta para frecuencias a partir de 50 Mhz mas o menos).

El atenuador es un divisor de tensión conmutable, generalmente por saltos; (:1,:10,:100) y a veces también ajustable continuamente dentro de cada salto. Adapta la amplitud de la señal de entrada al valor apropiado para los circuitos que se encuentran a continuación.

El limitador protege los circuitos siguientes de las posibles sobrecargas debido a tensiones de entrada excesivas. Puede estar constituido por diodos zener, de todos modos casi siempre se especifica mediante un rótulo colocado al lado del terminal de entrada el valor pico máximo de tensión que soporta la entrada del instrumento. Como regla general la entrada directa puede soportar alrededor de 100 V eficaces (onda seniodal o su equivalente de alterna mas continua), en tanto que un valor típico para una entrada preescalada puede ser 3 V eficaces (onda senoidal).

El amplificador actúa como adaptador de impedancias, siendo la misma de un valor elevado en la entrada y bajo a la salida. Determina el rango dinámico del instrumento, (que es la máxima excursión pico a pico permitida de la señal de entrada respecto al nivel de disparo).

El circuito de disparo recuadra la señal. Sus niveles de salida deben ser compatibles con los circuitos lógicos posteriores. El nivel de disparo no es fijo ni único, ya que puede variarse superponiendo un nivel de continua a la señal de entrada en el amplificador; y además debe presentar un cierto efecto de histeresis con el fin de independizarse del efecto del ruido que pudiera haber superpuesto con la señal a medir (tal como se indica en la siguiente figura).

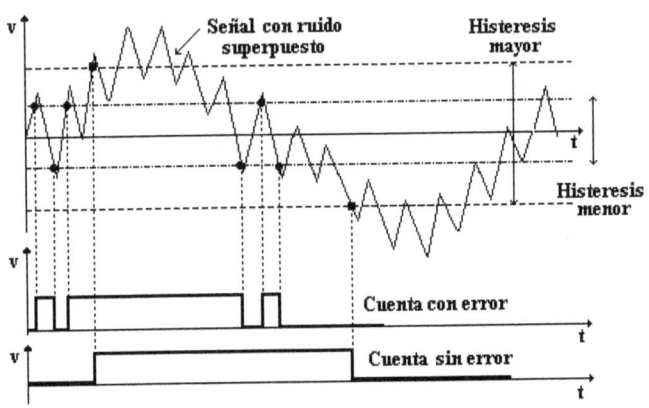

Figura 13-4 Ciclo de histeresis y su función.

El ancho del ciclo de histeresis del circuito de disparo determina la sensibilidad del instrumento, que es la amplitud mínima necesaria de una señal para que sea medida. Lógicamente si se pretende una elevada inmunidad a los ruidos, el ciclo de histeresis debe ser lo mas grande posible, pero esto trae como consecuencia una disminución de la sensibilidad. Por otro lado si se usa el instrumento como medidor de periodos, conviene que el circuito de disparo no tenga histeresis. Por ello es muy común que la histeresis del circuito de disparo pueda ser regulada desde el panel del instrumento.

En resumen; para emplear el instrumento correctamente, como frecuencímetro: A) el "valor pico" de la señal de entrada no debe exceder el margen de amplitud, B) su valor pico a pico no debe superar el rango dinámico, y C) una vez atenuada su valor pico a pico debe ser superior al ancho del ciclo de histeresis. Como medidor de periodos son validas las dos primeras consideraciones, y en lo que respecta a la ultima, además el ciclo de histeresis debe ser lo mas pequeño posible.

13.2. Panel de control de un frecuencímetro/periodímetro típico.

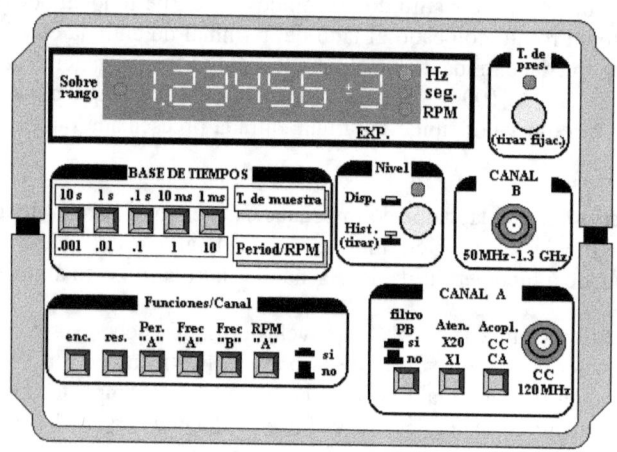

Figura 13-5

La Figura 5 muestra la disposición típica de los controles y visor del panel de un frecuencímetro/ periodímetro. En este caso se trata de un hipotético instrumento con visor de seis dígitos e indicador de exponente que permitiria medir:

Frecuencias; desde 0 a 120 MHz. (usando el canal de entrada "A"), y entre 50 MHz y 1,3 GHz. (Usando el canal "B").

Periodos; con resoluciones desde 10 ns (X.001) hasta 0.1 ms (X 10), es decir una cuenta máxima de hasta 100 s.

Eventos: Las mediciones mas usuales de este tipo en las aplicaciones industriales son las que usan como unidad de tiempo el minuto, por ejemplo las revoluciones por minuto (R.P.M.)

El instrumento posee además:

- Un filtro pasa bajos (util para efectuar mediciones de señales con contenido armónico), el filtro puede ser intercalado a voluntad mediante un pulsador.

- Un atenuador de entrada (solo para el canal A) que posibilita reducir la amplitud de la señal aplicada en un factor X 20.

- Ajuste del nivel de disparo y tirando de la misma perrilla, ajuste de la histeresis del circuito de entrada.

- Indicadores luminosos de; sobrerrango, modo frecuencímetro, modo periodímetro y modo RPM.

13.2.1. Especificaciones de los Frecuencímetros/Medidores de periodos

Las principales especificaciones de un frecuencímetro y la forma mas común de expresarlas (así como ejemplos de las mismas) son las siguientes:

Rango: Es el margen de frecuencias que pueden medirse con el instrumento. Generalmente depende del modo de acoplamiento de la entrada; por ejemplo:

Con acoplamiento en CA; 30 Hz a 120 MHz.

Con acoplamiento en CC; 0,01 Hz a 120 MHz.

Sensibilidad: Es el mínimo valor de amplitud de la señal de entrada que admite el instrumento para efectuar una medición, se da siempre acompañado de la frecuencia correspondiente; por ejemplo:

Valores típicos:	20 mV eficaces (onda sinusoidal)	a 10 KHz.
	10 mV eficaces (onda sinusoidal)	a 80 MHz.
	30 mV eficaces (onda sinusoidal)	a 110 Mhz.

Nivel de disparo: Se da el margen de tensión entre los cuales actúa el circuito de disparo del instrumento, por ejemplo:

Nivel Variable entre + 2,5 V (CC) y - 2,5V(CC)

Exactitud de la Base de tiempos: Puesto que la principal fuente de error de un frecuencímetro es la inestabilidad o error de la base de tiempos, esta especificación es una de las principales y debe ser muy tenida en cuenta a la hora de efectuar la selección de un instrumento para un determinado fin. Generalmente se da el valor de frecuencia de la misma, así como el corrimiento que la acompaña; por ejemplo:

Base de tiempos: 10 Mhz.

Deriva o corrimiento propio: 1 ppm por mes (ppm = parte por millon)

Temperatura de funcioamiento: 23 °C ± 5 °C

Deriva por variación de la tensión de alimentación: ± 0,005 ppm para 10% devariación.

13.2.2. Errores de los Frecuencímetros/Medidores de periodos

En la técnica de medición con frecuencímetros hay dos tipos de errores: los inherentes, y los que dependen del modo de funcionamiento.

Dentro de los errores inherentes, el primero que hay que considerar es el de +1 cuenta. Este se debe a la falta de sincronismo entre las dos señales que pasan por el circuito de compuerta, y a que no pueden contarse fracciones de pulsos. Significa que si por ejemplo se desea medir la frecuencia de red y la única fuente de error es +1 cuenta, la lectura podría ser 50 Hz o 49 Hz o bien 50 Hz o 51 Hz, (aunque nunca 49 Hz o 51 Hz). Este error se produce en cada ciclo de apertura y cierre de la compuerta, pero si se hacen varios ciclos el error queda promediado y se reduce.

El error relativo debido a este factor depende del numero total de cuentas obtenido; por ello es siempre conveniente selecciona la base de tiempos de modo que se obtenga la lectura lo mas alta posible (con mayor numero de dígitos).

Otra fuente de error es la inestabilidad de la base de tiempos, lo que se traduce en un error proporcional al valor indicado.

Los errores dependientes del modo de funcionamiento involucran los posibles errores de manejo que son:

En el modo frecuencímetro; los errores producidos por la presencia de ruido y la mala elección del ciclo de histeresis.

En el modo "medición de periodos" los errores mayormente se producen por una mala elección del nivel de disparo; el siguiente dibujo aclarara este aspecto.

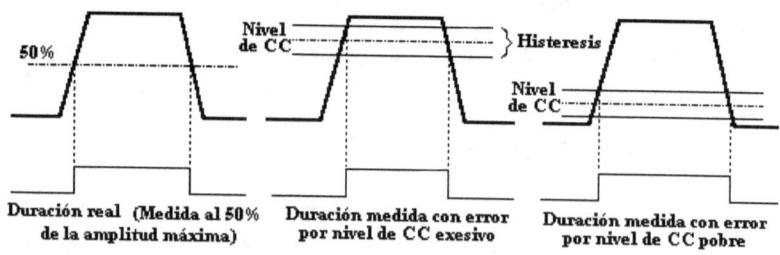

Figura 13-6 Nivel de disparo y su influencia en la medición de la duración de un pulso.

13.3. Cuestionario:

1) Porque motivo es necesario que los circuitos de entrada de un frecuencímetro posean histéresis?.

1) 2) Suponiendo que se tiene un instrumento que puede funcionar indistintamente como frecuencímetro o como periodímetro, Cual sería el criterio empleado para decidir cuando usar el instrumento de una u otra manera?.

2) En un instrumento en el que el modo de acoplamiento puede elegirse entre CC y CA, Cual es el criterio para decidir cuando usar uno u otro modo?.

3) Cual es el alcance y la resolución de un frecuencímetro cuyo visor es de seis dígitos si el tiempo de compuerta es 100 ms. ?

4) Que diferencia hay entre "Tiempo de Compuerta" y "Tiempo de presentación"?

5) Cual son los valores típicos de impedancia de la entrada directa y de la entrada preescalada de un frecuencímetro?

14

Mediciones en Fibras Opticas

- Medición de potencia en fibras ópticas. Los medidores de potencia óptica.

- Fuentes ópticas calibradas y estabilizadas.

- Medición de extremo a extremo de pérdidas en sistemas de fibras ópticas.

- Reflectometro óptico en el dominio del tiempo (OTDR), significado de los parámetros:

Al finalizar el estudio de esta unidad, Ud. será capaz de hacer lo siguiente:

- Describir el principio de funcionamiento de los instrumentos que se emplean para efectuar mediciones en fibras opticas. Interpretar las especificaciones de los mismos y con ayuda del correspondiente manual, operar este tipo de instrumentos para efectuar mediciones.

14.1. Medición de potencia en fibras ópticas.

La luz, que se presenta como un fenómeno de naturaleza dual puede, en ocasiones, considerarse como paquetes discretos de energía llamados fotones. Para la luz monocromática, que es la que normalmente se utiliza en los sistemas de comunicaciones por FO, cada fotón contiene la misma cantidad de energía, la cual es igual a: $E = h.c/\lambda$. La potencia óptica (Po) de una fuente es proporcional a la cantidad de energía en forma de fotones que dicha fuente emite en la unidad de tiempo:

$$Po = \frac{N \cdot h \cdot c}{\lambda \cdot t} \qquad\qquad (14\text{-}1)$$

Donde "**N**" representa el numero de fotones y "**t**" el tiempo

Estas ecuaciones sirven como definiciones, pero no tienen gran utilidad práctica porque la cantidad de energía contenida en un único fotón es sumamente pequeña y resulta imposible medir la cantidad de energía luminosa o la potencia de un solo fotón, o discriminar un cambio de energía igual a un fotón. Por lo tanto, cuando se mide la energía luminosa o la potencia en un sistema de fibras ópticas, las mediciones aparecen continuas y no cuantizadas.

La potencia de la fibra óptica se mide con un **fotodiodo**. Puede obtenerse una relación sencilla entre la potencia incidente en el diodo y la corriente inversa que circula por el mismo si se parte de la ecuación (14-1), que puede reordenarse:

$$\frac{Po \cdot \lambda}{h \cdot c} = \frac{N}{t} \qquad\qquad (14\text{-}2)$$

Cuando se hace incidir luz sobre la juntura de un fotodiodo adecuadamente polarizado, se generan portadores (un par electrón -hueco) que aumentan la corriente a través de la misma. La relación entre fotones incidentes y portadores generados, se denomina "eficiencia cuántica" del fotodiodo. Este es in parámetro propio de cada tipo de detector, y suele darse en términos de relación entre la cantidad de fotones que pueden crear un par electrón -hueco y los que no producen tal efecto. Su expresión es simplemente:

$$\eta = N° \text{ de fotones que crean un par electrón - hueco } / N° \text{ de fotones incidentes}$$

Una eficiencia cuántica de 1 (o 100 %) significa que cada fotón que logra incidir sobre el diodo, generara un portador. Una eficiencia cuántica de 0,5 significa que solo la mitad de los fotones que inciden generan un portador cada uno.

Multiplicando ambos miembros de la ecuación 14-2 por la eficiencia cuántica η, se tiene:

$$\frac{Po \cdot \lambda \cdot \eta}{h \cdot c} = \frac{N \cdot \eta}{t}$$

Si tenemos en cuenta que la cantidad de electrones que se inyectan en la banda de conducción es igual al producto del numero de fotones por la eficiencia cuántica del fotodiodo, el segundo miembro de la expresión anterior es el numero de electrones generados por unidad de tiempo, que puede expresarse como intensidad de corriente si se multiplica por la carga del electrón.

$$Po \cdot \frac{\lambda \cdot \eta \cdot q}{h \cdot c} = I$$

De esta expresión se desprende que la corriente inducida (a la que podríamos llamar "fotocorriente"), es en realidad proporcional a la potencia óptica incidente en el fotodiodo multiplicada por una constante que incluye, entre otras cosas, la longitud de onda de la luz (Esta constante es otra característica propia de cada dispositivo y se denomina "Sensibilidad cuántica"). Como consecuencia de ello los medidores de potencia óptica se deben calibrar para una longitud de onda especifica.

El área activa de un fotodiodo es mucho mayor que el diámetro del núcleo de una fibra óptica típica; además su apertura numérica es casi siempre bastante grande y próxima a 1, por lo tanto es valido suponer que toda la energía luminosa de una fibra se acopla al detector. Este no es el caso de los emisores, donde un porcentaje considerable de la energía luminosa se pierde en el proceso de acoplamiento.

14.1.1. Los medidores de potencia óptica.

La corriente inversa de un fotodiodo es única en el sentido de que es proporcional a la potencia óptica incidente. (Por lo general se tiene la noción que, para una impedancia constante, la potencia debe ser proporcional al cuadrado de la corriente o de la tensión). Esta comportamiento poco común se utiliza como una ventaja en los medidores de potencia óptica. La corriente inversa del fotodiodo se convierte en un voltaje y el resultado se presenta en un visor. La figura siguiente muestra el esquema en bloques básico de un medidor de potencia óptica para fibras ópticas.

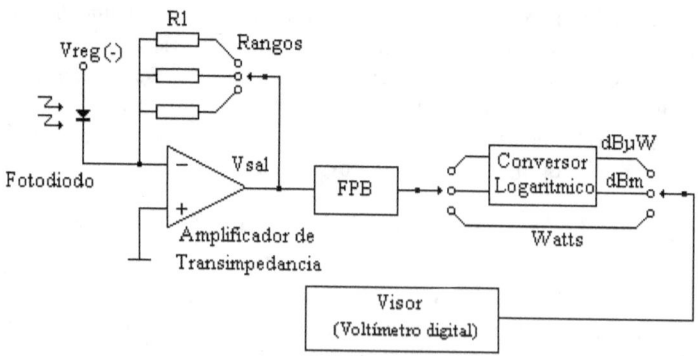

Figura 14-1 Esquema en bloques de un medidor de potencia óptica.

El fotodiodo se usa en el circuito de entrada de un amplificador de "transimpedancia", el cual convierte la corriente del diodo en un voltaje de salida. Dado que la eficiencia cuántica de un fotodiodo puede variar ligeramente en función del voltaje de polarización, el mismo se conecta a una fuente de tensión regulada. El circuito se implementa mediante un amplificador operacional de alta ganancia directamente después del diodo, de manera que la impedancia de salida del amplificador de transimpedancia presente un valor bajo y constante. El voltaje de salida del amplificador de transimpedancia, respecto de la corriente de entrada, esta dado por:

Vsal = R1. I

Debido a que los valores absolutos de potencia óptica son bajos, se requiere un valor elevado de ganancia para detectar las variaciones de la corriente inversa del fotodiodo, por lo cual el voltaje de ruido generado por el propio amplificador, e incluso el detector, pueden causar lecturas inestables. Por lo tanto, el circuito necesita un filtro pasa bajos a la salida del amplificador de transimpedancia para reducir un poco el voltaje de ruido.

Dado que el rango de potencias que normalmente se encuentran en un sistema de FO puede abarcar varias décadas, la ganancia del amplificador de transimpedancia se cambia por pasos. Algunos instrumentos requieren un ajuste manual del rango, otros (al igual que los multimetros autorrango) ajustan automáticamente el alcance. Es habitual que la presentación para su lectura del valor de potencia se haga con un cierto numero de cifras significativas mas un exponente.

También es sumamente conveniente medir la potencia en fibras ópticas usando notación en decibeles como dBm o dBμW, por lo cual algunos instrumentos utilizan un circuito convertidor logarítmico entre la salida del filtro pasa bajos y el dispositivo indicador de salida, pudiendo el operador optar por la forma de lectura mas conveniente de acuerdo al caso.

Cuando se instala un sistema de comunicaciones con fibras ópticas o cuando se busca alguna falla, la atenuación de la luz es uno de los parámetros importante que deben medirse. Por lo general la atenuación se evalúa midiendo la potencia de la fuente óptica antes y después de la atenuación. Las pérdidas de energía óptica en el dispositivo se calculan mediante la diferencia entre los niveles de potencia.

En general la potencia óptica se mide básicamente de dos maneras distintas. La primera forma de medir, no tiene en cuenta la longitud de onda de la luz emitida y en el caso de una fuente que emita varias componentes (por ejemplo luz blanca) proporciona el valor de la intensidad luminosa total, siendo la unidad de medida usada el "Lux". La otra forma de medir es teniendo en cuenta la longitud de onda y normalmente permite obtener el valor de la potencia óptica, que se mide en "Wats", por separado para cada componente espectral. El primero de los métodos, que suele ser mas fácil de implementar, es el que se usa en luminotecnia, en cambio el segundo método, que es normalmente mas complicado ya que requiere separar las componentes espectrales, predomina en la técnica de las fibras ópticas ya que prácticamente termina simplificándose bastante debido al uso de fuentes ópticas monocromáticas.

14.1.2. Fuentes ópticas calibradas y estabilizadas.

Una fuente de luz estabilizada es el equivalente óptico de un generador de señales, y al igual que este, se puede utilizar como herramienta de medición y localización de fallas en los sistemas de comunicaciones por FO. Las fuentes de luz calibradas usan normalmente un diodo láser, aunque también es viable la utilización de diodos LED. También hay oportunidades en que se necesita usar una fuente óptica de banda ancha, y para ello se usa una simple lampara incandescente.

En cualquiera caso que se trate, una fuente estabilizada y calibrada requiere algún tipo de control para mantener la salida dentro de los niveles especificados principalmente ante las variaciones de temperatura (lo cual es particularmente importante para fuentes que usen un láser), para ello se utiliza un fotodetector para muestrear la luz emitida y por realimentación ajustar la corriente de excitación del emisor.

la figura siguiente muestra el diagrama en bloques de una fuente de luz estabilizada que usa un diodo láser como emisor. El monitor de salida es un fotodiodo PIN que se encuentra encapsulado junto con el emisor.

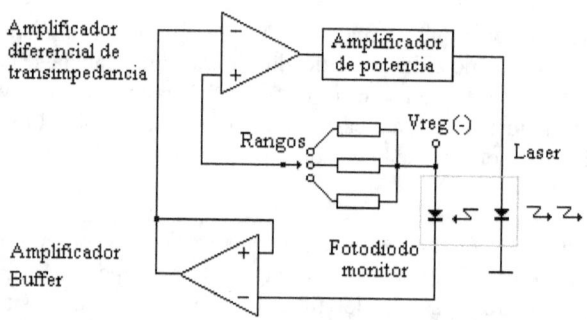

Figura 14-2 Esquema en bloques de una fuente óptica calibrada y estabilizada.

La salida del diodo sensor alimenta un amplificador diferencial de corriente, donde se comparta con una corriente de referencia. Por efecto de la realimentacion la salida del amplificador se ajusta automáticamente al valor necesario para que la corriente diferencial de entrada se anule (condición de realimentacion negativa); de esta manera la potencia óptica

14.1.3. Medición de extremo a extremo de pérdidas en sistemas de fibras ópticas.

Uno de los parámetros mas importantes a tener en cuenta en el diseño e instalación de un sistema de comunicaciones por fibras ópticas es la perdida de extremo a extremo del sistema. Un método sencillo para medir dichas pérdidas, es aplicar una señal óptica conocida a un extremo del sistema y medir la potencia disponible en el otro lado.

Una fuente óptica estabilizada, como la que se ha descripto en el párrafo anterior, puede usarse para generar la señal conocida aplicada en una de las puntas del sistema, mientras que la potencia en el final de la misma se puede medir con un medidor de potencia óptica. Este método se esquematiza en la figura 14-3 A).

Sin embargo este método se torna poco practico cuando los dos extremos del sistema están separados por varios kilómetros. En estas circunstancias puede usarse un método de lazo cerrado aprovechando que todo sistema de comunicaciones por fibras ópticas de tipo duplex

dispone de dos grupos idénticos de dispositivos de modulación y detección en sentido opuesto además de dos fibras (una para la transmisión y otra para la recepción) para formar un sistema bidireccional completamente funcional. Figura 14-3 B.

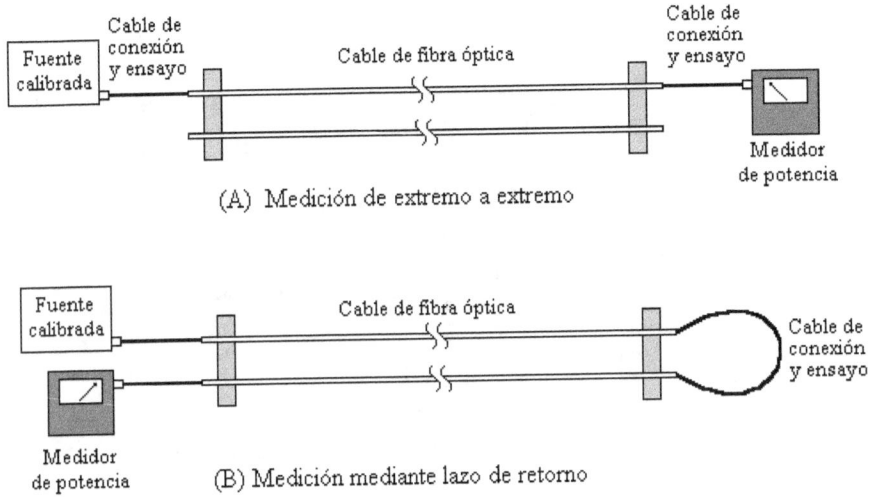

(A) Medición de extremo a extremo

(B) Medición mediante lazo de retorno

Figura 14-3

De todas maneras, ya sea que se use el método directo o el método de lazo cerrado, resulta poco menos que imposible determinar las causas que originan pérdidas no deseadas por el simple echo de medirlas. (No puede saberse, por ejemplo, si las pérdidas se deben a fallas en conectores, rupturas, curvaturas menores que las tolerables, o una dispersión de Rayleigh excesiva). Tampoco hay manera de determinar el lugar donde ocurren las pérdidas, dato muy importante para la reparación y mantenimiento de un sistema.

Cuando se necesitan determinar pérdidas y las causas que las originan en sistemas cuyos extremos están alejados, se cuenta con otros métodos de medición, como el de reflectometria óptica en el dominio del tiempo. Los instrumentos que funcionan siguiendo este método se conocen por sus siglas en ingles OTDR.

14.1.4. Reflectometro óptico en el dominio del tiempo (OTDR)

Una herramienta muy poderosa para el mantenimiento e instalación de un sistema de fibras ópticas es el OTDR. Este instrumento analiza la energía óptica reflejada en una instalación de FO para establecer la existencia y localización de discontinuidades en la fibra, pérdidas en uniones y conectores y las pérdidas totales del sistema. Un operador hábil puede, con el tiempo, reconocer el lugar y el tipo de falla en un enlace, dado que la magnitud de la cantidad de energía que se refleja de vuelta hacia el generador en una fibra óptica tiene que ver con el tipo de discontinuidad que la produce. Una reflexión muy grande corresponde directamente a una ruptura de la fibra. Una reflexión de valor mediano se produce normalmente por pérdidas en conectores y uniones, en tanto que las reflexiones de menor valor obedecen a causas tales como la dispersión de Rayleigh y/o la reflexión de Fresnell.

La figura 14-4 muestra un diagrama en bloques de un reflectometro óptico típico.

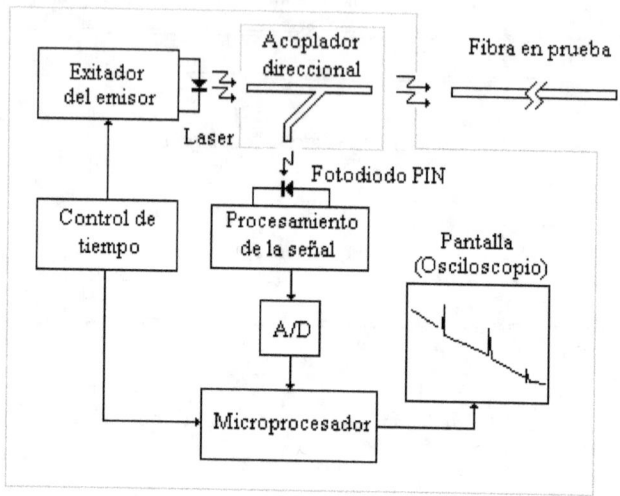

Figura 14-4 Esquema de un reflectometro óptico

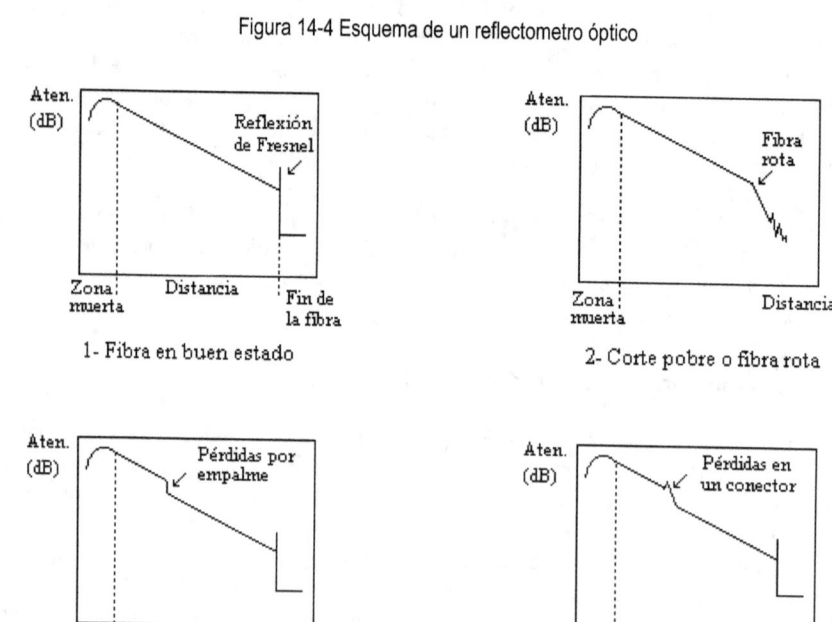

Figura 14-5 Trazados de curvas típicas de un OTDR.

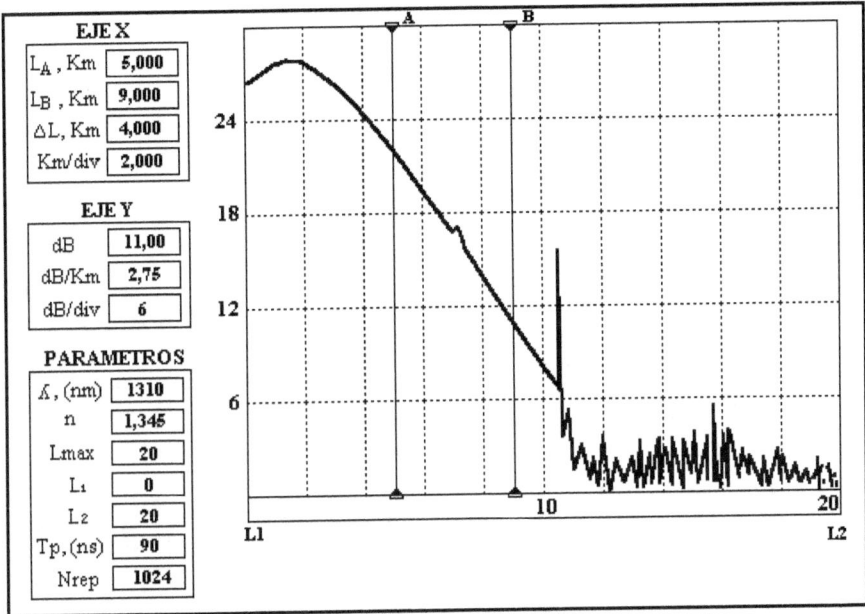

Figura 14-6 Panel frontal típico de un OTDR

14.1.5. Significado de los parámetros

Los principales parámetros que deben ajustarse para la correcta utilización de un OTDR son:

La longitud de onda de operación (λ); que debe coincidir con la ventana de trabajo de la fibra óptica bajo pruebas.

El índice de refracción del núcleo de la fibra (n). Su valor debe obtenerse de las especificaciones del fabricante de la fibra. Para una medida de gran exactitud se requiere conocer el valor del índice de refracción con la mayor resolución posible (p.ej. con cuatro cifras decimales por lo menos).

La duración del impulso óptico emitido (Tp). Que debe mantenerse lo mas breve que sea posible en consonancia con la longitud de la fibra ensayada.

El ancho del pulso tiene importancia en el tamaño de la *"zona muerta"*, que siempre se observa en el comienzo del trazo sobre la pantalla del OTDR. Ya que el instrumento no puede determinar valores a distancias menores que aquella cuyo limite viene impuesto por la duración del pulso y la velocidad de propagación del mismo en la fibra.

Para resolver este problema, es habitual que el instrumento cuente entre sus accesorios, con un tramo de fibra óptica de 1 Km de longitud, sin recubrimiento, que esta bobinada sobre un pequeño carrete. Este accesorio se denomina "Fibra para zona muerta", y la longitud de fibra que se añade debe ser luego descontada para el calculo final, cosa que la mayoría de los instrumentos realiza automáticamente por si mismo.

El numero de muestras tomadas para la medición (Nrep): Este parámetro tiene importancia en la relación que se da entre la velocidad de la medición, y la resolución requerida. Una prueba inicial rápida puede hacerse con un pequeño numero de muestras, en cambió la prueba final (para la certificación del sistema) se debe hacer con la mayor exactitud posible.

La determinación exacta del lugar donde existe una anomalía en un cable, depende desde luego de la exactitud con la cual se conoce la longitud total de la fibra. Hay que tener en cuenta que la longitud de la fibra no siempre es exactamente igual a la del cable, ya que es habitual que si el cable contiene un manojo de fibras, estas estén trenzadas, con lo cual la longitud de las mismas es ligeramente mayor que la del cable (el efecto mas notable aun en los cables de estructura holgada). Normalmente los fabricantes de cables especifican esta diferencia mediante un coeficiente que debe usarse para corregir la medida efectuada.

UNIVERSITAS